本书编委会

2011

北京市互联网信息办公室
北京市社会科学院

The Annual Report of
Beijing Internet Industry 2011

首都互联网发展报告

梁昊光 陈华 王强 ◎主编

China

人民出版社

策划编辑:郑海燕
封面设计:肖　辉
责任校对:张杰利

图书在版编目(CIP)数据

首都互联网发展报告 2011/梁昊光　陈华　王强 主编.
　-北京:人民出版社,2012.2
ISBN 978－7－01－010598－7

Ⅰ.①首…　Ⅱ.①梁…②陈…③王…　Ⅲ.①互联网络-调查报告-北京市-2011
Ⅳ.①TP393.4

中国版本图书馆 CIP 数据核字(2012)第 005297 号

首都互联网发展报告 2011
SHOUDU HULIANWANG FAZHAN BAOGAO 2011

梁昊光　陈华　王强 主编

人民出版社 出版发行
(100706　北京朝阳门内大街 166 号)

北京汇林印务有限公司印刷　新华书店经销

2012 年 2 月第 1 版　2012 年 2 月北京第 1 次印刷
开本:787 毫米×1092 毫米 1/16　印张:20.5
字数:456 千字

ISBN 978－7－01－010598－7　定价:45.00 元

邮购地址 100706　北京朝阳门内大街 166 号
人民东方图书销售中心　电话 (010)65250042　65289539

前　言

　　《首都互联网发展报告2011》是北京市互联网信息办公室和北京市社会科学院组织编写的第一本互联网年度报告。这个报告的使命是向人们鸟瞰式地展示本年度首都互联网发展的全貌。

　　自互联网勃兴成为举足轻重的"第四媒体"以来,因其拥有传统媒体所不具备的基本属性,适应了人类的某些特别需要,使其在社会文化结构中占据了特殊位置。因此,如何从经济、社会、文化的角度更深刻地认识互联网,就成为互联网管理中的一个基本问题。

　　从发展的现实来看,互联网不仅仅是一种技术现象,更是一种凝聚着人类狂欢精神和对生活独特的狂欢化世界感受的文化现象,互联网构成了人们的第二种生活。互联网是文化建设的关键之一,是文化软实力转化为现实生产力的关键环节。近年来,互联网行业成为首都转变发展方式、调整产业结构、培育新兴产业的一支重要力量,是国家重要的软实力,是国家现代化水平的一个标志,成为党和政府决策的核心问题之一,也是学术界和社会关注的重大实际问题和理论问题。同时,影响互联网的因素、发展格局和发展模式又处于多样化之中。环顾世界各地,可以看到以网络化带动信息化,以文化推动现代化,是一个逐渐取得共识的发展思维。

　　当互联网研究的重要性逐步达成共识的时候,深刻把握其发展态势,谋划发展方向和创新管理方法就显得非常重要。从移动互联网迅猛发展的例子来看,一方面归功于内在简约原则及边际概念的建立,另一方面得益于新媒体技术的双向互动特征,对单向大众传播模式中隐形垄断权的有效突破,这一基于双向互动传播的简约化市场,不仅已经成就出一个移动互联网产业,而且必将渗透和孕育更多的传统产业和互联网产业。

从传播媒介发展史来看,一种新的媒介诞生必然会对社会各个方面产生巨大的影响,全球网络化不仅带动信息技术的全面革新,更在人与社会本身方面掀起一场巨变,作为一种社会空间,网络中虚拟社会已经形成了一套新的运作机制和社会规则。胡锦涛总书记指出"我们必须以积极的态度、创新的精神,大力发展和传播健康向上的网络文化,切实把互联网建设好、利用好、管理好"。首都互联网行业必须全面贯彻党的十七届六中全会精神,发挥首都作为国家文化中心的示范作用,打造中国特色社会主义先进文化之都,建设有世界影响力的文化中心。

文化软实力是综合国力和国际竞争力的重要组成部分,建设"国家文化中心",要求我们必须把文化建设融入首都战略的整体框架和区县政府的发展规划之中。值得注意的是,当今世界,文化在综合国力竞争中的地位和作用更加凸显,发达国家文化产业在国内生产总值中所占比例平均在10%左右,美国达到了25%,并占据了世界文化产业市场43%左右的份额。而我国文化产业在国内生产总值中所占比例还不到4%,在世界文化产业市场中所占份额不足3%,同世界第二大经济实体的地位非常不相称。这就使得抵御西方思想文化渗透、维护国家文化安全任务更加艰巨,增强国家文化软实力、中华文化国际影响力要求更加紧迫。

当前,世界经济、政治格局面临新变化,全球科技创新孕育新突破,我国转变经济发展方式取得新进展,以科技创新和文化创新推动首都经济发展方式的转变,建立科技创新与文化创新"双轮驱动"的发展战略,实现创新驱动的发展模式,抢占发展的制高点,把握发展的主动权,在更高的水平上推动首都的科学发展。

世界进入自主创新主导期。进入新世纪后计算机技术产业中的互联网内容行业逐步进入成熟期,首都互联网行业则逐渐进入成长期,呈现出良好的发展态势,在当前一代和未来几代之间的自主创新发展链中蕴涵着大量的机遇,在产业聚集、配套互补,龙头带动的趋势下,互联网内容行业的集聚更引发服务经济的高端化。2011年是我国"十二五"规划开局之年。在这一年,首都互联网发展的突出表现是,以社会主义核心价值观为基础的传播"新阵地"有所提升,在网络经济规模和属地网站规模的"网都"集聚度有所加强,网络管理有了新的拓展。

北京市互联网信息办公室承担着北京互联网内容管理的重任,由于新兴媒体在组织体系中与传统媒体不同,这个领域技术性强,又处于调整发展的转型时期,管理的任务重、难度大,特别在管理方式、技术手段与法律依据等方面问题突出。因此,在互联网管理上转变管理思路,突出管理重点,调整管理方式,完善管理机制,将已经实施的管理规定加以延伸,同时也要根据新情况新问题,研究新的具体管理措施。

总之,未来五年乃至更长时期,我国以经济和文化为坐标系定位发展,在更高层次上参与全球分工与竞争,经济总量和文化软实力将大幅提升,后工业社会特征将逐步显现,国际化程度将进一步提高。互联网面临发展动力转换、产业结构调整和创新升级的任务,将更加注重创新驱动、高端引领;同时,也将更加重视行业的顶层设计、战略规划和制度创新,进一步确立互联网行业在国民经济社会发展中的地位和作用。努力打造中国特色社会主义先进文化之都,建设具有世界影响力的文化中心,为增强国家文化软实力,发挥好首都作为国家文化中心的示范作用。

我们应以宽广的眼界和博大的胸怀,进一步解放思想,实事求是,深入调查研究,这就要求我们在对待互联网研究上,一定要有分析、有比较、有鉴别。这部反映首都互联网发展特征和趋势的报告,希望能够引起读者的关注。

梁昊光　陈　华

2011 年 12 月 7 日

CONTENTS

目　录

第二部分　网络经济

第五部分　案例分析

Contents

Part III   Mobile Internet Industry

Part IV   Comparative Study

Part V   Case Study

图表索引

图 索 引

表 索 引

第一部分　总报告

Part Ⅰ　Main Report

2011年首都互联网发展形势分析报告

梁昊光　陈　华　王　强　司　思①

绪　　论

根据综合统计数据显示,截至 2010 年 12 月底,我国网民规模达到 4.57 亿,较 2009 年年底增加 7330 万人。另外,我国手机网民规模达 3.03 亿,是拉动中国总体网民规模攀升的主要动力,最引人注目的是,互联网购物用户年增长 48.6%,是用户增长最快的互联网应用领域,预示着更多的经济活动步入线上时代。过去十年中国互联网经济的年均增速超过 60%,是中国 GDP 增速的 5 倍以上。同时,网民结构也在发生着变化,从以年轻人为主到日益涵盖各类人群,互联网正在成长为一个大众平台。

北京市是全国的政治中心、文化中心和国际交往中心,在推动文化改革发展方面肩负着重要使命,更享有"中国网都"的美誉。在谷歌排行榜上有名的中国互联网公司,除腾讯、淘宝外,新浪、网易、优酷、百度、搜狐等互联网企业,总部均设在北京。目前,北京市共有互联网企业 29.8 万家,占全国互联网企业总数的 16.3%。已经上市的互联网公司 29 家,总市值约为 6000 多亿元人民币。可见,北京是中国互联网产业无可争议的中心。无论是产业规模、产业内容、市场占有、行业地位、传播影响力方面,北京市互联网行业都是最前端、最具有影响力的,因此,北京互联网行业在全国的龙头地位将得到不断的强化和深入。

经过十余年的发展,互联网已经成为我国网民了解世界、关注时政的重要窗口,互联网已经成为影响舆论走向的重要支点。全球著名的管理咨询公司麦肯锡发布调查报告称,2009 年,在麦肯锡研究的 13 个样本国家中,互联网占 GDP 3.4% 的份额,

---

① 《2010 年首都互联网发展形势分析报告》课题组负责人为陈华、梁昊光,主要参加人为陈华、梁昊光、司思、陈鹏、王强、柴玥、兰晓、陈静、司洋、李明瑜、许志强。

而互联网对中国的贡献率也达到 2.6% 。这表明信息产业已经从新兴产业变成了重要支柱性产业,中国正走在从互联网大国向强国迈进的道路上,而首都互联网行业的发展更是起到了引领和表率作用。

经过 2008 年北京奥运会的洗礼,北京互联网内容产业充分扩展了自己在内容多样性、传播多样性的影响力。在视频、图片、音频、文字、地图等内容要素的组合上,以及和用户的互动性、及时性上都做了巨大的改进,形成了强大的影响力。北京市互联网内容产业占据了中国互联网的意见高端,能够更加迅速、及时地传播政府的政策,对经济、政治、文化、社会建设的推动起着重要的作用。

一、 首都互联网的基本内涵

(一)首都互联网的定义

北京是国家互联网管理决策部门、国家互联网管理部门和我国主要互联网企业的总部所在地,拥有与互联网核心业务密切相关的大量国内外优秀技术、研发、资本等各类中介服务机构,因而是国家互联网决策中心、互联网管理中心、互联网信息中心和互联网服务中心。互联网是文化、科技和经济发展的融合,是现代经济的重要组成部分。2010 年北京市人均国民收入已达到 12000 美元,首都经济社会发展进入一个关键时期。北京市把大力发展以互联网、信息、现代物流等生产性服务业作为加快转变经济发展方式、推动产业结构升级的重要举措。

首都互联网,是指在首都范围内,以计算机互联网(特别是 Internet)为基础,以现代信息技术为核心的媒介产业形态。它不仅是指以计算机为核心的信息技术产业的兴起,也包括以现代计算机技术为基础的互联网产业的迅猛发展,更包括由互联网的推广和运用所引起的革命性变化。

首都互联网可以概括为"四个面向",即"面向北京、面向市场、面向发展、面向创新"。

所谓"面向北京",包含了四个方面的含义,即:(1)互联网业务发展,是以北京地区的互联网产业的具体需求入手;(2)以支撑北京地区的文化创意产业发展的具体需求入手;(3)必须以北京地区作为互联网的主要业务市场;(4)必须以北京地区的从业单位作为参与互联网运营和管理的主体方。

所谓"面向市场",包含了三个方面的含义,即:(1)主要以市场化而非强制性的行政化手段,作为媒体平台创新和革新的主要动力;(2)要以市场化的方式,进行互联网的自我更新和发展,由"运行"变"运营"的企业经营行为;(3)要以市场化的方式,协调和组织各类资源,完善管理机制,丰富运营模式。

所谓"面向发展",包含了三个方面的含义,即:(1)互联网的建设需要面向首都经济文化建设的未来发展需求;(2)互联网的建设和创新必须根据科学技术的发展规律;(3)互联网的建设必须面向将来业务拓展和模式多样性的潜在需求,提前一步设计。

所谓"面向创新",包含了四个方面的创新,即:(1)制度创新,即在互联网行政管理和制度保障上,给出新思路、新方法;(2)管理创新,即在日常运营和主体管理方面,理顺管理机制,提升运营质量;(3)技术创新,即面向未来互联网技术的发展和业务拓展的需求,整合各种关联技术,实现平台技术水平的进一步提升,为开展更多互联网业务提供技术支撑和保障;(4)模式创新,在合理成熟的技术支撑下,利用互联网提供新型的产品、服务,开创出新的运营产业领域,并获得良好持续的表现。

(二)互联网在首都经济社会中的地位和作用

进入 21 世纪,在经济全球化的进程中,国际竞争日趋激烈,许多国家都把强化互联网体系作为国家战略,把技术创新投入作为战略性投资,实施互联网产业发展,以增强国家创新能力来提升国际竞争力。近年来,以自主创新战略推动产业结构的进一步调整。我国在三十多年的产业结构调整中,增长方式已经逐步由外延型转向内涵型。这种转变表现在产业结构方面,正在逐渐从以劳动密集型的扩张为主转向以提高质量和效率为主。应该说,这是经济发展的必然规律。在我国增长方式战略转变的过程中,北京以自主创新知识性服务业的优势,率先实现了这一转型,并对所在区域和全国的转型起到积极的推动作用。

1. 维护中国网都的重要地位

首都互联网行业,经过十几年的发展,越来越成为人们生活方式的重要组成部分。与我国的其他城市相比,互联网更是成为了北京市民工作、生活、娱乐和文化消费不可或缺的重要生活方式。互联网作为一种重要的技术手段,一种及时、快捷、简单的沟通方式,逐渐融入网民的生活,北京作为人口近 2000 万的世界城市,作为全国的政治中心、文化中心,其城市的性质、功能和内涵远远超出了作为地域性的北京的城市概念,更是具有天时、地利、人和的发展互联网产业的条件,成为事实意义的"中国网都"。

首都北京的互联网文化、互联网技术、互联网文化建设、互联网文化管理、互联网经济发展,具有国际化视野和国际性的战略高度,不仅有力地宣传首都北京的文化形象和文化建设,巩固北京作为"中国网都"的重要地位,而且要大力宣传我国优秀的传统文化、先进的社会主义文化形象和文化价值取向,提高互联网技术水平和互联网文化、互联网经济竞争力,提高国家软实力。北京的互联网建设、经营和管理,在塑造中国首都的国际文化形象和国际文化品牌的同时,推动中国首都的互联网产业的发展。

2. 互联网经济成为首都经济发展的新引擎

当今世界的竞争既是经济的竞争,又是文化的竞争。随着知识经济的兴起和信息技术的发展,文化和经济出现了加快融合以至一体化的趋势,在社会经济发展中扮演着越来越重要的角色。2010年,北京市文化产业资产和经营收入平均增速达到19.7%。文化产业劳动生产率高于全市平均水平,平均增速达到14.5%。文化产业增加值在全市国内生产总值中的比重超过13%,已经成为首都经济的主导产业。

北京市互联网经济发展基础好、资源优势强、经济总量大、增长速度快、内涵质量优、提升潜力足,这已经成为了首都互联网经济发展的一大亮点,也成为了拉动整体经济发展的新引擎。北京市仅29家上市互联网公司2010年的总收入就达到了436.96亿元,净利润69.16亿元。而且,北京市的互联网经济各个分支领域的发展速度远高于GDP水平,竞争力领先于其他产业。未来,通过平台效应、聚集效应等影响的发挥,互联网经济将成为首都经济发展的有力助推器,乘数效应引发的新增消费因素将双轮驱动首都经济和文化发展。

3. 首都互联网发挥文化辐射效应

预计从本世纪初到2020年,我国互联网产业将进入一个高速增长期。互联网经济的发展在北京市的统计指标中纳入了"软件、互联网及计算机服务"业的范畴,该产业也是文化创意产业的重要组成部分。因此,互联网经济将凸显辐射与带动效应。

第一,互联网经济的辐射效应会在电子商务中体现出来,形成强大的聚集效应,通过配套设施、市场环境的优化,吸引更多电子商务企业汇聚京城,降低交易成本,形成规模效应。

第二,互联网经济的辐射效应会在软件及信息服务业中体现出来,借由互联网经济这个核心支点和纽带,带动软件服务业的发展,以及移动互联网、云计算、物联网为代表的新兴业务的发展,形成关联产业的联动发展态势。

第三,互联网经济的辐射效应会体现在更上游的文化产业上,使数字出版、互联网电视、数字电视、动漫产业、互联网游戏等产业的发展大大受益。

第四,互联网经济的辐射效应会通过互联网功能在各个行业间渗透,在社会生活中渗透,带动整个经济快速向好发展,日本、韩国的经验也证明了这一点。

4. 属地管理的互联网企业与首都经济

我国的互联网企业在工商注册和舆论管理上都归入属地，因此北京市就天然地承接起全国数量最多、规模最大、涉及领域最丰富的、复杂程度最高的、对外开放最活跃的众多互联网企业的管理服务职责。这种职能要妥善处理互联网企业与区域经济的关系，要以服务视为管理的目标，为企业发展提供优异的市场环境、区域环境和配套设施，最大限度激发企业的创造力和活力，带动关联产业和周边产业发展，实现属地区域经济与驻地互联网企业的协调发展、共同繁荣。全面提高北京互联网行业的辐射力和影响力。

在工业经济中，由于社会分工、专业化协作的发展，由于机械化、自动化以及由此而来的生产流水线的发展，当钢铁、汽车、石化等固定成本占总成本很大比例的产业在经济中起主导作用时，规模经济即产品单位成本随着产品数量增加而降低所带来的经济性，是提高经济效益、优化资源配置的主要途径。

在信息经济或互联网经济中，尽管规模经济仍然是提高经济效益、优化资源配置的重要途径，但由于生产技术和管理技术的集成化、柔性化发展，数字化神经互联网系统的建立与应用，由于外部市场内部化同外包业务模式的并行发展，还由于相关业务甚至不同业务的融合，当软件、多媒体、信息咨询服务、研究与开发、教育与培训、互联网设备与产品等变动成本占总成本较高比例的信息产业、互联网产业、知识产业在经济中起主导作用时，增加经济性效应的途径越来越多样化了。

5. 互联网促进首都文化大发展大繁荣

首都互联网产业发展对周边区域具有高端辐射与引领作用。

互联网这种吸引力和辐射力反映在首都经济的发展中，第一，是为北京带来了巨大的电子商务市场，加速了首都产业结构的战略调整；第二是为北京带来巨大的投资资本；第三是赋予了北京"网都"符号，其所具有的经济价值也具备着无限弹性。

城市是社会经济发展的重要载体，如何面对城市化问题是国民经济产业结构优化的关键。环顾世界各地区，可以看到以工业化带动城市化，以城市化推动现代化，是一个逐渐取得共识的发展思维。

互联网是城市信息化建设的灵魂，是科技转化为现实生产力的关键环节。互联网产业是国家转变发展方式、调整产业结构、培育新兴产业的一支重要力量。互联网是国家重要的软实力，是国家现代化水平的一个标志。

创新引领互联网产业作为转变城市经济增长方式、优化产业结构、提升城市综合竞争力的重要着力点，利用行业对外开放程度高和国际行业间联系密切的优势，加快国际化步伐，积极探索面向国际市场的互联网产业发展新模式，充分发挥行业高技术产业比重大和城市文化多元的特点,强化创意、创新、创造的城市精神,引领区域互联网产业发展的新趋势,坚持经济效益和社会效益相统一的原则,在充分发挥互联网产业对城市经济发展的促进作用的同时,引导互联网产业走创新创造之路,不断满足人民群众日益增长的精神文化需求。

"十二五"期间,互联网产业从服务高端化战略出发,按照应用主导、面向市场、网络共建、资源共享、技术创新、竞争开放的发展思路,加速推动互联网产业企业规模化,提高互联网产业在国民经济中的比重。

二、北京互联网产业总体认识

在文化产业群中,互联网产业占据着特殊的地位,在媒介融合的背景下,互联网更成为了融合文化产业其他分支协同发展的重要推动力量。同时,互联网基于自身的文化辐射力与经济辐射力,已经成为了拉动经济增长的重要平台。

互联网与区域经济发展关系日益密切,区域如何利用互联网谋求自身发展已成为当下重要的议题。在区域经济对互联网依存度越发深入的背景下,系统跟进研究北京市互联网的发展情况,定期分析、汇总行业特征、发展规模、结构特点、瓶颈障碍、对策建议、潜力趋势等问题,有助于理清发展现状、了解产业存量、认识所处环境、发现存在问题、提出应对策略。

北京市互联网大发展、大繁荣将是提升发展内涵、转变经济发展方式的重要体现。依托于高科技的互联网发展能够带动互联网媒体行业和互联网服务行业的发展,是提升发展内涵、转变经济发展方式的重要体现。此外,研究发现,北京的两大支柱性产业(金融业、文化产业)对于互联网的依存程度是相当高的,因此深入研究互联网发展模式有助于加深对支柱性产业的认识,具有重要的战略意义。

近年来,随着我国经济持续快速稳定的发展,随着互联网行业的飞速发展,中国社会进入信息爆炸的年代。从早期向用户传播内容的门户网站,到如今的由用户自己创造内容的 Web 2.0 模式,互联网产物如博客、微博、RSS、百科全书(Wiki)、网摘、社会互联网(SNS)、P2P、即时信息(IM)等,无一不充斥并改变着我们的生活。可以说,Web 2.0 时代是具有革命性意义的,互联网运作和发展模式也从此发生了翻天覆地的变化。

谷歌旗下的 Doubleclick 在 2010 年 4 月份公布了全球网站独立访问人数 TOP 1000 排行榜(不含谷歌)。

表 1-1　谷歌统计全球前 20 名网站（不含谷歌及旗下网站）①

全球排名	网站名称	分　类	独立访客	到达率（%）	页面浏览量	有无广告
1	facebook.com	社交互联网	540000000	35.2	570000000000	有
2	yahoo.com	门户网站	490000000	31.8	70000000000	有
3	live.com	搜索引擎	370000000	24.1	39000000000	有
4	wikipedia.org	字典和百科全书	310000000	20.0	7900000000	无
5	msn.com	门户网站	280000000	18.1	11000000000	有
6	microsoft.com	软件	230000000	14.8	3300000000	有
7	blogspot.com	博客服务	230000000	14.7	4400000000	有
8	baidu.com	搜索引擎	230000000	15.0	27000000000	有
9	qq.com	在线沟通服务	170000000	11.1	25000000000	有
10	mozilla.com	互联网软件/浏览器	140000000	9.2	2100000000	无
11	sina.com.cn	门户网站	130000000	8.4	3600000000	有
12	wordpress.com	博客服务	120000000	7.7	1200000000	有
13	bing.com	搜索引擎	110000000	7.0	2700000000	有
14	adobe.com	项目	110000000	6.9	1000000000	有
15	163.com	门户网站	98000000	6.3	2700000000	有
16	taobao.com	互联网购物	98000000	6.3	10000000000	无
17	soso.com	在线娱乐	97000000	6.3	1400000000	无
18	twitter.com	在线沟通服务	96000000	6.2	5400000000	无
19	youku.com	视频网站	89000000	5.8	1700000000	有
20	ask.com	搜索引擎	88000000	5.7	1700000000	有

在谷歌排行榜的前 20 名中，有 7 家来自中国，其中，百度为搜索引擎排名第 8，腾讯、新浪和网易三家网站分别排名第 9、第 11 和第 15 名，搜狐位列第 21 名。购物网站淘宝、视频网站优酷、腾讯旗下的搜索网站 SOSO 也位列其中。这些名字的出现表明，中国正通过互联网与世界发生越来越密切的联系，而这同时意味着，中国人的生活也在逐渐被互联网改变。

（一）互联网经济行业特征

信息社会是以信息系统为中枢系统维系社会发展与繁荣的社会形态，是后工业时代文明继续发展的标志。在信息社会，互联网已经成为了社会生活最重要的元素

---

① 数据来源：http://www.google.com/doubleclick/。

之一,支撑着信息社会的有序运转,促进着经济社会的发展繁荣。互联网作为工具,已经成为实现社会组织、人际之间交往的重要平台;互联网作为产业,已经担负起支柱性产业的重要地位。

提到互联网经济的特征,就不得不提到与其相关联的概念体系,如新经济、知识经济、信息经济等。虽然这些概念都属于舶来品,具有内在的联系,但也有一些区别。

关于新经济,国内大致有两种看法:一是认为,新经济是以高新技术革命、金融创新为基础的现代经济;二是认为,新经济就是以互联网技术为基础的互联网经济。由于"科学技术是第一生产力","金融是现代经济核心",所以第一种观点要比第二种观点对新经济的认识更全面。应该说新经济是以现代高新技术(包括现代电子技术、现代通讯技术以及互联网技术等)为基础,而非仅以互联网技术为铺垫。再说在IT行业中,互联网也只是其中的一个组成部分,所以新经济的范畴要比互联网经济的范畴大,或者说前者包括后者。①

知识经济是以知识为核心要素推动经济增长的体系,主要与以物质为基础的经济相区别。美国学者马克卢普教授在《美国的知识生产与分配》一书中较早提出了"知识产业",并粗略测算出了1958年美国国民生产总值中有29%来自知识产业,整个劳动者的投入中32%以上来自知识生产和活动。知识经济概念还与美国经济学家罗默和卢卡斯提出的新经济增长理论有关。罗默把知识积累看做经济增长的一个内生的独立因素,认为知识可以提高投资效益,知识积累是现代经济增长的源泉。卢卡斯将技术进步和知识积累重点地投射到人力资本上,他认为,特殊的、专业化的、表现为劳动者技能的人力资本者是经济增长的真正源泉。两位学者讨论的侧重点不同,但都将经济增长的原动力指向了知识这个要素,认为人们所积累和掌握的知识取代了物质,在各种经济增长要素中居于主导性地位。1996年,世界经合组织发表了题为《以知识为基础的经济》②的报告。该报告将知识经济定义为建立在知识的生产、分配和使用(消费)之上的经济。其中所述的知识,包括人类迄今为止所创造的一切知识,最重要的部分是科学技术、管理及行为科学知识。

信息经济也是与物质经济相对应的概念,主要体现为以信息本身和信息的传播为基础,信息技术手段为依托,通过生产和传播具有较高社会价值和经济价值的信息产品和信息服务来实现经济增长、提高生产效率和促进劳动就业的一种新的经济结

---

① 周鸿铎:《互联网经济与传统经济研究》,新华网 http://news.xinhuanet.com/newmedia/2005-02/21/content_2599490.htm。

② 经济合作与发展组织(OECD)编著:《以知识为基础的经济》,杨宏进、薛澜译,机械工业出版社1997年版。

构。信息经济被一些学者认为是与农业经济、工业经济并列的概念,是后工业时代的主要经济形态。

所谓互联网经济是指以因特网为主要载体进行信息传送和交易处理等经济活动,并以知识和信息为核心,通过影响信息流、资金流、物流的流动,来影响整个经济发展的一种全新的经济形态。因为互联网经济主要依靠信息技术为工具进行经济活动,也有人称之为数字经济。[①] 互联网经济以计算机互联网和移动互联网为依托的经济结构,在生产、分配、交换、消费中越发体现出互联网的重要性,各种知识、管理与决策信息、交易信息等信息的传递都在以互联网为主体的平台上进行,互联网成为了经济运转的保障性因素。

分析上述概念可以发现,新经济的概念最为宽泛,是对各种新的经济现象的总体概括。知识经济在很多时候是与信息经济混同使用的,但知识经济强调的是经过人类创意或总结的知识的积累、生产和传播,而信息经济则对知识信息和一般信息都加以重视,同时更强调信息技术手段和信息服务保障等信息资源的重要性。互联网经济突出是知识和信息传播的互联网载体作用,表明信息传播的载体对信息和知识本身所具有的巨大能动作用。如果按照麦克卢汉等学者的技术决定论立场,互联网很有可能进一步塑造了知识和信息本身、知识与信息的生产传播与使用形态,对于经济发展具有决定性影响。由此我们不难发现,上述概念均是对后工业时代经济形态的描述,侧重点各有不同,知识经济强调创意和积累,信息经济重视信息资源,互联网经济偏重传播载体。

就互联网经济而言,它不仅是对其他经济体系的一种支撑系统,而且其本身也已经汇入传媒经济体系,成为了一种具有相对独立性的经济系统。由此,互联网经济可以划分为两个层面:一是宏观互联网经济,包括了互联网对其他经济的渗透、支撑系统和自身系统;二是微观互联网经济,主要指的是互联网产业自身形成的系统。互联网经济所具有的全天候运行、效率优化、全球化经济、竞合经济、直接型经济、创新型经济等特点在宏观互联网经济中有充分的体现,在微观互联网经济层面也有所体现。在北京地区,新浪、搜狐、百度等互联网企业不仅具有较大的社会影响,而且作为独立的经济实体,实现了跨地区、跨国界、跨时区运作,已经表现出了强劲的增长势头,为地区的经济繁荣做出了很大贡献。微观互联网经济的主要体现便是互联网产业,这个产业体系不仅支撑其他经济部门,而且其自身仍具有巨大的发展潜力,成为了地区经济新兴增长点的重要组成部分。本报告在关注宏观互联网经济的基础上,重点探讨微观互联网经济,即互联网产业的有关问题。

---

① 李玉芳:《网络经济对实体经济的影响及对策》,《经济导刊》2010 年第 10 期。

互联网产业可以定义为以现代新兴的互联网技术和物理互联网为物质基础,专门从事互联网资源搜集和互联网信息技术的研究、开发、利用、生产、贮存、传递和营销信息商品,可为经济发展提供有效服务的综合性生产活动的产业集合体,是现阶段国民经济结构的基本组成部分。具体可细分为五个部分,即互联网平台建设领域、互联网技术应用领域、互联网中介服务领域、互联网电子商务领域、互联网功能延伸领域。对互联网产业深入研究、对发展现状及时跟进有助于总结发展中的经验、梳理发展中的问题、找到发展中的瓶颈、提出可持续发展的对策、验证科学发展理论,对丰富理论体系和指导发展实践具有重要的理论和现实价值。

(二)相关地区互联网产业发展比较分析

互联网经济发展与区域经济发展之间有着密切的关系,特别是对城市区域来说,互联网站的数量与城市地区的发展紧密相关。有学者甚至指出互联网与地区人均国内生产总值分布曲线是较为相似的,这表明互联网的分布是当今经济活动的深刻反映。① 在我国,地区经济对互联网发展的影响较大,而从全国范围看,互联网发展拉动地区经济增长的态势还没有完全显现出来。有学者分析指出,CN 域名是区域人均 GDP 的反映,而区域 GDP 对网民的影响在 0.48 的基础上逐步提高,并维持在一个很高的水平,同时人均 GDP 对网民的作用则从 0.74 逐渐下降,并最终保持在 0.4以下;由于 10 年来我国的互联网仍处于高速发展期,并且人们对互联网的认知及互联网经济效益的充分发挥都需要一个过程,因此在互联网资源增长带动省域经济发展方面并未发现明显规律②。不同地区需要结合自身的人口特征、经济规模与特点优化互联网发展环境,形成互联网产业与其他产业的协调可持续发展。

上海市的互联网产业发展较快,截至 2010 年年底,上海市的网民人数达到了1239 万,其中 99.1% 都是宽带上网用户,互联网普及率达到了 64.5%,远高于 35%左右的全国平均水平。上海市手机网民规模达到 914 万人,手机上网者占网民比例为 73.8%,高于全国平均水平 7.6 个百分点。此外,网民基础资源优势明显,域名、网站、IP 地址三大数据均列全国前五名。③ 在经济结构面临转型的上海,互联网已经成为上海调整产业结构、转变经济增长方式的着力点和发动机。上海市的互联网基础资源优势、应用水平优势使其能够在信息技术产业化方面获得更大的发展空间。

---

① 卢鹤立、刘桂芳:《中国互联网与区域经济》,《人文地理》2005 年第 5 期。
② 孙中伟、张兵、王杨、牛建强:《互联网资源与我国省域经济发展的关系研究》,《地理与地理信息科学》2010 年第 3 期。
③ 上海市互联网协会,《上海市互联网发展报告——2010》,上海交通大学出版社 2010 年版。

"上海市将重点打造一批专项工程,包括云计算、物联网、智能电网等。充分利用上海在互联网基础设施、物流和支付体系、居民消费水平等方面具备的优势,积极促进中小企业发展互联网。抓住近年来移动互联网、三网融合的发展机遇,大力发展数字出版业。实现多渠道、多平台的数字内容出版模式;开拓互联网音乐、互联网视频等领域,整合完善现有产业链,形成数字出版产业的高地优势;优化投资体系,建立多元投入机制,丰富数字内容产业投资渠道。"①

天津市互联网协会发布的《天津市互联网发展状况报告》显示,天津市互联网自1995 年接入,1996 年正式商业运营,截至 2009 年年底,全市网民达到 564 万人;网民普及率48%,全国排名第四位;宽带网民 512 万人,占全市总体网民的 90.78%;手机网民占整体网民的 49.%;已备案的网站 44762 个,已开通的网站 35690 个;固定电话用户 385.2 万户,移动电话用户 1002 万户;域名总数 146003 个,IPv4 地址 3184516个,基础运营企业省际出口带宽达到 335Gbps 吉比特每秒。在互联网应用方面,天津市第一层次是以互联网新闻、搜索引擎、电子邮件为代表的基础应用和以互联网音乐、互联网游戏为代表的数字娱乐,所占比例超过了 50%;第二层次是互联网社区、电子商务和互联网金融,占比在 50% 以下,但部分项目超过全国平均水平。天津市的网民结构趋于人口总体结构,网民更趋于高端,在互联网应用上商务应用与全国平均水平相比更突出。下一步天津市的互联网建设将进一步优化互联网环境,大力发展互联网商务应用,推动互联网经济的互相融合,助推北方经济中心的建设。

2010 年度《广东省互联网发展状况研究报告》②显示,2010 年广东省总体网民规模达到 5324 万人,年增加网民 464 万人,较 2009 年增长 9.5%,这一增长速度高于2009 年,2010 年广东互联网取得较好发展。2010 年,广东省使用手机上网的比例达到 72.9%,比全国平均水平高 6.9 个百分点。2010 年广东省手机网民数量达到 3881万人,较 2009 年增长 17.4%。广东省作为中国第一劳务输入大省,网民结构具有鲜明特色,广东省网民收入较高,2000 元以上网民群体比例高出全国平均水平 7.9 个百分点,广东网民还呈现男性用户比例偏高、学历偏低的特点。广东省互联网基础资源拥有量在全国依然居领先地位。2010 年年底广东 IPv4 地址数居全国第二位,仅次于北京。2010 年年底广东省域名数为 110 万个,有效网站数量为 30.4 万个,分别居全国第二位和第一位。在域名、网站整体下降的环境下,广东省网页规模仍旧保持增长态势。2010 年广东省网页总数达到 69.2 亿个,年增长率达到 38.3%。目前广东省的网页数量低于北京,位居全国第二位。广东省互联网基础资源拥有量在全国依

---

① 《互联网产业将成为上海调结构转方式发动机》,《电信快报》2011 年第 5 期。
② 《2010 年广东省互联网发展状况》,暨南大学出版社 2010 年版,第 5 页。

然居领先地位。在域名、网站整体下降的环境下,广东省网页规模仍旧保持增长态势。广东在互联网新应用上接受力较强,团购、微博的应用率均高于全国平均水平。

《2010年黑龙江省互联网发展状况统计报告》显示,截至2010年年底黑龙江省网民规模达到1127万人,2010年增长网民215万人,年增长率达23.6%。尽管黑龙江省的互联网普及率排在全国第20位,但互联网发展势头良好,年增长率排在全国第11位。宽带用户数达到326.6万户,年增长率达17.8%。使用手机上网的网民比例为51.4%,手机网民数量达到579万人。从黑龙江省互联网基础资源发展程度看,居于全国中等水平,互联网应用娱乐化,互联网音乐比例最高,商务量交易尚需提高。

(三)国际互联网经济发展比较分析

欧美等发达国家和地区的互联网发展较早,互联网经济在这些地区发挥着巨大作用。美国麦肯锡全球研究所(MGI)的研究报告显示,互联网对全球经济增长、生产率提升和创造就业产生着越来越积极的影响。麦肯锡全球研究所对八国集团成员以及巴西、中国、印度、韩国和瑞典共13个国家的互联网经济进行了调查,发现互联网对这些国家整体国内生产总值(GDP)的增长起到了很大的促进作用。当前互联网相关的消费和支出已经高于在农业和能源领域的消费,互联网对这13个国家的GDP增长平均贡献率达到3.4%。研究报告表明,互联网已经成为经济增长的一大决定性因素。在西方发达国家这一趋势更加明显。互联网过去15年在工业化国家为GDP增长的贡献率达10%,近5年的贡献率更是高达21%。在国家层面,美国仍是全球互联网产业的最大参与者,拥有全球互联网30%的产值和超过40%的净收入。同时,美国在被调查的13个国家中是互联网产业结构最为平衡的国家,来自硬件、软件、服务和通信的贡献几乎相当。[1] 在企业层面,研究报告针对13国4800家中小型企业进行的调查显示,互联网给这些企业带来了平均10%的利润增长。互联网产生的财富远远超越了工业产品本身,传统工业中超过75%的附加值都由互联网创造。

美国2010年互联网产业全年的广告收入较2009年增加了15%,达到了260亿美元,创下新高,其中,搜索类网站的广告收入最高,占整体广告经营收入规模的46%(图1-1)。根据艾瑞网汇总eMarketer发布的数据显示,2008—2014年美国互联网用户规模正在逐渐上升,2008年用户规模为2.03亿,到2009年则上升至2.11亿,普及率达到68.9%,2010年达到2.21亿,普及率超过70%,预计到2014年美国互联网用户规模将达到2.51亿,普及率达到77.8%(见图1-2)。2010年美国的手

---

① 《麦肯锡研究报告:美国仍是全球互联网产业最大参与者》,央视网2011年5月25日 http://news.cntv.cn/20110525/107768.shtml。

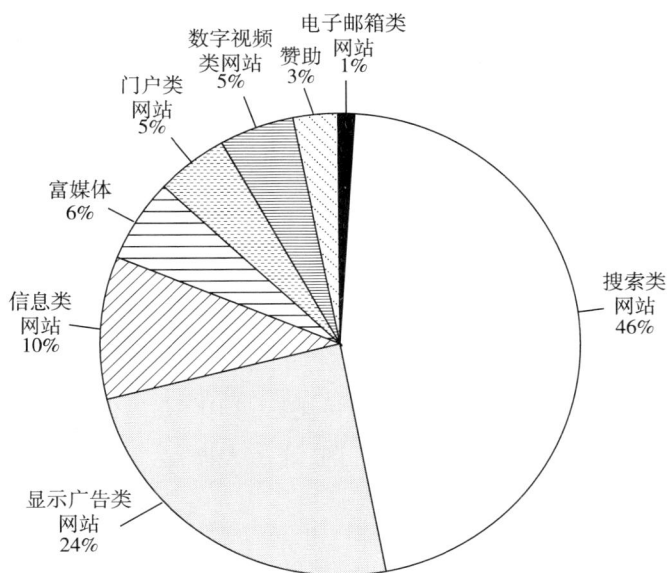

图 1-1　2010 年美国全年互联网广告收入的比重①

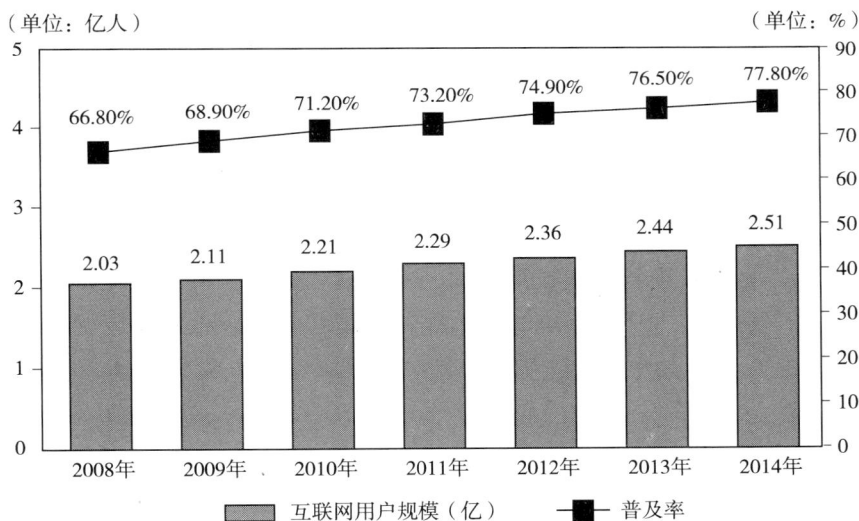

图 1-2　2008—2014 年美国全年互联网用户规模和普及率

机用户超过了 2.3 亿,其中移动游戏用户规模为 6020 万人,同比增长 11.8%,占美国移动手机用户比例为 26%。随着智能手机的普及、内容产品的丰富、碎片化时间的需求市场扩大,移动游戏的用户规模还会进一步增加。

---

① 富媒体,即 Rich media 的直译,是指具有动画、声音、视频或交互性的信息传播方法。如网站设计、电子邮件、弹出式广告等等。

　　欧盟委员会于 2010 年 5 月 19 日公布了未来 10 年互联网发展规划,准备在现有发展基础上继续开拓互联网的发展,从而带动欧洲赢得新的经济增长点、储备发展动力。欧盟将着力推动高速互联网普及,完善互联网服务,加大研究资金投入。按照规划,欧盟将建立一个"数字单一市场",方便欧盟民众从网上下载音乐、购物,加快电子商务发展。欧盟互联网购物者中,只有 8% 跨国购物。由于技术或法律原因,60% 跨国互联网订单遭拒。规划提出,至 2015 年,实现互联网购物者比例达到总人口半数;20% 的人通过互联网跨国购物;33% 的中小企业开展电子商务。欧盟计划 2013 年前实现基础宽带互联网覆盖率达到百分之百;至 2020 年,所有人享受每秒 30 兆或更高带宽服务,至少一半欧盟家庭互联网带宽达到 100 兆以上。目前,欧盟仅有 1% 的人使用光纤高速互联网,而在日本和韩国,这一人群比例分别为 12% 和 15%。半数以上欧盟民众每天上网,但有约三成人从未使用过互联网。这些"互联网盲"大多数是老年、低收入或受教育程度不高的人。他们不使用互联网的理由是"没有必要"或"用不起"。欧盟计划 2015 年前将网民比例从 60% 提高至 75%,半数公民能够利用电子政务服务。规划指出,欧盟信息和通信技术人才日益缺乏,至 2015 年,可能会缺少 70 万技术人员。信息和通信技术研制发展费用 2020 年将翻番,达到每年 110 亿欧元。①

　　在全球范围内,日本和韩国是宽带普及率最高、网速最快的两个国家,两国的宽带发展早已进入以光纤互联网建设为中心的阶段。日韩两国在光纤宽带互联网的发展路径上有着较强的一致性,不仅提出国家宽带战略,而且政府也通过政策扶持和资金支持来切实推动光纤宽带互联网的发展。FTTH(光纤到户)在日本发展比较早,2001 年日本就开始实行"e-Japan"计划,到 2006 年日本又推出"下一代宽带发展战略"。截至 2010 年,日本 90% 的家庭都已接入超高速(传输速率为 30Mb/s)互联网。从 2008 年 6 月底开始,日本 FTTH 与 DSL 用户情况发生了逆转,FTTH 用户数总量已超过了 DSL 的用户数。② 根据美国互联网数据传输公司 Pando Networks 公布的报告,韩国目前的平均互联网下载速度达每秒 2202KB,是全球互联网下载速度最快的国家。2009 年 7 月,KCC 与韩国信息化振兴院就发表了旨在 2012 年以后实现千兆位宽带网商用化的《千兆互联网促进计划》,计划从 2011 年起至 2012 年构建试点互联网,并提前对试点服务、技术研发和平台建设进行评估与准备。在政策扶持的同

---

① 《欧盟公布互联网 10 年规划力推高速网普及》,人民网 http://scitech. people. com. cn/GB/11655168. html。

② 《日韩发展千兆光纤互联网　用户可申请 1G 带宽》,《IT 时报》http://www. donews. com/tele/201105/459121. shtm。

时,韩国政府还投资大量资金到宽带基建上。在这几年的互联网基础设施建设中,韩国政府对宽带基础设施的投资达到700亿美元,使韩国各地区得以快速布建宽带互联网系统。日本、韩国的发展经验都显示出政府在推动互联网建设方面的重要作用,这两个国家在政府的投资和制度驱动下,做好互联网的基础设施建设,快字当先,在高速互联网的普及率上做文章,取得了互联网的快速发展,也为互联网支撑其他行业的发展奠定了基础。

(四)属地互联网企业的管理模式

北京市委书记刘淇在视察新浪网、优酷网时,勉励互联网企业进一步加强新技术应用和管理,坚决杜绝虚假有害信息,确保信息传播的真实性,营造健康向上的网上舆论氛围;同时激励属地网站发挥好各自的平台优势,建立自己的专业队伍,运用好微博等互联网新技术,积极传播社会主义核心价值体系,传播社会主义先进文化,刘淇的讲话提出的一个重要问题就是对互联网舆论的引导和管理,这是属地行政管理互联网企业的一个重要方面。引导舆论、净化互联网舆论环境并不是限制互联网企业给予网民的知情权、参与权及言论自由,而是要通过有效把关,合理引导,过滤虚假信息,引导网民更理性地认识和使用互联网。这就要求地方行政主管部门与管辖的企业紧密联系,及时沟通,及早发现问题、解决问题。

此外,行政管理的另一个方面就是服务支持。地方行政主管部门要通过统计调查、调研走访等形式,深入了解企业对政府的需求、企业的发展挑战,尽可能通过制度化、程序化、法制化的手段帮助企业克服困难,应对挑战,实现跨越式发展。

因此,调研发现,舆论管理、行政服务、环境优化、政策扶植,这几方面构成了属地互联网企业行政管理模式的核心。

(五)信息安全与互联网经济规制体系

互联网作为信息传播的平台,汇集了从各个渠道收集的各种信息。因此,要通过规范的管理体系确保信息安全。互联网经济的信息安全问题主要涉及五个方面,即国家安全领域、金融交易领域、用户信息泄露、木马病毒干扰、受众信息权利受损等。政府要加大对信息安全的保障力度,通过有效的体制机制建设,维护国家利益、用户利益及企业利益,严厉打击各种利用互联网进行的金融诈骗、黑客攻击、人为破坏硬件设备等违法犯罪行为,打造优异的企业发展环境。

(六)互联网内容的知识产权保护机制

互联网为信息提供了传播的便捷途径,但也为盗版等侵犯知识产权的行为提供了方便的路径。在数字出版、互联网视频、移动阅读等业务蓬勃发展的时候，如果不能有效保护知识产权，发展的质量将大打折扣，各种创新也会遭到扼杀。前一段时间作家与谷歌公司的矛盾、作家与百度公司的官司等案例已经再次说明了这一问题的严峻性。这就要求属地政府严格按照知识产权保护的有关法律法规，打击盗版侵权等行为。在"堵"的同时，有效疏导，通过建立具有可操作性的版权利益机制和使用机制来化解相关问题。

（七）互联网经济动态监管模式的探索

属地政府要对互联网经济有效管理，提供优质服务，首先需要深入了解行业、了解企业，通过建立一套动态监测体系，方能及时了解需求、发现问题解决问题。具体而言，可以通过普查和抽样相结合的方式建立科学指标，收集企业有关信息，汇编成发展动态报告和数据库；可以建立企业自律信用档案，对于违规使用用户信息、发布虚假新闻等行为记录在案，与政府对企业的各项扶植政策挂钩。

三、北京市互联网发展总体格局

物质文化的繁盛必然带来精神文化需求的大幅度增长。世界经济的发展实践表明，当一个社会的人均 GDP 达到 3000 美元以上，人们生活水平迈向小康时，由于每个社会成员占有的社会财富日益增加、闲暇时间日益增多，经济发展必然要寻求工业文明之外新的增长空间。在这种社会环境下，人们对以互联网为基础的新兴媒体产业及文化产业的需求会快速增加，形成互联网与文化产业的飞跃期。北京市在 2001年已经达到国内生产总值 2817.6 亿元，人均 3060 美元。按照世界银行 2000 年提出的标准，北京已经进入中等国家和地区行列。[①] 经过了"十五"和"十一五"的建设，全市地区生产总值已经达到 13777.9 亿元，人均超过 1 万美元。经济发展高端化格局初步形成，第三产业比重达到 75%。这一特征进一步预示着北京互联网经济在前期"释放性"高速发展的基础上，将在内涵与质量的快速提升上进入新的飞跃期。

（一）我国互联网产业趋势

2010 年，我国国民经济平稳快速发展，互联网产业宏观形势良好，带动了互联网经济的增长。此外，电信行业发展持续向好，这也为互联网基础设施建设、互联网技术开发及其产品应用提供了基础保障。

---

① 申建军、李丽娜主编：《21 世纪首都文化发展研究》，社会科学文献出版社 2006 年版。

2010年互联网发展政策积极稳定，互联网新技术加快应用。自2009年1月政府发放第三代移动通信(3G)牌照至今，3G互联网已经基本覆盖全国。2010年1月，国务院决定加快推进电信网、广播电视网和互联网三网融合，并相继确定了三网融合方案的试点城市。相关政策的出台，使得移动互联网的基础设施得到了飞速发展和完善，互联网的使用门槛逐渐降低。2010年第二季度，多项监管政策出台，涉及互联网购物、第三方网上支付以及互联网游戏行业，这些政策致力于维持诚信、健康的互联网环境，有利于互联网经济的持续发展。

2010年互联网媒体在社会传播中的作用越来越趋于主流，越来越多的传统企业加入了电子商务市场，加快了利用互联网平台销售、营销、洽商和合作的步伐。另外，中国互联网行业对国外先进互联网应用模式的复制取得了巨大成功，微博、团购等互联网应用的优势逐渐显现，吸引了社会各类群体的参与，互联网快速向社会各界渗透。

与此同时，我国3G互联网建设持续推进，移动互联网高速发展，三网融合取得积极进展。随着新技术、新应用、新模式的不断涌现，互联网产业加速向各行业、各领域渗透融合，在国民经济和社会各领域中影响和地位日益突出，主要呈现出以下几个方面特点。

一是互联网产业对实体经济的拉动作用明显。随着互联网服务市场规模扩大，电子出版、互联网视频、微博等新业务、新应用发展迅速。移动互联网规模快速增长，极大带动了基于移动互联网的各类智能终端的发展。其中，2010年，我国互联网购物市场交易规模超过5000亿元，占全年社会消费品零售总额的比例从2008年的1.1%提升至2010年的3.3%。

二是互联网加速与传统产业融合，服务平台作用日益凸显。作为交易平台，互联网已成为分销的重要渠道，越来越多传统企业进入电子商务领域。而作为工作平台，互联网对企业的服务支撑逐步渗透到生产经营全过程，推动了传统企业信息化水平不断提升。

三是互联网新技术、新业务加快创新发展，不断催生新的经济增长点。近年来，以移动互联网、云计算等为代表的互联网技术及应用发展势头强劲。移动用户规模呈爆发性增长，基于3G互联网的行业信息化业务也不断涌现，并带动相关产业创新发展。

四是互联网在社会公共服务领域发挥越来越重要的作用。随着云计算、物联网等技术在医疗、交通等领域的应用，公共服务的手段和平台将进一步丰富和延伸，促进社会服务管理模式的创新发展。

互联网是中国经济发展的重要引擎之一，对实体经济拉动作用明显。目前，互联网已经渗透到经济、社会、社会管理、公共服务等各个领域,截至 2010 年年底,我国互联网购物用户规模达到 1.61 亿人,有 3.75 亿人通过搜索引擎查询各类信息,3.53 亿人通过即时通信工具沟通,还有 2.95 亿人通过博客发布各类信息和观点。而作为新兴互联网应用之一的微博,正在成为社会公共舆论、企业品牌和产品推广,以及传统媒体传播的重要平台。

(二)北京市经济社会发展特征

北京市经济社会的发展会从互联网的发展中受益,同时也是互联网发展的基础。北京市在"十一五"规划期间实现了经济社会平稳快速发展,通过 2008 年举办奥运会,又使经济发展迈上新台阶。可以说,"十一五"时期是北京经济发展质量最好、结构最优的时期之一。在这期间,北京市的六个主要经济指标实现翻番。

一是经济总量跨越万亿元大关,由 6970 亿元增加到 13777.9 亿元,大体上比 2005 年翻了一番,年均增长 11.4%;

二是人均地区生产总值突破 1 万美元大关,大体上比 2005 年的 5615 美元翻了一番,达到中上等国家收入水平;

三是地方财政一般预算收入达到 2353.9 亿元,比 2005 年的 919 亿元翻了一番多;

四是社会消费品零售额达到 6229.3 亿元,比 2005 年的 2911.7 亿元翻了一番,在全国率先形成了消费拉动型经济;

五是投资规模达到 5493.5 亿元,"十一五"期间累计投资达到 2.15 万亿元,大体上比"十五"期间 1.09 万亿元翻了一番;

六是进出口总额达到 3014 亿美元,比 2005 年的 1255 亿美元翻了一番多。其中服务贸易 600 多亿美元,比 2005 年增加 2 倍多。

北京市不仅在经济的"量"上取得了巨大成就,在"质"上更有喜人的成绩,经济结构进一步优化。首都经济第三产业蓬勃发展,2010 年全市第三产业增加值达到 10600.8 亿元,占全市比重达到 75.1%(见表1-2)。服务经济、总部经济、知识经济、绿色经济等特征日益彰显,成为北京市经济形态的亮点,体现了现代大都市发展的新趋势。

表1-2　北京市"十一五"期间第三产业主要指标

项　　目	2005 年	2006 年	2007 年	2008 年	2009 年	2010 年
增加值(亿元)	4854.3	5837.6	7236.1	8375.8	9179.2	10600.8
占全市比重(%)	69.6	71.9	73.5	75.4	75.5	75.1

续表

项　　目	2005 年	2006 年	2007 年	2008 年	2009 年	2010 年
劳动生产率(元/人)	84828	95800	112388	122794	126872	140968
相当于全市比例(%)	105.4	106.1	106.3	106.3	103.3	101.4
从业人员年末人数(万/人)	584.7	634.0	653.7	710.5	736.5	767.5
占全市比重(%)	66.6	68.9	69.3	72.4	73.8	74.4
固定资产投产(亿元)	2405.6	2993.8	3465.8	3434.4	4389.5	4922.3
占全市比重(%)	85.1	88.8	87.4	89.2	90.3	89.6
实际利用外资金额(亿美元)	23.0	34.5	40.8	44.4	52.0	56.3
占全市比重(%)	65.2	75.8	80.6	72.9	84.9	88.5
万元地区生产总值能耗(吨标准煤)	0.4	0.37	0.33	0.31	0.30	0.27
相当于全市比例(%)	49.9	50.2	51.7	54.8	55.5	55.4

　　21 世纪的头十年北京经济发展呈现三大特点:一是发展动力更加注重高端要素投入和创新。科技、知识、智力、文化等创新要素成为驱动北京经济社会发展的核心要素。北京瞄准"世界城市"建设目标,加快构建和完善区域创新体系,努力提高国民经济的自主创新能力和自主增值能力,将文化产业打造为北京经济社会自主创新枢纽,促进"北京制造"向"北京创造"的跨越,基本形成以自主创新带动经济增长方式转变、经济结构调整和首都竞争力提升的格局。二是发展视角更加注重区域化和国际化。北京作为经济发达的大都市,承担带动周边地区共同繁荣的社会责任,使城市与周边区域的发展产生良性的互动,推进京津冀经济一体化。北京奥运的成功举办,是北京迈向国际城市的新起点和转折点,北京将进一步融入世界发展,建设世界城市。三是发展理念更加注重经济与社会的协调发展。北京已进入经济发展和社会发展并重的协调发展阶段,在发展经济的同时,更加注重教育、科技、文化、卫生、环保等社会事业的发展,注重人与自然的和谐发展。①

　　这些成就使得北京经济发展的硬实力和软环境都得到了优化,为互联网经济的进一步发展奠定了坚实的基础,激发了社会、市场对于互联网的巨大需求。

(三)北京市互联网发展的机遇与挑战

　　在当前的经济形势下,北京互联网产业面临的机遇与挑战并举。

　　在互联网发展机遇方面:

---

①　梁昊光:《北京文化创意产业发展战略研究》,《文化产业导刊》2011 年第 6 期。

1.3G 发牌,中国运营商对丰富的内容来源充满渴望。而 3 家运营商之间的激烈竞争将为内容商的多元化提供丰富的营养和巨大的机会。

2.中国政府高度重视互联网,给互联网内容商提供了更加积极的环境;

3.全球经济危机下,政府出台的一系列扶持政策,为互联网产业的发展增强了信心;

4.政府反低俗的决心,促进了互联网更加健康的发展;

5.网民数量的持续增加,将带动互联网产业上一个更高的台阶;

6.北京奥运会以来,各门户的优异表现证明了互联网产业具有巨大的影响力。

在互联网发展挑战方面:

1.全球经济危机下,企业广告预算压缩对互联网产业的影响尚无法预知;

2.企业客户对广告投放更加精准的预期将促进互联网产业的优化和升级;

3.各地政府纷纷重点支持本地互联网建设,出台大量优惠政策,将可能分流北京互联网产业的影响力。

(四)北京市互联网在全国的比较优势

被称为全国"网都"的首都北京,是中国互联网行业的汇聚之地,集聚了百度、新浪、搜狐、当当网、卓越网、优酷、土豆网、京东商城、人民网、新华网、中国网、千龙网等互联网公司总部,同时,腾讯、网易等也非常注重北京中心的建设。因此,北京是中国互联网产业的中心,集大成之地。

北京是全国的政治、文化中心,北京市的互联网内容产业也占据着整个中国互联网的高端地位,能够更加迅速、及时地传播政府的政策,对经济建设的推动和传播起着重要的作用。

北京市互联网行业在门户网站、在线沟通服务、搜索引擎、视频网站、互联网购物等各个细分领域都在全国占据重要地位。北京市互联网行业的蓬勃发展,是北京市政府和北京市互联网企业齐心协力,共同推进互联网信息化和工业化深度融合,全面提升经济社会各领域信息化水平,加快发展新一代互联网技术和专利,有效发挥互联网技术和服务在加快转变经济发展方式、促进产业结构调整中的支撑和推动作用的结果。

(五)北京市互联网发展策略

第一,政府主导,市场运作。

发挥政府统筹规划、宏观调控、组织推进、统一标准、政策导向等作用,结合市情,对互联网建设全局予以指导。遵循市场经济规律,充分发挥市场的资源配置作用,推动体制改革和机制创新,面向有效需求,取得较好的经济效益和社会效益。

第二,联合共建,整合发展。

积极争取中央有关部委的支持和帮助,发挥各自优势,共建首都的互联网发展基础设施和应用系统,联合开发互联网资源。在北京市市属各委、办、局,各区、县和各企业之间提倡优势互补、共建共享。从首都的全局出发,打破部门、单位之间的界限,统一规划、统一标准、分工合作、互补互利,调动各方面积极性,促进互联网的互联互通和信息资源的共享,发挥首都互联网建设的整体优势。

第三,突出重点,服务市民。

有所为,有所不为,配合首都城市发展的总体战略和重大发展机遇,围绕城市发展的重点、热点和难点,集中力量解决关系到全局发展的关键问题,切实体现互联网的倍增效益;围绕人民群众的迫切需求和要求,利用互联网的新手段来解决为市民服务的关键问题,使人民群众能够享受到现代信息社会的服务质量。

第四,技术创新,跨越发展。

首都互联网建设要紧紧跟踪世界互联网发展潮流,学习国内外的先进经验,避免弯路,积极探索,不断强化科技创新,重点研发城市信息化的互联网关键技术,形成自主知识产权,支持和保护专利技术,努力实现跨越式发展。

第五,服务为龙头,客户为中心。

互联网建设要以企业为主体,以技术进步为依托,以服务为龙头,客户为中心,培育一批具有国际竞争能力的企业,带动整个互联网产业发展。

第六,国际合作,走向世界。

面向经济全球化,面向国际、国内两个市场,利用国际、国内两种资源,加强和国际跨国互联网公司的合作,积极吸引国内外资金,走向世界,实施全球化战略。

(六)北京市文化产业比较

文化产业是从事文化产品生产和提供文化服务的经营性行业,创意、创造力是文化产业发展的核心动力,文化创意产业强调把创意从"边缘产业"推向"中心产业",体现出了文化本身所具有的创新性的价值。有学者将文化创意产业定义为一种通过对知识资源的开发利用而衍生出无穷无尽的新产品、新市场、新机会,进而推动经济社会发展的产业[1]。这一界定凸显了创意在文化产品生产和文化服务经营中的核心

[1]　周鸿铎:《传媒文化创意产业及发展》,《中国经贸》2006 年第 12 期。

作用,点出了通过重复生产、重复制造和重复服务并不能够赢得文化产业发展的持久生命力,只能通过创意生产、创意制造和创意服务才能在求新求变、以人为本的观念中赢得可持续发展的动力。

近年来,各地非常重视文化创意产业的发展,希望通过发展这种消耗知识、智慧、经验、能力等为主要资源的发展方式取代消耗物质能源的发展方式,带来新的经济增长点。国家统计局发布的报告显示,2010 年我国文化及相关产业法人单位增加值达到 11052 亿元,占国内生产总值(GDP)的比重达 2.75%。其中北京、广东、江苏、山东 4 省市表现尤为突出,文化产业增加值均已突破千亿元。北京市的文化创意产业发展在全国居首位,达到了 1697.7 亿元,占全市 GDP 比重超过 12%,已经形成了支柱性产业(见表 1-3)。

表 1-3　文化产业活动单位基本情况

项　　目	增加值		从业人员平均人数(万人)		资产总计		收入合计	
	2010 年	2009 年	2010 年	2009 年	2010 年	2009 年	2010 年	2009 年
合　　计	1697.7	1489.9	122.9	114.9	11166.3	9535.3	7442.3	5985.7
文化艺术	53.7	48.8	5.3	5.2	340.1	348.1	139.0	144.5
新闻出版	171.8	159.8	14.9	15.6	1065.9	970.7	620.3	565.8
广播、电视、电影	138.6	124.5	4.4	4.8	1235.8	1085.2	491.1	437.3
软件、互联网及计算机服务	847.1	710.5	51.6	45.1	4447.7	3631.0	2816.3	2297.0
广告会展	127.4	98.5	10.1	9.4	847.6	705.3	971.7	777.0
艺术品交易	43.0	30.9	2.2	1.9	344.1	208.0	354.0	131.2
设计服务	84.2	76.4	10.9	10.0	1084.8	1042.6	343.9	245.3
旅游、休闲娱乐	69.5	60.7	9.9	10.3	577.5	553.0	458.4	440.7
其他辅助服务	162.4	179.8	13.6	12.6	1222.8	991.4	1247.6	946.9

北京市文化创意产业发展产业支柱地位得以确立,文艺演出、新闻出版、广播影视等行业整体实力日益雄厚。值得一提的是电影行业,虽然总量不是很大,但发展成就令人瞩目。2010 年北京电影票房收入达到 11.8 亿元,比上年增长 46%,连续四年全国第一。产业发展格局初步形成。"十一五"时期,北京市组织认定了 30 个市级文化创意产业集聚区,覆盖全市 16 个区县,集聚文化企业上万家。仅"798"艺术区就有 450 多家企业入驻,2010 年参观人数超过 200 万人次。在创意产业发展过程

中,国有和民营文化企业并肩发展,2010 年 1 至 11 月,在规模以上文化创意产业单位中,非公有制及混合所有制单位实现收入 4483.2 亿元,占全市规模以上文化创意产业比重的 80.5%。"十一五"期间,北京市设立了文化创意产业发展专项资金,每年安排 5 亿元面向社会支持文化创意产业发展,5 年来共支持项目近 600 个。市发改委固定资产投资近 6 亿元,累计支持 10 个文化创意产业集聚区的 22 个项目,项目总投资 10.6 亿元。[①]

(七)北京市互联网经济发展要求

北京具有发展互联网经济得天独厚的条件。在"十二五"期间,建设数字北京、智慧北京离不开互联网产业的蓬勃发展。

北京市互联网经济的发展要与城市整体经济社会发展相协调,要具有前瞻性,预留发展空间拉动经济增长潜力,要立足当下跟进及引领国内外先进都市建设的步伐,要与国内外先进的互联网发展模式、技术、平台、理念、应用相同步。

在这个思路下,北京市通过互联网打造平台经济、总部经济、孵化经济、辐射经济、服务经济、智能经济的模式开辟新的增长空间。建立以互联网平台为核心的新型互联网信息产业链,打造产业发展的强大引擎,以云计算技术为支撑,开发包括新型终端、软件、内容、运营服务、市场研究等为一体的信息服务运转平台。通过平台运行,北京市"将围绕移动互联网、互联网新应用、融合性的互联网电视业务等三大方向,依托优势企业构造十个左右这样的平台,带动整合上千家软件和信息服务企业,形成以平台型企业为龙头的新兴产业链、价值链,拉动 3000 亿元规模的产业"[②]。总部经济就是以建立互联网产业链上的企业总部为诉求,吸引国内外的优秀互联网企业入驻北京,形成立足北京、互联网世界的新型互联网经济发展格局。孵化经济就是以平台经济为基础、以孵化机制为保障、以产品服务或技术创意为着眼点、以项目为载体,孵化并扶植有发展前景、有经济增长潜力的新型互联网企业的发展,为可持续发展储备新生力量。辐射经济就是以互联网经济为基础,实现三次辐射。初次辐射惠及与之相关的互联网信息技术设备与平台企业及物联网企业,二次辐射即惠及以传统互联网和新兴移动互联网为基础的相关文化创意产业,三次辐射可惠及其他以互联网为基础的金融服务、虚拟交易、企业管理等其他产业。服务经济就是建立以互联网应用为基础的舆论服务、渠道服务、终端服务、交易服务、社

---

① 《北京文创产业去年增加值 1692 亿电影行业成就瞩目》,《北京日报》2011 年 5 月 8 日。
② 《北京将依托互联网平台产业链拉动 3000 亿规模产业》,中国新闻网 http://www. chinanews. com/it/2011/05-31/3080512. shtml。

会管理服务等,通过互联网提升城市服务管理水平,便捷民众生活。智能经济就是通过打造数字城市、智慧城市,在互联网的帮助下实现城市功能的智能化,办公、社区、公共服务的智慧化,使人民进一步享受到互联网带来的人性化服务,提升民众的幸福水平。

四、北京市互联网经济发展的新阶段和新趋势

(一)北京市互联网经济规模

根据艾瑞咨询推出的《2010—2011 年中国互联网经济市场研究报告》统计,2010年中国互联网经济市场规模将达到 1513.2 亿元。同比 2009 年增长 53.9%。

在北京市文化产业的指标中,与互联网产业直接相关的"软件、互联网及计算机服务"增加值就达到了 847.1 亿元,占全部文化创意产业增加值的近一半,占全市GDP 的比重超过了 6%。当然,这还不包括以互联网为基础对其他文化产业支撑所产生的收益。因此,单就这一项来看,软件、互联网及计算机服务就达到了支柱性产业的要求。

2010 年年底,北京市的互联网宽带用户入户量达到了 545.6 万户(见表 1-4),市累计建设 3G 基站约 1.8 万个,无线网接入点约 5400 个;具备 20 兆宽带接入能力的用户超过 176 万户,3G 用户超过 254 万,高清交互数字电视用户将达 130 万户,远高于 35% 左右的全国平均水平,就互联网的普及程度来看,北京位居全国首位。截至 2010 年年底,北京市的网站数为 37.2 万个,已初步建成国内领先的 3G 互联网、20兆宽带覆盖最广的信息互联网和用户最多的高清交互式数字电视互联网,首都信息产业达到世界发达国家主要城市的中上等水平①。

表 1-4 北京市电信业务主要指标

项目	2010 年	2009 年	2010 年为2009 年%
电信	10668311	8667454	123.1
长途电话通话量(固定)(亿分钟)	26.3	27.5	95.6
本地电话通话量(固定)(亿次)	214.8	256.5	83.7

---

① 《北京网民规模目前约 1218 万人》,新华网 http://news.xinhuanet.com/local/2011-02/06/c_121052721.htm。

续表

项目	2010 年	2009 年	2010 年为 2009 年%
移动电话通话量（亿分钟）	1165.9	965.5	120.8
移动短信业务量（亿条）	368.7	364.4	101.2
移动电话用户（万户）	2129.8	1825.4	116.7
BG 移动电话用户数（万户）	259.9	76.8	338.4
固定电话用户（万户）	885.6	893.1	99.2
住宅电话用户（万户）	568.3	569.6	99.8
长途光缆纤芯长度（芯公里）	170790.0	131030.4	130.3
长途电话交换机容量（万路端）	52.3	54.5	96.0
局用交换机容量（万门）	1500.7	1530.7	98.0
移动电话交换机容量（万户）	4134	3686	112.2
主线普及率（线/百人）	45.1	50.9	—
移动电话普及率（户/百人）	107.9	104.0	—
互联网宽带接入用户数（万户）	545.6	451.7	120.8
互联网上网人数（万人）	1218.0	1103.0	110.4

作为全国软件和信息服务业的重要基地，北京软件和信息服务业 2010 年的行业总收入达到 2816.3 亿元。北京市经济和信息委员会发布的一份研究报告显示，到 2009 年年底，北京市信息互联网产业的总规模已达 225 亿元，占北京软件和信息服务业的 12%①。如果依旧按照 12% 的比例测算，那么 2010 年北京信息互联网产业的收入总规模约为 338 亿元。

截至 2011 年 6 月，北京市互联网 IPv4 地址的数量占到全国的 25.5%，遥遥领先于位居第二名广东省的 9.6%；北京的分省域名数量为 1280851 个，占域名总数比例为 16.3%，其中 CN 域名数 685708 个，占 CN 域名总数的 19.6%；北京市的网站数量达到 298162 个，占网站总数的比例为 16.3%。北京市的互联网普及率、IPv4 地址数、域名数量、网站数量均位居全国之首，显示出了强大的互联网基础资源优势和未来发展潜力。

（二）北京市互联网经济行业结构

在互联网经济内部的行业结构中，从全国的角度看，电子商务与互联网游戏占据

---

① 《北京信息互联网产业规模 225 亿元》，新华网 http://news.xinhuanet.com/tech/2010-06/11/c_12211797.htm。

互联网经济的半壁江山。根据艾瑞咨询的数据,电子商务市场份额由 2009 年的 25.9% 增至 2010 年的 34.2%,跃居行业首位;互联网游戏市场份额下降 5 个百分点。互联网广告、移动互联网、搜索引擎以 14.2% 、13.4% 、7.4% 分列第三至第五位(见图 1–3)。

（单位：%）

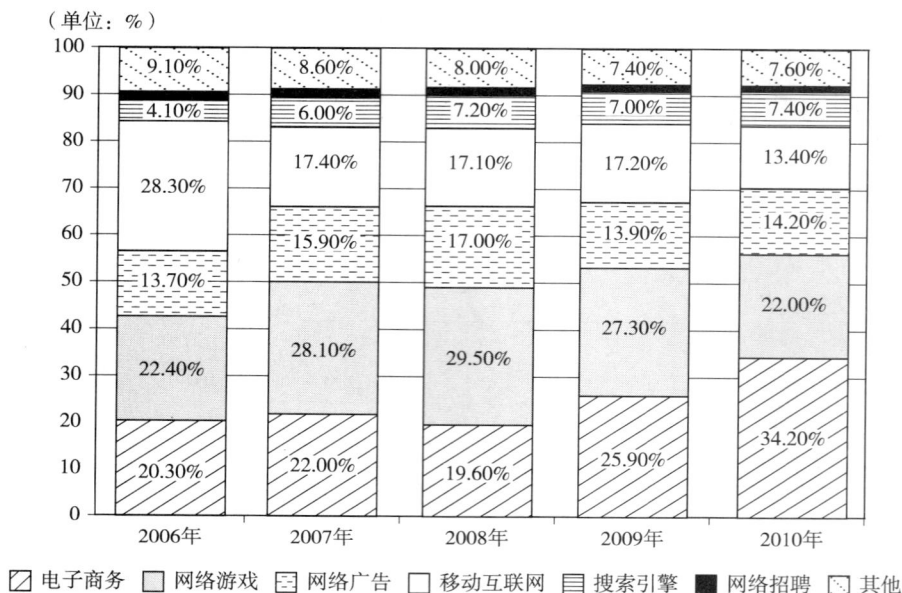

图 1–3　2006—2010 年中国互联网经济细分行业市场份额

北京市互联网产业包括了互联网广告、电子商务、互联网游戏、移动互联网、搜索引擎、互联网视频、网上招聘、域名主机、电子支付等领域的企业。根据北京市通信管理局数据显示,截至 2011 年 6 月底:

●互联网信息服务业务(ICP 是指互联网内容提供商,即向广大用户综合提供互联网信息业务和增值业务的电信运营商。):4398 家

●互联网接入服务业务(ISP 是指互联网服务提供商,向广大用户综合提供互联网接入业务、信息业务和增值业务的电信运营商):176 家

●互联网数据中心业务(IDC 是指在互联网上提供的各项增值服务,包括:申请域名、租用虚拟主机空间、主机托管等业务的服务):34 家

●移动网信息服务业务(SP 是指移动互联网服务内容应用服务的直接提供者,负责根据用户的要求开发和提供适合手机用户使用的服务):429 家

●存储转发业务:8 家

●无线寻呼业务:6 家

●固定网信息服务业务:9 家

●呼叫中心业务:111 家

●国内因特网虚拟专用网业务(VPN 指的是在公用互联网上建立专用互联网的技术,它涵盖了跨共享互联网或公共互联网的封装、加密和身份验证链接的专用互联网的扩展。VPN 主要采用了彩隧道技术、加解密技术、密钥管理技术和使用者与设备身份认证技术。):7 家

●在线数据处理与交易处理业务:5 家

在这些企业中,运营总部设在北京的上市公司有 29 家,涉及领域包括新闻资讯、互联网游戏、移动互联网增值(无线增值)、互联网搜索、互联网视频、信息提供服务、B2B、信息化服务、广告传媒、电子商务、手机安全等。

●纳斯达克:新浪、网易、搜狐、百度、畅游、完美时空、金融界、艺龙、空中网、酷 6 传媒、中国房地产信息集团(文中简称:中房集团)、蓝汛、航美传媒、新华悦动传媒、中华网、携程网、前程无忧、华视传媒、世纪佳缘

●纽约证券交易所:搜房网、易车网、优酷、当当、网秦、人人网、凤凰新媒体

●香港联交所:金山软件、慧聪网

●国内 A 股:乐视传媒

(三)北京市互联网网民规模

在我国,对网民的界定为"过去半年内使用过互联网的 6 周岁及以上的中国居民"。1997 年 11 月,《中国互联网发展状况统计报告》首次发布,当年,中国的互联网用户是 62 万。而截至 2010 年 12 月底,我国网民规模达到 4.57 亿,较 2009 年年底增加 7330 万人,互联网普及率攀升至 34.3%。我国手机网民规模达 3.03 亿人,手机网民在总体网民中的比例进一步提高,依然是拉动中国总体网民规模攀升的主要动力,但手机网民增幅较 2009 年趋缓。最引人注目的是,商务类应用用户规模继续高速增长,互联网购物用户年增长 48.6%,是用户增长最快的应用,以及网上支付、网上银行的使用率迅速提升,预示着更多的经济活动将步入互联网时代。[①]

2010 年,我国网民规模超千万的省(市)数量进一步增加,达到 19 个,较 2009 年增加 3 个。从互联网普及率上看,各地区的互联网发展差异依旧明显(见图 1-4、图 1-5)。

第一梯队:互联网发展水平较好,普及率高于全国平均水平,主要集中在东部沿海地区和部分内陆省份。包括北京、上海、广东、浙江、天津、福建、辽宁、江苏、新疆、

---

① 数据来源:中国互联网信息中心 CNNIC《第 27 次中国互联网发展状况统计报告》,2011 年 1 月。

（单位：万人）　　　　　　　　　　　　　　　　　　　　　（单位：%）

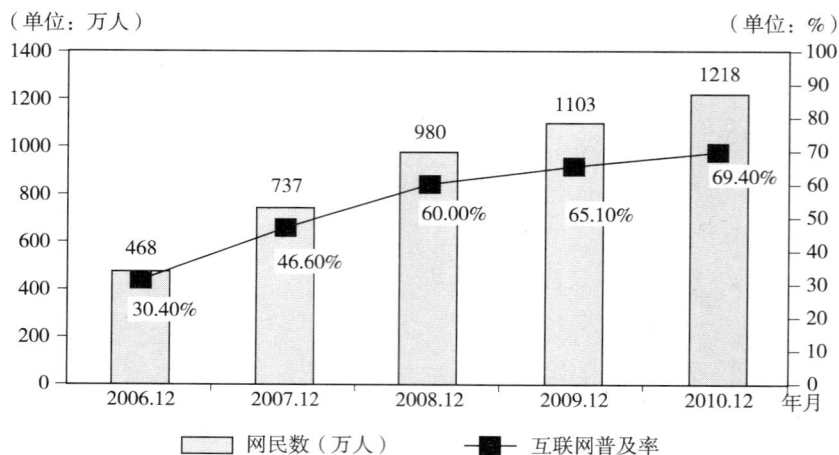

图1-4　2006—2010年北京市网民规模和普及率

■ 互联网普及率≥34.3%

□ 34.3%＞互联网普及率≥28.7%

□ 互联网普及率＜28.7%

图1-5　2010年中国各省互联网发展状况

山西、山东、海南、重庆、陕西十四个省、区或直辖市,较 2009 年增加 4 个。其中,北京互联网普及率高达 69.4%,上海和广东分别为 64.5% 和 55.3%。

第二梯队:互联网普及率低于全国平均水平,但是高于全球平均水平,包括青海、湖北、吉林、河北、内蒙古、黑龙江六个省、区,较 2009 年减少 2 个。

第三梯队:互联网发展水平较为滞后,互联网普及率低于全球平均水平,集中在西南部各省和中部地区,包括宁夏、西藏、湖南、河南、广西、甘肃、四川、安徽、云南、江西、贵州十一个省、区,较 2009 年减少 2 个。

从发展速度上看,中西部地区网民规模增速较快,其中西藏、贵州、陕西、安徽网民数量年增幅最大,分别为 52.7%、31.1%、30.2% 和 30.2%。[1]

截至 2010 年年底,北京市网民增长率 10.5%。[2] 由表 1-5 可见,北京市网民普及率居全国各省(区、市)第一位,网民总数位居全国前列。过去近十几年里,一方面,北京居民的生活方式、价值观接受了种种来自互联网的不断冲击和挑战;另一方面,北京网民爆发性的需求、习惯和思维方式,又参与了中国乃至全球的互联网世界的塑造过程。通过互联网,北京市民从简单的使用门户网站、在线聊天、互联网游戏,到使用搜索引擎,熟悉视频网站、使用互联网购物,甚至手机上网,玩微博、上网征婚、交友……

表 1-5 2010 年分省网民规模及增速

省(区市)	网民数(万人)	普及率(%)	增长率(%)	普及率排名	网民增速排名
北　京	1218	69.4	10.5	1	29
上　海	1239	64.5	5.8	2	31
广　东	5324	55.3	9.5	3	30
浙　江	2786	53.8	13.6	4	27
天　津	648	52.7	14.8	5	26
福　建	1848	50.9	13.4	6	28
辽　宁	1916	44.4	20.1	7	21
江　苏	3306	42.8	19.6	8	22
新　疆	819	37.9	29.1	9	7
山　西	1250	36.5	17.5	10	25
山　东	3332	35.2	20.3	11	19

① 数据来源:中国互联网信息中心 CNNIC《第 27 次中国互联网发展状况统计报告》,2011 年 1 月。
② 李东:《北京网民超过 1160 万人,手机网民规模达 780 万人》,新华网。

省（区市）	网民数（万人）	普及率（%）	增长率（%）	普及率排名	网民增速排名
海 南	303	35.1	24.3	12	8
重 庆	990	34.6	23.3	13	12
陕 西	1295	34.3	30.2	14	3
青 海	188	33.6	21.8	15	15
湖 北	1902	33.3	29.5	16	6
吉 林	882	32.2	21.5	17	16
河 北	2197	31.2	19.3	18	23
内蒙古	747	30.8	29.9	19	5
黑龙江	1127	29.5	23.6	20	11
宁 夏	175	28.0	24.3	21	9
西 藏	81	27.9	52.7	22	1
湖 南	1747	27.3	24.3	23	10
河 南	2417	25.5	20.4	24	18
广 西	1226	25.2	19.0	25	24
甘 肃	655	24.8	22.4	26	13
四 川	1998	24.4	22.2	27	14
安 徽	1392	22.7	30.2	28	4
云 南	1021	22.3	20.9	29	17
江 西	950	21.4	20.2	30	20
贵 州	751	19.8	31.1	31	2

资料来源：中国互联网信息中心 CNNIC《第 27 次中国互联网发展状况统计报告》，2011 年 1 月。

随着北京市互联网的深入发展，网民用户的需要也在不断的变化和提高，如何才能抓住用户的需求、如何掌握细分市场的受众特征，并制定发展战略从中获益？这是今后北京市互联网企业所面临的困难和挑战。想要在众多的竞争对手和商业模式中脱颖而出，不仅眼光要放得长远，还要迎合市场需求，迎合受众口味。

（四）北京市互联网资源规模

1. IP 地址数量

IANA 在 2011 年 2 月左右将 IPv4 地址资源最终分发完毕（见表 1-6、图 1-6），IPv4 向 IPv6 全面转换更加紧迫。IPv6 将原来的 32 位地址转换到 128 位地址，几乎可以不受限制地提供地址，可以解决互联网 IP 地址资源分配不足的问题。目前有一些系统和设备厂商开始支持 IPv6,但从 IPv4 尽快转换到 IPv6,还需要从政策法规、技术标准、组织机构等等多个方面入手,确保能够顺利地从 IPv4 过渡到 IPv6 地址。

表1-6 2006 年 12 月—2011 年 6 月北京市 IPv4 地址资源变化情况和与全国对比情况

	北京市 IPV4 地址数	北京市所占比例(%)	全国 IPV4 地址总数
2006 年 12 月	12742046.72	13.00	98015744
2007 年 6 月	16081754.11	13.60	118248192
2007 年 12 月	26243301.89	19.40	135274752
2008 年 6 月	35739907.58	22.60	158141184
2008 年 12 月	43143055.87	23.80	181273344
2009 年 6 月	49822573.82	24.30	205031168
2009 年 12 月	51440402.48	22.13	232446464
2010 年 6 月	52595020.8	21.00	250452480
2010 年 12 月	63301204.99	22.80	277636864
2011 年 6 月	84564821.76	25.50	331626752

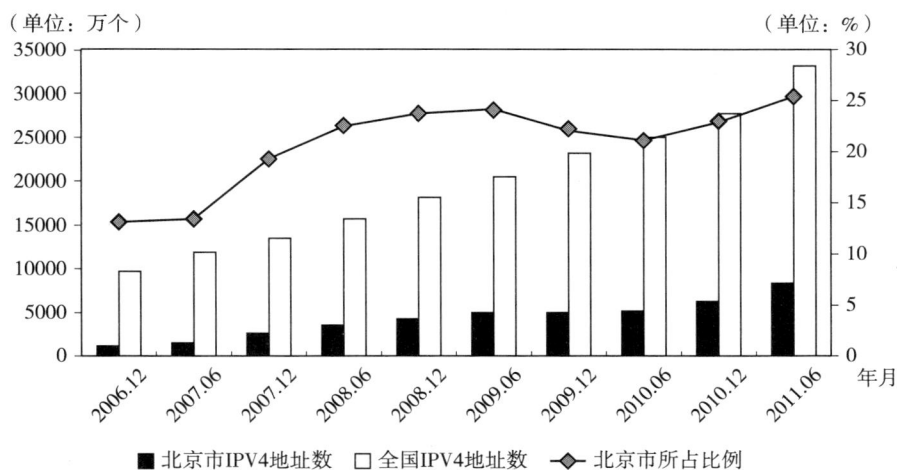

图1-6 2006 年 12 月—2011 年 6 月北京市 IPv4 地址资源变化情况和与全国对比情况

2. 域名数量

根据中国互联网信息中心 CNNIC 的统计数据显示,北京市共有域名数量 1536112 个,位居全国之首,占全国域名总数比例 17.8%,其中 CN 域名 961158,占全国 CN 域名总数比例为 22.1%,位居全国之首(见表1-7)。

表 1-7　北京市域名数和 CN 域名数以及占总股数的比例情况

年　　月	域名数量 （个）	占域名总数 比例（％）	CN 域名数量 （个）	占 CN 域名总数 比例（％）
2006 年 12 月	786256	19.10	569668	31.60
2007 年 6 月	1710992	18.60	1346010	21.90
2007 年 12 月	2098552	17.60	1738023	19.30
2008 年 6 月	3023608	20.40	2671206	22.50
2008 年 12 月	3600797	21.40	3261297	24.00
2009 年 6 月	3839778	23.60	3446010	26.60
2009 年 12 月	2960600	17.60	2493725	18.50
2010 年 6 月	2319472	20.70	1777987	24.50
2010 年 12 月	1536112	17.80	961158	22.10
2011 年 6 月	1280851	16.30	685708	19.60

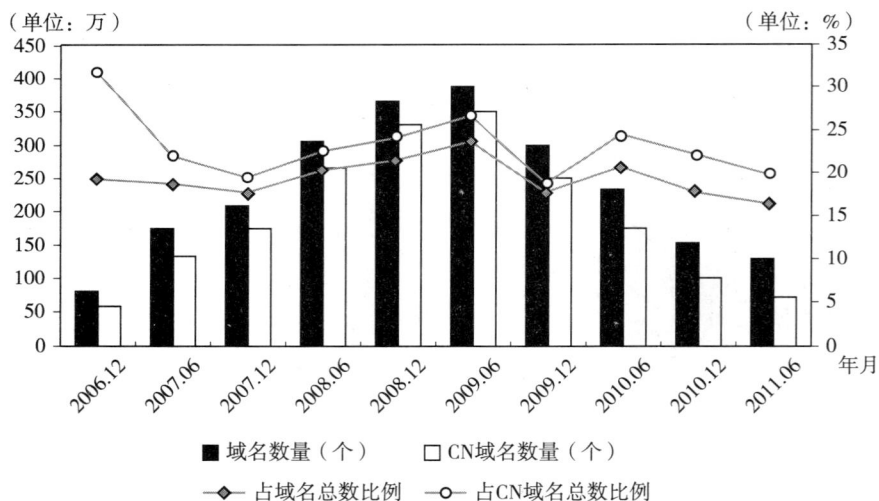

图 1-7　北京市域名数和 CN 域名数以及占总股数的比例情况

3. 网站数量

根据中国互联网信息中心 CNNIC 的统计数据显示,北京市共有网站数量 282674,仅次于广东省,位居全国省市网站拥有数量排名第二位,占全国网站总数比例 14.8％（见表 1-7;1-8）。

4. 宽带接入用户

宽带不仅改变了人类的生活习惯和工作方式,也是加速经济社会发展以及应对

（单位：万个）　　　　　　　　　　　　　　　　　　（单位：%）

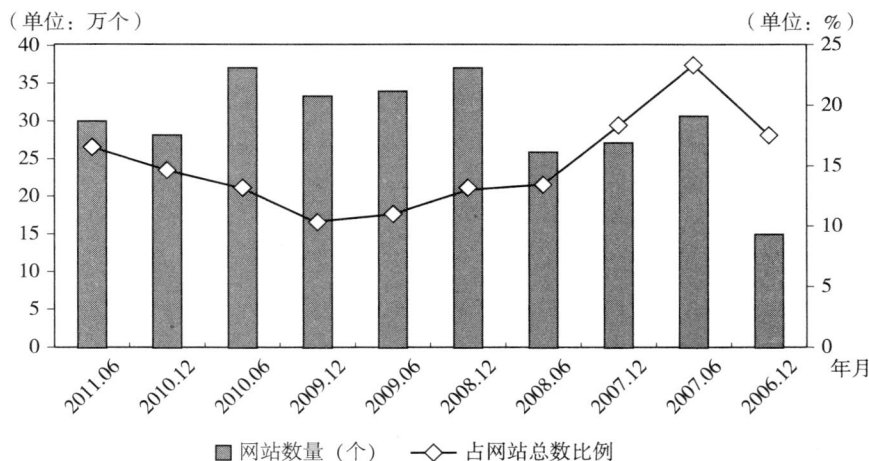

网站数量（个）　◇ 占网站总数比例

图1-8　北京市网站规模变化以及网站数量占总数的比例

国际竞争的关键基础设施和先导领域。因此，宽带战略已成为各国互联网行业的共识。随着中国互联网普及率的提升，互联网用户进一步趋向于宽带化。

据了解，截至2010年年底，全球已有82个国家采用和计划采用国家宽带战略。多个国家已明确和细化了宽带发展目标、措施、政策，政府在宽带经济发展中的角色也得到进一步强化。目前有40多个国家将宽带纳入其普遍服务、普遍接入定义，且在一些国家宽带接入成为了一项法定权利。从技术角度来看，近年来，全球宽带接入网进入了大规模发展阶段。截至2011年3月底，全球固定宽带连接数量已达到5.406亿，同比增长11.9%，环比上升2.9%。2011年上半年，我国固定互联网宽带接入用户新增1600万户，已达1.42亿户，其中接入速率在2M以上的宽带用户超过80%，互联网宽带接入端口达到2.14亿个，较上年同期增长36%。①

表1-8　北京市互联网宽带接入用户数（固定）

年　　份	用户数（万户）	年增长率（%）
2006	281.2	22.90
2007	351.8	25.11
2008	409.3	16.34
2009	451.7	10.35
2010	545.6	20.79

① 于伟：《美国有线电视用户流失加快：宽带互联网替代》，《通信信息报》2011年8月17日。

近年来,北京市互联网宽带发展迅猛,截至 2010 年,已有宽带用户数约为 545.6 万户。近年来,接入用户数量增势趋缓,2009 年至 2010 年又有回增趋势。北京的宽带市场上,电信运营商将进入全业务运营的时代,竞争白热化(见图1-9)。

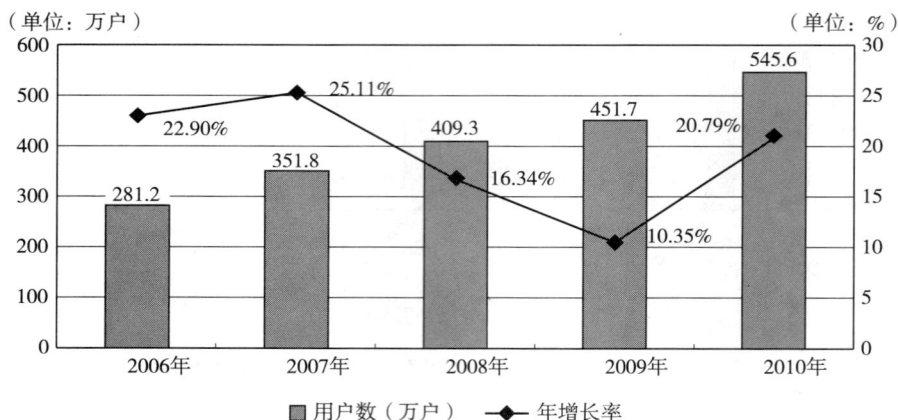

图1-9 2006—2010 北京市互联网宽带接入用户数量及年增长率变化情况

(五)北京市互联网政策法规建设

目前,北京市互联网政策法规建设逐步走向成熟。以科学发展观为统领,紧紧围绕构建社会主义和谐社会的总目标,建立和健全北京市互联网政策法规。

近年来,北京市政府研究、制定和执行与互联网发展需要相适应的各类政策,如人才政策、采购政策、产业政策、分配政策、消费政策、投融资政策、进出口政策等,初步建立互联网的政策体系。

1. 制定鼓励、扶持互联网发展的优惠政策,特别是吸引人才和投资的政策

2. 对从事互联网技术研发、互联网产业和互联网服务的企业,参照高新技术企业的政策给予优惠

3. 坚持国产化为互联网提供装备,以信息化带动民族互联网产业发展的方向,坚持"政府采购"制度和同等优先的采购政策

4. 加强互联网软科学课题研究,提高决策水平

发挥有关的学会、协会、机关、团体的作用,请一批专家、顾问和有专长、有经验的科技人员深入研究首都互联网发展的思路、模式、体制、机制和法制、安全等各个重要问题。在每项互联网工程的前期准备工作中,必须先进行软课题研究。

互联网法制建设是指为促进和推动互联网的发展,对互联网立法、执法、行政复议、行政诉讼和法制宣传等法制环境的建设。目前,北京市针对互联网的各项内容,

已经逐步建立和健全起互联网法制体系。

1. 互联网法制建设要为互联网发展保驾护航

以互联网立法工作为主,待相关法律、法规和规章出台,再全面启动互联网行政执法、行政复议、行政诉讼和法制宣传等工作。

2. 加强互联网法制建设及相关政策研究

在立法工作方面,构建科学、完整的法律体系,坚持先易后难、先单项后综合的原则,重点研究《北京市信息化建设条例》、《北京市信息工程建设管理办法》和《北京市互联网服务业管理办法》,以及相关配套的管理办法。

3. 加强行政执法和宣传工作

适时建立互联网行政执法队伍,制定互联网行政执法人员培训制度和执法程序等。加强互联网法制宣传工作。大力宣传国家和北京市互联网最新法律、法规和规章。

(六)北京市互联网媒体发展

北京市互联网产业中涉及传媒领域的占据了相当的比重,很多属地在北京的互联网上市公司和著名网站都扮演着重要的互联网媒介功能。在综合门户网站方面,三大门户网站新浪、网易、搜狐均立足北京、辐射世界;在搜索引擎方面,百度一枝独大,以搜索引擎为基础开辟多元化服务;在新闻网站方面,人民网、新华网、央视网、千龙网、中华网、凤凰新媒体等都有着覆盖全国的用户群;在专业门户网站方面,携程网、搜房网、慧聪网、中房集团网等都在细分市场上占据着优势;在视频网站方面,优酷网、乐视传媒、华视传媒都在竞争着这个正在蓬勃兴起的大市场;在社区互联网方面,人人网、世纪佳缘网等也正在向该领域的综合门户方面发展,整合的功能越发多样。

(七)北京市互联网游戏发展

2010年中国互联网游戏市场规模为327.4亿元,同比增长21%,互联网游戏市场增长趋势已经开始放缓。目前,中国互联网游戏市场正面临着很大的创新危机,无论是商业模式还是产品研发,或是推广方式都已经没有太好的手段,用户缺乏新鲜感,黏性和付费意愿下降,这在很大程度上限制了整个行业的发展。艾瑞分析认为,如果游戏行业无法解决以上问题,那么未来几年,行业增长将继续放缓,甚至可能出现负增长。用户资源是互联网游戏的核心资源,门户网站利用其用户规模优势进军网游行业并瓜分大量市场份额。腾讯继2009年超越盛大后仍保持强势扩张,2010年市场占有率达29.1%,位居榜首,而网易随之超越盛大成第二大运营商,占

15.3%,搜狐也成功进入 TOP 10,占 6.7%。依托强势用户资源的大型企业市场占有率进一步增大,前五家运营商的市场份额已达 72.5%。而中小企业的市场占有率均有所下降,且市场地位波动较为明显。

在这种背景下,北京市为了促进互联网游戏产业的健康快速发展,加快北京国家互联网游戏产业基地建设,增强北京地区互联网游戏企业研发制作能力和市场竞争力,于 2010 年 5 月出台了《北京市关于支持互联网游戏产业发展的实施办法》(以下简称《办法》)。《办法》指出,在市文化创意产业发展专项资金中安排专项,支持互联网游戏产业发展;对北京地区互联网游戏企业自主研发的原创互联网游戏产品,择优予以前期资助,资助额为 100 万至 200 万元;北京地区互联网游戏企业自主研发游戏引擎并利用该引擎制作大型互联网游戏 5 款以上的,一次性给予 200 万元资助;北京地区互联网游戏企业自主研发形成知识产权并投入运营的互联网游戏产品和服务,经营效益较好,能够促进就业,并且达到一定要求的,一次性给予 200 万元奖励;互联网游戏企业当年购置、租赁服务器和带宽租用等运营费用达到 4000 万元以上的,一次性给予资助 100 万元;对手机游戏企业当年购置服务器等运营费用达到 2000 万元以上的,一次性给予资助 50 万元;互联网游戏企业在北京国家互联网游戏产业基地内购置或自建办公和研发用房 2000 平方米以上的,给予一定补贴。

此外,对作品获得大奖、出口创汇成绩卓著等情况也都规定了奖励的办法,对部分符合条件的企业在税收上也有一定优惠。北京市文化创意产业领导小组办公室的这一政策对互联网游戏产业支持力度之大是前所未有的,能够激发优秀网游企业汇聚京城、施展创意。

(八)北京市搜索引擎市场发展

从全国范围看,2010 年搜索引擎的收入约为 110 亿元,年同比增长 57.7%。搜索引擎占总体互联网广告市场规模比重达 30.8%,在热点事件拉动品牌广告投放剧增的背景下,基本保持稳定(见图 1-10;1-11)。竞争格局方面,市场集中程度加剧,百度市场份额达到 71.6%,较 2009 年增长 7.7 个百分点;同时,搜狗、搜搜等运营商积极拓展市场。据艾瑞咨询机构预计,2011 年中国搜索引擎市场运营商积极的产品创新可以预见,交叉领域的合作以及多产品线的渗透(如微博、LBS、桌面软件)将是市场的重要业态,基于流量方面的争夺将更加激烈。

由于搜索引擎的主要公司如百度、搜狗、人民搜索等属地在北京,因此全国搜索引擎市场的 80% 以上的市场份额已经被北京占据,2010 年度的市场总额估值达到 90 亿元左右。

（单位：亿元）　　　　　　　　　　　　　　　　　　　　（单位：%）

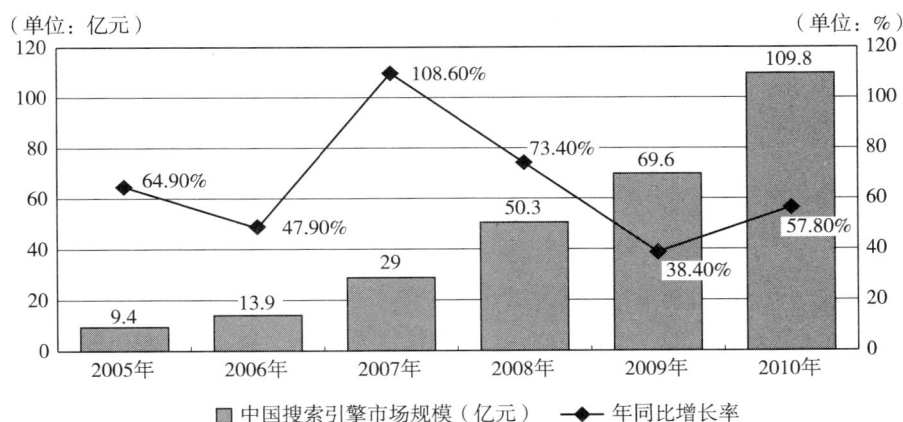

图 1-10　2005—2010 年中国搜索引擎市场规模

（单位：%）

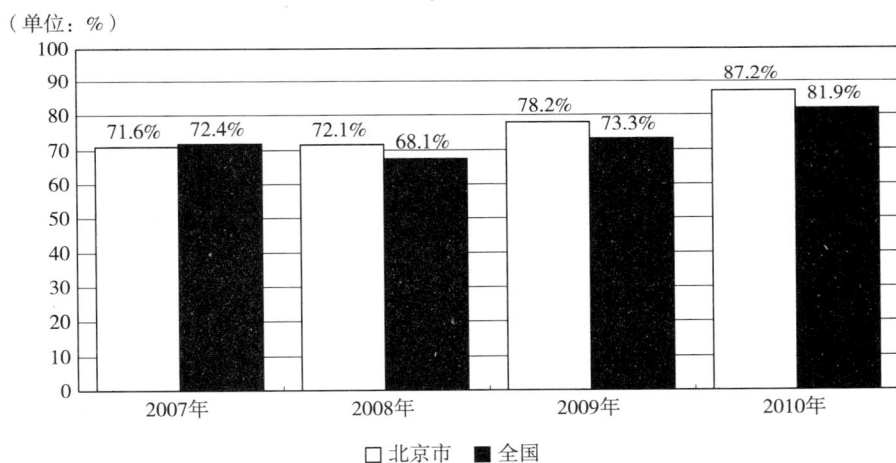

图 1-11　2007—2010 北京与全国网民搜索引擎使用率对比

五、北京市互联网经济结构发展分析

（一）北京互联网经济成为电子商务企业集聚地

比尔·盖茨曾经这样表述互联网经济:21 世纪,如果你没有电子商务,你就没有商务。毋庸置疑,这是一个全球性的互联网、信息时代背景明确的社会经济时代。全世界计算机联合起来,形成了互联网,但这只是生产工具。将包含衣食住行的各行各业联合起来,服务于网民受众,接受和参与,服务与被服务,竞争与融合……都促进了以计算机技术和互联网为媒介的互联网经济发展。观念由工具催生,新的观念推动新的商务模式,信息时代的体验提升了服务质量和生活质量。在互联网信息时代,社会变革与经济变革互相带动。新的时代,全球经济背景下的互联网及商业机会必定如雨后春笋,在与传统行业竞争并互相辅助融合的过程中,互联网经济、渠道创新与互联网的收益等呈现欣欣向荣的面貌(见图1-12)。

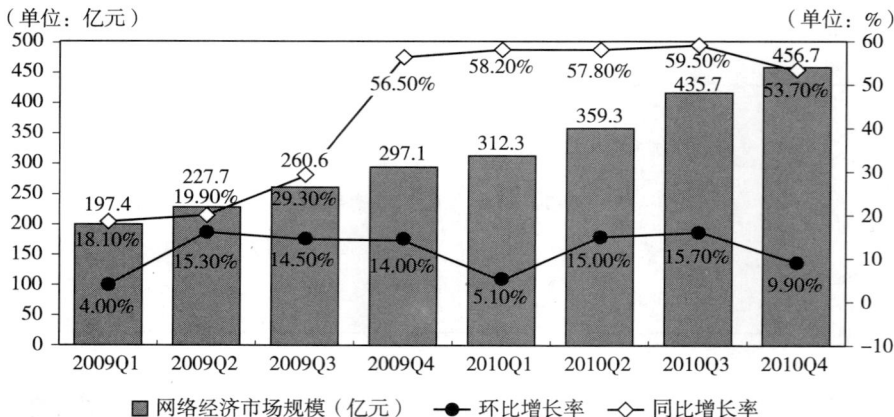

图1-12　2009—2010年中国互联网经济规模及增长率

从北京市商务委员会等部门获得的数据显示,北京电子商务企业数量占全国总量的9%,我国B2C领域排名前十位的企业中有六家总部设在北京。据相关部门介绍,北京的电子商务零售额占社会消费品零售总额的近3%,各企业已从之前的跑马圈地,向提升企业的服务品质、满足消费者的多元化需求转变。近年来,北京正在加快产业结构转型、积极创建国家电子商务示范城市,未来五年,电子商务零售额占社会消费品零售总额的比重将升至8%。

据不完全统计显示,仅2010年,北京市的电子商务总交易额便超过了4000亿元人民币,其中B2B交易额约占90%。北京市电子商务交易额年均增长45%左右,B2C领域前十家企业中有六家总部设在北京,一些知名电子商务企业也已前来咨询或接洽落户事宜。由于北京电子商务发展一直保持着国内领先地位,行业的核心竞争力不断增强,以及在信息技术、物流快递、法规政策方面具有的资源优势,已形成行业的整体效应,越来越多的外地电子商务企业或谋划在北京建立分公司,或具有迁移总部的意向——北京有望成为中国电子商务企业的聚集地。①

---

① 赖臻:《北京有望成为中国电子商务企业聚集地》,2011年9月24日,新华网,http://news.xinhuanet.com/politics/2011-09-24/c_122081841.htm。

（二）北京市电子商务规模分析

电子商务,简单地讲是通过互联网平台实现的贸易活动。它是科学高度发展的产物,电子商务的发展标着一个国家、一个城市的科技进步和文明发展程度。目前中国流行的电子商务按交易规则分类主要有 B2B、B2C、C2C 三类。

根据国家统计局 2011 年 3 月 3 日发布的《"十一五"经济社会发展成就系列报告》援引中国电子商务研究中心《2010 年度中国电子商务市场数据监测报告》显示:2010 年中国电子商务市场交易额已达 4.5 万亿元,同比增长 22%,其中互联网零售总额近 5000 亿元,约占当年社会消费品零售总额的 3%,随着现代信息技术的发展和互联网的快速普及,中国电子商务取得快速发展,已逐步成为中国重要的社会经济形式。其中,企业间(B2B)交易额达到 3.8 万亿元,网上零售交易额达到 5131 亿元。中国有约 1.5 亿名消费者在线购物(比日本全国总人口还多),但仅为中国互联网用户的约 1/3,可见中国在线购物还有很大的发展空间。

1. 2003—2010 年北京市电子商务交易总体情况

目前,电子商务已成为企业转型发展、创造新型市场的重要引擎。北京市电子商务发展一直走在全国前列,市场环境、技术、人才、行业成熟度和诚信体系使北京在电子商务领域竞争优势明显。"十一五"期间,北京电子商务交易额年均增幅约为 45%。如表 1-9、图 1-13,2002—2010 年北京市电子商务总体交易规模增长情况,北京市电子商务市场规模增速持续增长,据不完全统计,2010 年北京市电子商务交易额超过 4000 亿元,年均增速约 30%①。值得注意的是,北京电子商务企业数量占全国电子商务企业数量的 9%,在全国 B2C 排名前 10 位的电子商务企业中北京独占 6 个。

表 1-9　2003—2010 年北京市电子商务总体交易规模增长情况

年　份	总体交易规模（亿元）	同比增长率（%）
2003	611	33.70
2004	666	9.00
2005	887	33.18
2006	1271	43.29

---

① 《中国电子商务将迎来"北京时间"》,和讯网 http://tech.hexun.com/2011 - 09 - 27/133752988.html。

年　份	总体交易规模（亿元）	同比增长率（%）
2007	1610	26.67
2008	2398	48.94
2009	3200	33.45
2010	4000	25.00

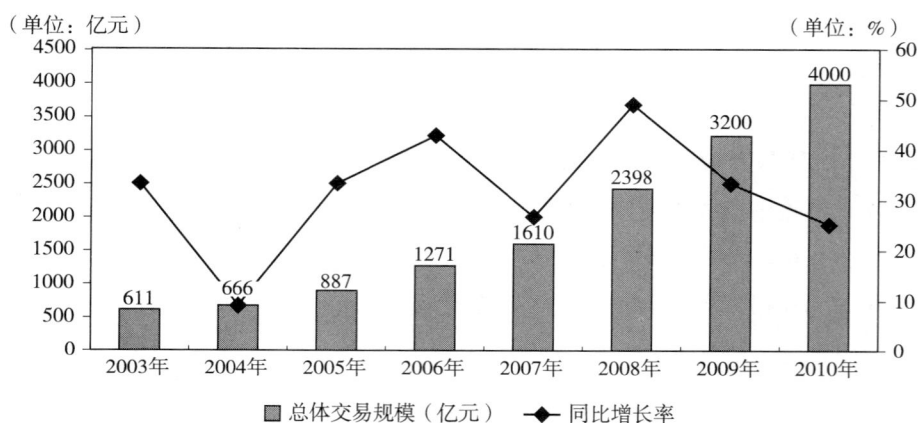

图1-13　2003—2010年北京市电子商务总体交易规模增长情况示意图

截至2010年年底，北京市电子商务销售额已经占企业主营收入的2.7%，同时电子商务服务平台的出现，大量提升了企业电子商务能力和综合利用能力，成为北京新的经济增长点。

2. 2003—2010年北京市电子商务B2B交易规模增长情况

电子商务B2B交易即为企业之间的交易（B to B方式），经过几年的发展，北京市电子商务B2B交易模式基本已经成熟，由表1-9以及图1-13可以看出，北京电子商务总体交易规模及增长情况从2003到2010年整个交易规模增长了6倍多，同比增长率年均在30%左右，始终保持高速稳定增长。

由表1-10以及图1-14可以看出，北京市电子商务B2B交易规模及增长情况从2003年到2010年，交易规模增长9倍多，年均增长率达40%左右，远高于总体交易规模平均增长率。2005年至2008年，B2B交易规模呈稳步快速发展态势，年均增长率保持在52.5%左右。无论从基数还是增幅角度，B2B始终是北京市电子商务交易的中流砥柱。

表1-10 2003—2010年北京市电子商务B2B交易规模增长情况

年 份	B2B交易规模（亿元）	同比增长率（%）
2003	372	47.04
2004	399	7.25
2005	776	91.98
2006	1069	39.56
2007	1468	37.32
2008	2073	41.21
2009	2906	40.18
2010	3600	23.88

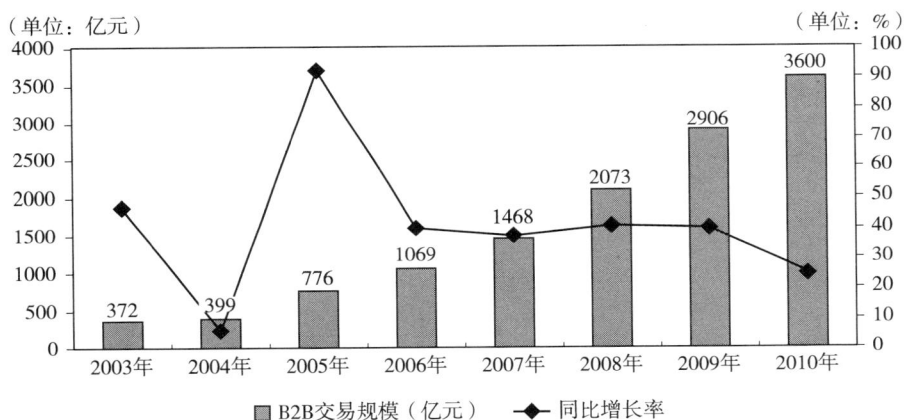

图1-14 2003—2010年北京市电子商务B2B交易规模增长情况示意图

根据调研结果，为推动经济发展方式转变、加快产业结构转型，北京计划于5年内将电子商务零售额占社会消费品零售总额的比例从目前的3%提升至8%。北京电子商务协会表示，"以京东商城、凡客诚品等为代表的B2C企业，以敦煌网、慧聪网为代表的小额进出口互联网平台都将总部设在北京，而且一批成规模的电子商务企业正有意向北京迁移，他们正是看到优秀电子商务企业在北京的扎堆效应，北京也日渐成为这一领域的平台高地。北京电子商务企业也正从简单圈地向提升运营质量转变"。

3. 2003—2010年北京市电子商务B2C交易规模增长情况

电子商务B2C交易即为企业与个人的交易（B to C方式），企业通过互联网为消费者提供一个新型的购物环境——网上商店，消费者通过互联网在网上购物、在网上支付，例如经营各种书籍、鲜花、计算机、通信用品等商品，B2C是我国出现的最早的电子商务模式。

  表1-11、图1-15为从2003年到2009年北京B2C交易规模及增长情况,这期间北京市B2C交易规模增长了154倍,年均增长率达到176.85%,几乎是总体交易规模增长率的6倍。

表1-11 2003—2009年北京市电子商务B2C交易规模增长情况

年　份	B2C交易规模(亿元)	同比增长率(%)
2003	5	66.66
2004	8	60.00
2005	37	462.50
2006	138	373.97
2007	140	1.40
2008	322	230.00
2009	287	-10.87
2010	—	—

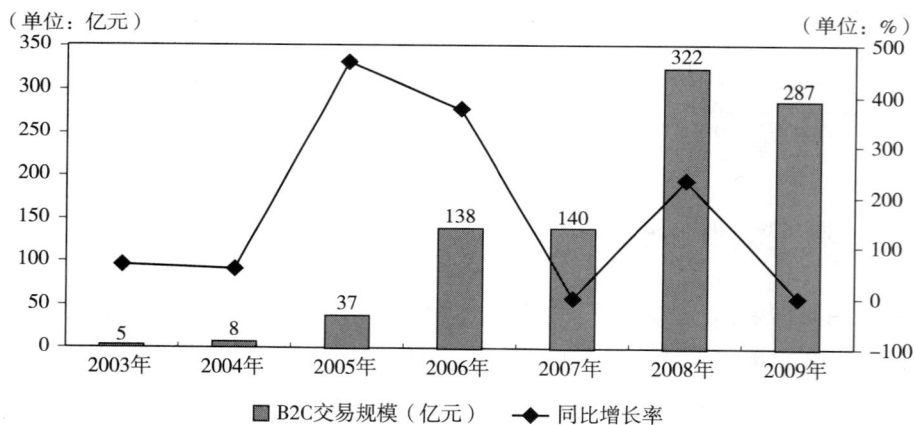

图1-15 2003—2009年北京市电子商务B2C交易规模增长情况示意图

  B2C是北京市电子商务增速和增幅最大的模式,截至2010年上半年,全国排名前10位的互联网零售企业中,有6家是北京企业,销售额占比也在六成以上。京东商城和凡客诚品销售年增长率超过300%,毋庸置疑,北京电子商务B2C企业"领军"全国。如图可见,2005、2006年是北京市B2C的爆发增长期,2007年基本保持了2006年的水平。而2008年受奥运经济影响,北京市B2C电子商务再次迎来爆发增长,到2009年这一增长趋势减缓。

4. 北京网民商务类互联网应用使用率和网购使用率与全国的对比

一般来说,互联网的应用包括互联网新闻、搜索引擎、即时通信、博客与微博客、电子邮件、社交网站、论坛/BBS、互联网音乐、互联网游戏、互联网视频、互联网文学、互联网购物、团购、网上银行、网上支付、互联网炒股、旅行预订等。2010 年,北京网民平均每周上网时长 23.6 个小时,互联网使用经验较为丰富,对各项互联网应用也较为熟知,使用程度较为深入。

由表 1-12 和图 1-16 可见,北京网民的各项商务类应用的使用率遥遥领先于全国平均水平。其中,互联网购物和旅行预订的使用率分别高出全国平均水平 9.7% 和 10.5%,整体商务类互联网应用的使用率呈现逐年上升的态势。

表 1-12　北京市和全国商务类互联网应用使用率对比一览表

	北京(%)	全国(%)
互联网购物	44.8	35.1
网上银行	39.3	30.5
网上支付	37.6	30.0
互联网炒股	20.1	15.5
团购	12.4	4.1
旅行预订	18.4	7.9

（单位：%）

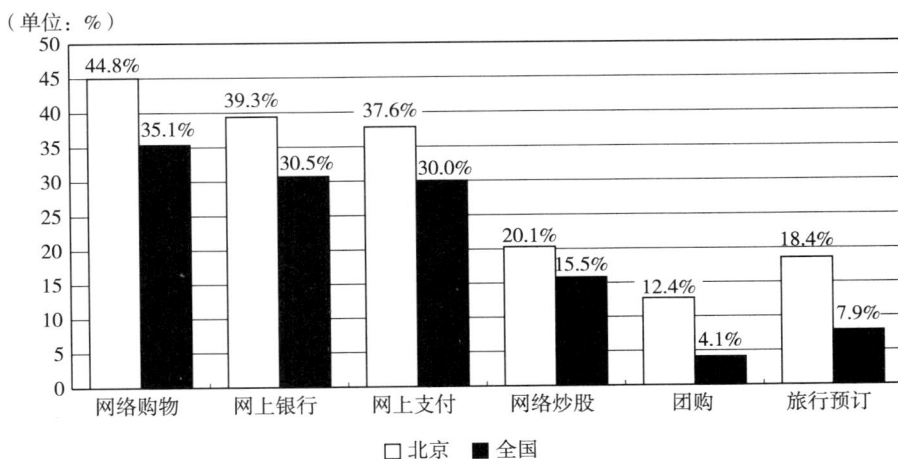

图 1-16　北京市和全国商务类互联网应用使用率对比示意图

值得注意的是,2009 年,我国 1.3 亿人参与互联网购物的网民中有 7 成购买了鞋服类产品,交易金额占整体互联网购物四分之一还多。根据 Forrester Research 报告预计,到 2015 年中国互联网零售额将增长逾两倍,由 2010 年的 488 亿美元飙升至 1594 亿美元。

如图 1-17,统计 2007 年至 2010 年北京市与全国网民互联网购物使用率对比图,可以发现,长久以来北京市网民互联网购物使用率都远远高于全国网民互联网购物使用率,网购市场前景无限。

随着北京市网民互联网购物使用率的逐年攀升,旺盛的互联网购物需求有利地拉动了北京互联网零售业的持续快速发展。2010 年,北京互联网购物使用率达到 44.8%,高出全国平均水平 35.1% 将近 10 个百分点(见图 1-17)。

（单位：%）

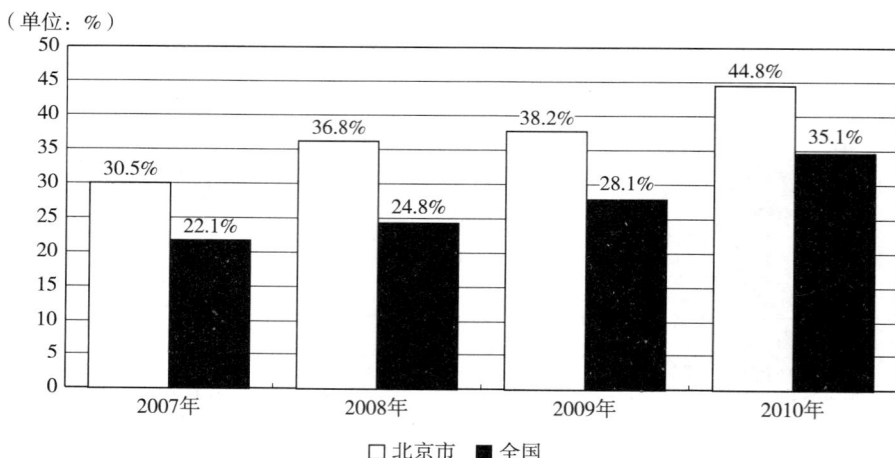

图 1-17　2007—2010 年北京市与全国网民互联网购物使用率对比

此外,通过市民的网购数据,可以得到的另一个结论是:北京的消费者行为习惯在发生转型。以消费用户为导向的传统零售企业,迫切需要进行市场转移和产业转型;在传统行业借势试水电子商务这短短的时间里,就已经深切地感受到电子商务经济发展的时效性、先进性和信息化时代带来的巨大市场潜力。对于很多北京的互联网企业来说,传统行业的经营销售方式更多地通过线下的直销和渠道销售,对于地域和渠道的限制大大影响了企业的发展,所以传统行业与电子商务需求相结合,不仅克服了这些问题,还将融合起新的商机。那么,如何让传统行业与电子商务融合发展,是未来首都互联网行业发展的主题。

（三）北京市互联网资本市场

互联网企业一直是资本市场的热点与焦点,中国互联网行业离不开资本市场的支持,大部分的大型互联网明星企业,都是在资本市场的投资与扶持之下发展起来的。当然,中国互联网企业上市最引人关注的,莫过于上市带来的财富效应和投资机会。同时,中国互联网企业也是从一开始就经历市场风雨磨砺,积累了走向国际市场的实力和本钱,吸引国内外的投资。表1-13为截至2010年年底,总部在北京市的29家互联网上市公司的上市地点和企业名称,由此可见,北京市集中了全国大部分上市公司,是资本市场关注的焦点。

表1-13 总部在北京市的29家互联网上市公司

上市地点	企业名称
纳斯达克	新浪、网易、搜狐、百度、畅游、完美时空、金融界、艺龙、空中网、酷6传媒、中国房地产信息集团(文中简称:中房集团)、蓝汛、航美传媒、新华悦动传媒、中华网、携程网、前程无忧、华视传媒、世纪佳缘
纽约证券交易所	搜房网、易车网、优酷、当当、网秦、人人网、凤凰新媒体
香港联交所	金山软件、慧聪网
国内A股	乐视传媒

上述公司所涉及的业务有:新闻资讯、互联网游戏、移动互联网增值(无线增值)、互联网搜索、互联网视频、信息提供服务、B2B、信息化服务、广告传媒、电子商务、手机安全等。可以说,没有资本市场,就没有互联网市场的今天,尽管互联网资本市场的泡沫仍在,但是我们能看到整个产业发展是健康向上的,经过多年来的发展,大部分北京市互联网企业的盈利模式逐渐清晰,盈利能力显现,细分行业自身有成功的商业模式和产业定位。今后,北京市在建设与加强投融资环境方面,应注意加强以下几点:

1. 多方位地加大信息化建设资金的投入力度

缓解信息化建设资金总量不足、供需矛盾突出的问题。发挥市、区两级财政的优势,以政府投入带动社会投入。信息化建设的投入要和国民经济增长相适应,与财政收入同步增长。

2. 继续设立信息化专项资金

重点支持公益性、基础性重大信息化项目建设,增加电子政务、电子商务、信息产业等方面的投入,加强信息化政策法规、教育培训等的建设。

3. 政府计划部门和财政部门将信息化建设投入单独列项

纳入国民经济计划和财政预算。市科技部门每年在科技投入预算中要单独安排研究资金用于推动信息技术的研发及应用。

4. 加强信息化建设资金使用的管理力度

避免信息化建设资金多部门、多渠道申报与审批,避免资金分散投入、分散使用、分散管理。加强对全市资金的统筹规划及合理使用,加强项目的前期研究。

5. 在信息化项目的投入上要确定政府投资的重点、范围和投资主体

区分和界定好哪些是政府应该投资的,哪些是可以市场化运作融资的,凡是可以市场化运作的都要市场化运作。要通过政府采购、招标等方式,保证项目的公开、透明和有效性。

6. 在城市基础设施项目建设的投入中,配套的信息化基础设施应纳入其中统一考虑,信息化投入应在项目投入中纳入预算和决算

7. 尽快适应投融资体制改革的新要求

逐步向投资主体多元化、投资方式多样化方向转变。要按市场经济的规律筹措资金,按照谁投资谁受益的原则,鼓励各个企事业单位自筹资金建设。利用政府投资带动社会投资。

8. 多渠道筹措信息化建设资金

争取国家政策性拨款和国际上优惠低息贷款,充分发挥中央各部门信息化建设资金的支持作用,搞好和中央各个部、委的联合共建。

9. 建立风险投资机制鼓励中小企业创新发展

支持有条件的企业通过发行股票、债券等方式,从社会上筹集资金。

(四)北京市互联网广告发展

互联网广告顾名思义即为互联网上做的广告。但是互联网广告的作用和身份却不容小觑。广告形式雄厚多样、实时可控、双向交互、容易监测统计和评价、能够更为精准地锁定对方等,都是互联网广告与报纸、杂志、广播和电视这四大传统媒体广告、以及户外广告相比,与生俱来的优势。互联网广告作为一种高科技广告运作方式,是中国互联网行业最重要的盈利模式。中国互联网广告的投放形式主要有品牌图形广告、搜索引擎广告、视频广告。品牌广告和搜索引擎广告分别占 40.1% 和 31.3%。

最新数据显示,2010 年美国互联网广告市场以 258 亿美元的规模仍然超越报纸广告 228 亿美元的规模。2010 年中国互联网广告市场的市场规模约为 50 亿美元,报纸广告则为 63 亿美元。但随着互联网在中国市场的应用普及和深化发展,互联网广告形式的多样化和广告主的日益重视,以及中国电子商务的成长,相信会有越来越多的企业关注线上业务,对线上广告的需求也将推动互联网广告进一步发展。

目前中国唯一一家以单纯互联网页面品牌广告盈利能收支平衡的互联网企业是——总部在北京的新浪网;与此同时,视频广告、社交网站广告等新媒体广告越来越受到北京互联网市场追捧,市场份额增长迅速。

据艾瑞咨询研究数据显示,2010 年我国互联网广告的市场规模为 321.2 亿元,其中

互联网品牌广告(不含文字链与部分定向类广告)市场规模达 148 亿,同比增长 58.8% [①]。2010 年中国手机广告市场规模达到 17.4 亿元,环比增长 93.3%。随着移动互联网的进一步发展,手机广告市场未来面临巨大的发展潜力(见图 1-18、图 1-19)。

（单位：亿元）

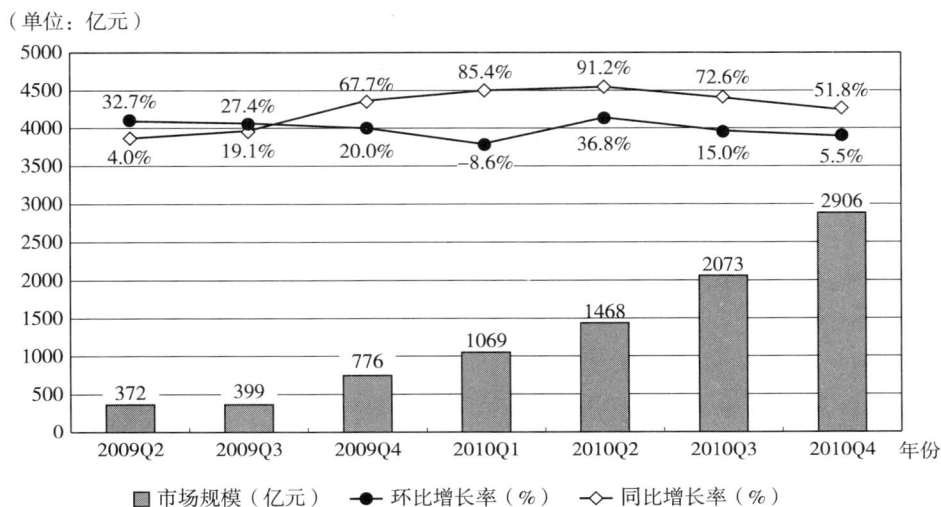

图 1-18　2009 第二季度—2010 年第四季度中国互联网广告市场规模

（单位：%）

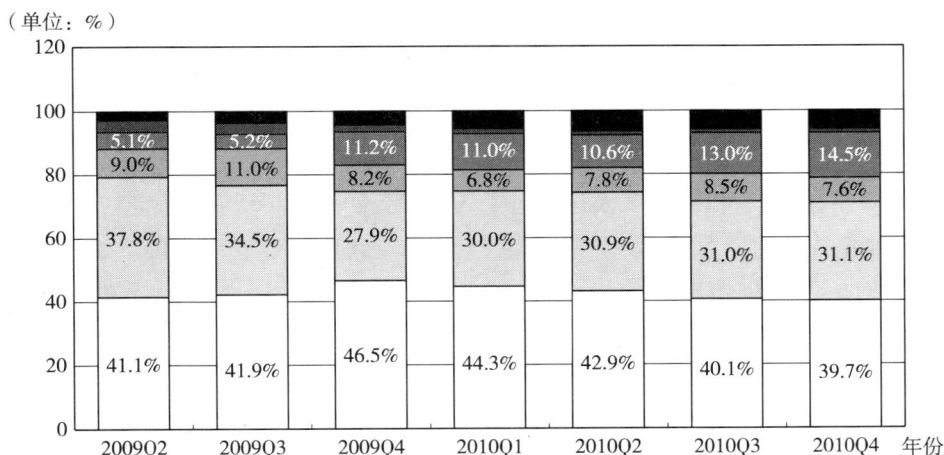

图 1-19　2009 第二季度—2010 年第四季度中国主要形式互联网广告市场份额

北京是全国最大的广告媒体市场,单单专业从事互联网广告的新媒体有 845 家。

---

① 艾瑞咨询(周锋执笔):《2010 年中国互联网广告市场回顾》,《中国广告》2011 年第 3 期。

根据艾瑞、和讯的数据综合汇总和对比后可以发现,仅北京市的 29 家上市互联网公司 2010 年度的直接广告业务收入总额为 57.32 亿元,线上广告市场前景广阔。

(五)北京市移动互联网经济发展

在全国范围内看,手机网民在各项应用的渗透率上均有所提升,呈现出应用水平不断提升的趋势。根据中国互联网信息中心 CNNIC 2010 年年末统计数据显示,网民手机上网应用中,手机即时通信仍然是渗透率最高的应用,渗透率达到 67.7%。这有多方面的成因:首先,即时通信工具庞大的用户规模以及极高的用户黏性保证了手机即时聊天的需求存在;此外,手机天然就是一个以通信为核心的终端,还具有随身性等特点,十分契合即时通信软件的需求;最后,智能手机的不断普及使得即时通信工具的使用更加便捷,此外还有很多手机将即时通讯工具预装,这些都降低了用户的使用门槛。综合以上一些因素,手机即时通信工具将继续保持很高的渗透率,未来很有可能逐渐替代现有的手机短信功能。

手机相比电脑,浏览器访问方式的服务操作性和展示性都较差,随着智能终端的不断普及,未来客户端模式将超过浏览器访问方式成为手机上网应用的主流。而搜索引擎服务是紧密依赖于浏览器访问方式的,因而在手机上的渗透率相比电脑上要低。但是,也需要看到,客户端只能是常用服务的使用方式,对于获取新服务还是要依赖于浏览器访问,因此浏览器访问方式仍将存在。而由于手机操作性、展示性差的原因,搜索、导航类的统一入口服务在网页服务中仍将是领军者,但需要更加智能化、具备预测性、简化用户操作。网民手机上网应用中,按使用频率和普及度排名如图1-20、图1-21。

2010 年,我国手机网民规模达超过了 3 亿,普及率达到 65% 左右,这成为了拉动互联网深化普及的主要动力之一。中国(移动)互联网企业获得国际一流资本市场青睐,海外上市屡创新高;智能终端占移动终端出货比例猛增超过 10 个百分点,超过全球平均水平;中国企业在操作系统、跨平台应用软件、芯片等关键技术领域已经开始突破;应用商店应用数量超过 10 万。随着 3G 互联网和智能终端的成熟和普及,互联网企业的移动化转型,我国移动互联网产业将在未来 2 年内出现质的飞跃,成为具有实质意义的重量级产业。①

移动互联网企业业务营收总和,包括用户定制信息费和手机广告服务费,一般不包括用户使用移动互联网服务产生的数据流量费以及点对点短信和彩信的费用等。

---

① 工业和信息化部电信研究院:《移动互联网白皮书》(2011 年)。

手机即时通信　67.7%
手机网络新闻　59.9%
手机搜索　56.6%
手机网络音乐　46.2%
手机网络文学　41.1%
手机社交网站　36.6%
手机发帖回帖　27.4%
手机网络游戏　25.8%
手机邮件　22.0%
手机网络视频　21.9%
手机微博　15.5%
手机网上支付　8.4%
手机网上银行　7.1%
手机网上购物　4.9%
手机旅行预订　3.7%

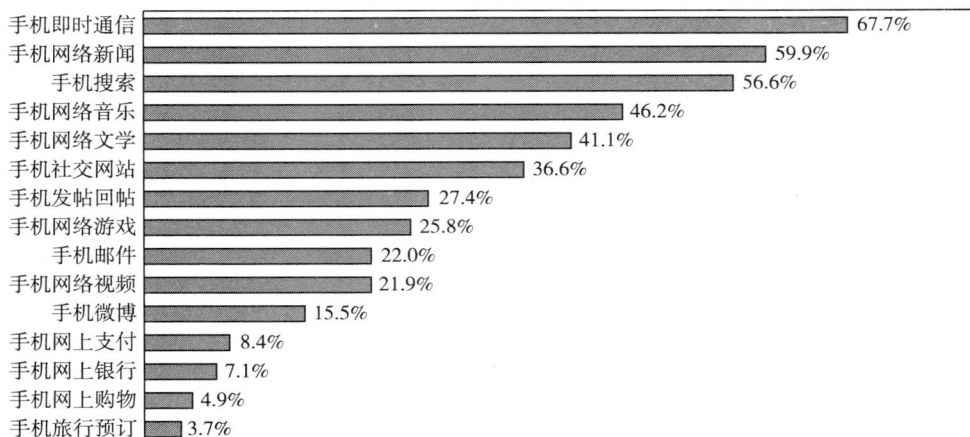

图1-20　手机网民互联网应用①

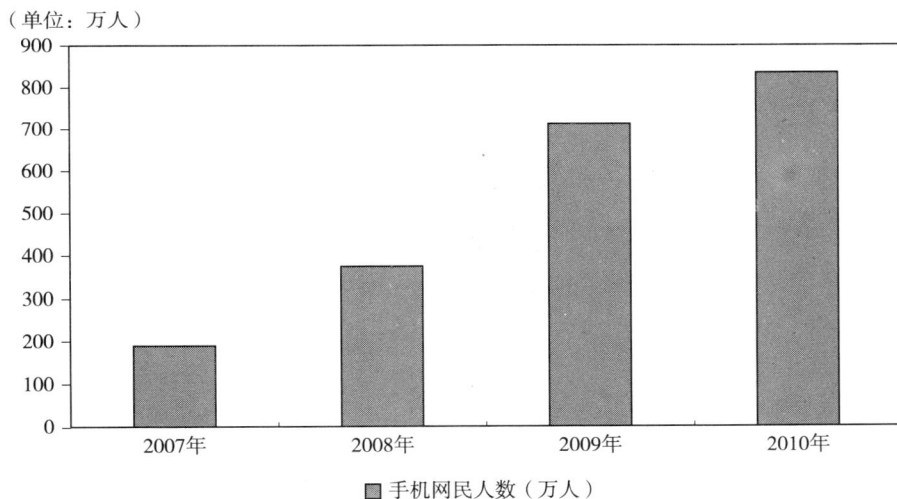

（单位：万人）

手机网民人数（万人）

图1-21　北京市手机上网网民规模

中国手机广告市场规模达到17.4亿元,环比增长93.3%。未来随着3G互联网的进一步优化,移动互联网还会具有更大的发展潜力。

北京市属地管理的上市企业大都开始寻求在移动互联网的市场空间中分得一杯羹。蓝汛网在移动互联网领域2010年就获得了近9160.8万元的收入。

数据显示中国的移动互联网产业已经进入到爆发式发展时期。根据艾瑞咨询预计,

---

① 资料来源:中国互联网信息中心 CNNIC《第27次中国互联网发展状况统计报告》,2011年1月。

2011年年底,中国移动互联网用户将比2010年年底的3.03亿增加近一亿,达到4.15亿。与此同时,我国不仅拥有全球最多的手机用户,也同时拥有全球领先的移动互联网产品和技术。显然,中国移动互联网产业正面临历史性的全球市场、科技领先机遇。①

易观国际的研究也显示,北京是中国移动互联网产业发展的高地,运营商以及相关政府机构的驻扎使得北京在移动互联网发展过程中享有得天独厚的优势。② 移动增值市场的土壤更是快速地催生了北京移动互联网市场的发展。现阶段北京市移动互联网企业中人员规模处于150人以下的企业占到了行业的近90%,大多数的企业仍处于发展前期。企业的资金储备情况以及融资能力在一定程度上决定了企业的未来发展。现阶段北京市移动互联网企业的融资渠道相对较少,创始人资金及股份制筹资等个人方式占到了行业整体的69%。而风险投资及天使投资人等方式则相对较少。政府投资对于新兴产业的直接支持则更少,只占到了2%(如图1-22)。未来促进北京地区移动互联网企业的发展,特别是中小企业的发展,政府及政策层面需要对北京市移动互联网产业做相应的支持。对于风险投资及天使投资等融资方式给予相应的支持,同时扩大自身对产业的支持力度,从而在资金方面免除中小企业的后顾之忧。

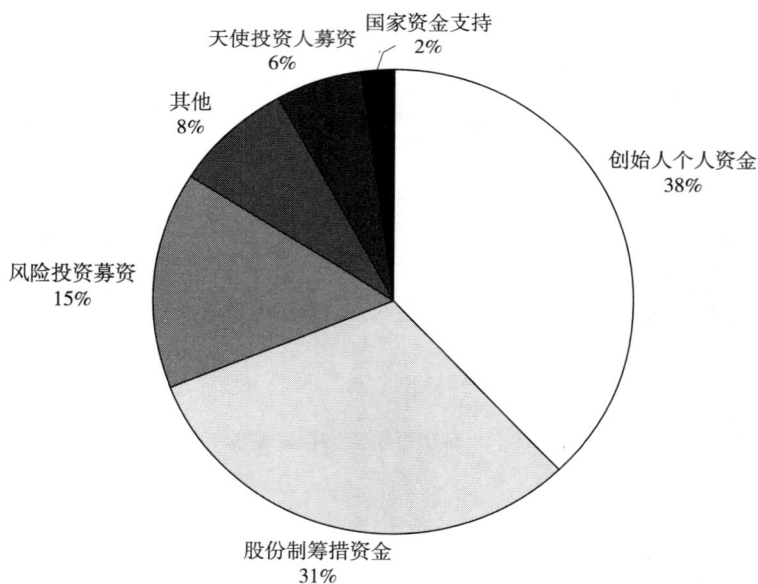

图1-22 北京市移动互联网企业运营资金来源

---

① 《首家国家级移动互联网创新中心成立》,《北京青年报》2011年3月30日。

② 《北京移动互联网企业融资渠道多元化》,http://www.ebrun.com/report/18257.html。

六、北京互联网发展决策建议

（一）强化首都特色，充分发挥北京政治中心作用

北京互联网的发展基本体现了首都的城市功能，但未能充分体现其特色，即没有以政治中心的作用充分带动互联网的发展。政治中心对互联网的带动作用体现在两方面：一方面是互联网产业发展成果的巩固需要体制的协调配合；另一方面是政治中心的建设完善可以提高城市国际影响力，以此发挥其影响力，推动互联网的发展。我们认为有关部门在规划北京互联网的未来时，应主要围绕产业和传播方式做文章，强化"首都特色"这一公共稀缺资源的特殊地位。媒介传播和政治存在着相互联系、相互促进的关系。在上层建筑中居特殊地位的政治最直接、最有力地影响着互联网发展，它体现了占统治地位的生产关系的需要。党的十七届六中全会对文化大发展大繁荣的推动是最好的说明。

20世纪90年代以来，世界总体呈现为和平发展的趋势。国内外形势的变化为首都文化中心的作为提供了宽广的空间。因此，在北京市互联网的发展规划中，强调首都"网都"的功能，树立北京在世界上的形象，充分发挥其影响力，带动首都文化的发展，发挥政治中心的特殊作用，应是相当重要的内容。我们建议充分利用北京网站集聚、信息发达的先天条件，营造宽松自由、海纳百川、流派纷呈的氛围。

政治中心的功能看似与互联网产业无直接联系，但国际性门户网站所在地因而受惠是显见的（如纽约、伦敦等数据），建议有关部门成立北京市互联网信息研究基地，组织专家、学者、政府工作人员做深入的专题研究。

（二）挖掘中小企业潜力，强化北京互联网创新发展的集聚作用

北京市互联网经济发展潜力巨大。由于已经拥有了大量优质互联网企业，通过后续辐射效应的发挥，会吸引更多有潜力的企业入驻首都。通过孵化机制和鼓励政策，也会使很多有才华的创意者能够将好的策划方案付之于行动，从而催生出一些新的中小型优质互联网企业，为未来的发展储备潜力。

北京市互联网经济将向着平台化、高端化、光纤化、创造化、智能化、人文化方向发展。通过平台经济建设，整合一站式的互联网解决方案，打通下一代互联网、云端存储、云计算、物联网、移动高速网之间的关系。高端化意味着北京的互联网经济也需要进行产业升级，将简单的制造和复制变成研发与创造，不是以复制来支撑发展，而是以创新来支撑发展。光纤化就是利用光缆入户等方式大幅度提高互联网速度，

提高传输效率,在高速基础上才会有新的想象力空间,互联网才有更多增长点可以被挖掘。创造化就是互联网经济激发了每个人的创造力,而不是个别人的创造力,生产者创造各种新的产品与服务,使用者创造性学习使用这些产品服务,在这个过程中形成新的创造,实现人们之间通过互联网进行的创造力互动。

从创新角度看,北京市互联网发展须改善以下几个问题:

1. 政策上要给互联网产业更加良好的法治和政策空间,避免政策的不确定性带来内容管理的风险。

2. 加强立法建设,对诸如人肉搜索、低俗文化等给予明确的法律界定。

3. 鼓励创新。建立创新专项基金,对于创新项目给予专项鼓励和支持。创新不仅仅是技术创新,更要拓展到内容创新、表现形式创新、设计创新、业务模式创新、互动形式创新等等环节,这样的创新才真正具有价值。

4. 创业环境上要大力降低创业门槛,鼓励互联网创业,给互联网创业以专项支持。同时,避免各种科技园区成为地产商业,而应充分给予政策、税收、资金、人才引进等方面的支持,促使互联网产业健康发展。

5. 建立技术服务平台,给予企业以 IDC、带宽、安全、技术共享等方面的支持。

6. 建立公开的考评体系和沟通机制,让企业能够和政府有充分的互动和沟通。

7. 加强知识产权保护,建立良好的内容保护环境和制度。

（三）打造"智慧首都",加大北京互联网基础设施建设

北京市要率先在全国打造真正的信息高速公路城市,使市民在网上永不"塞车"。通过光纤网建设策略、宽带加宽策略大力提高网速,优化效率。与此同时,注重三网融合建设,实现高速互联网、多功能互联网。有了这个基础,就能够为物联网建设和云端计算打下基础,同时可以开启智慧城市、智慧社区、智慧互联网的大幕。

建立高端平台经济体系。建立以云计算技术为支撑,包括新型终端、软件、内容、运营服务为一体的信息服务运营平台,围绕移动互联网、下一代互联网、融合性互联网电视业务等三大方向,重点打造智能手机、平板电脑、互联网电视、电子书、企业应用、位置服务、视频聚合、互联网社交、个人应用软件服务和电子商务等十大平台,带动整合千家软件和信息服务企业,形成以平台型企业为龙头的新型产业价值链。[1]

推动互联网对金融体系的支持,优化电子商务发展环境。北京市要达到45%的零售销售额通过互联网完成的目标就需要积极利用互联网,完善立体、便捷、安全的支付体系。

---

[1]　北京市经济和信息化委员会、北京市发展和改革委员会:《北京市软件和信息服务业"十二五"发展规划》(2011 年 8 月)。

与此同时,通过优化市场管理,营造公平、公正的竞争市场,促进电子商务的发展。

利用移动互联网发展,形成移动网与固定网的有机结合、立体覆盖。移动互联网的发展为互联网经济发展带来了新的增长点,要积极利用这个机遇,快速提升互联网经济发展速度和水平。主管部门可以通过政策倾斜等鼓励方法,推动移动互联网硬件、技术、业务、市场的发展,满足用户对互联网立体多元的需求,实现互联网的交叉立体覆盖。

建立动态监管与服务体系,重视互联网安全。建立动态监管体系和服务体系,定期发布互联网发展报告,及时总结经验,掌握未来发展动向。同时,做好互联网安全的监管,保证互联网正面功能的发挥,最大限度抑制互联网的不利影响。

北京互联网内容产业在全国来说一直是最全面、最前端、最具有影响力的。从市政府职责看,发展和保持北京互联网内容产业在全国的龙头地位,不仅是重要的,也是必要的。此外,各大门户将越来越强,垂直的内容门户将更加具有特点,内容的表现手段将更加丰富多彩,内容互动和分发的方式将更加通畅,并深入地影响到 IT 产业、通信产业。

今后,北京市互联网产业和传统的电视、广播、报纸、杂志、书籍等行业的互相影响将更加强烈,随着三网合一的进程,互联网很有可能成为北京市第一媒体。

北京市互联网产业今后发展规划的重点应是:

1. 有利于整体经济发展的互联网企业;

2. 有利于社会稳定、建立良好风尚、道德发展的互联网企业;

3. 有利于行业规模化发展的互联网企业;

4. 有利于制度创新、改善就业环境的互联网企业。

建议今后北京市政府扶持的互联网相关项目:

1. 重点发展跟移动互联网发展相关的项目;

2. 重点发展内容挖掘、舆论监测相关的项目;

3. 重点发展娱乐、游戏和动漫产业相关的项目;

4. 重点发展农业、中小企业相关的解决方案;

5. 重点发展内容多通道、多媒体、多终端的分布方式;

6. 重点发展知识性、百科性文化内容的建设;

7. 重点鼓励技能培训方面的项目,提高就业者(入门者)技能。

移动互联网、云计算、互联网安全、行业环境、新媒体、IPv6 等均为北京市互联网行业的热点和焦点,"开放"、"创新"、"协作"应是未来北京市互联网的关键词。随着北京市互联网的纵深发展,互联网新格局使信息层多样化、互联网信息社会化给互联网媒体的新挑战、IPv6 和互联网融合使互联网娱乐产业迅猛发展、互联网功能应用全面繁荣。当然,未来北京市互联网在互联网信息安全和互联网实名制发展方面,会进一步深入发展,互联网企业的责任以及网民的义务,进一步清晰明确,互联网为人们享有知情权、参与权、表达权和监督权提供更加便利的条件和重要渠道,成为党和政府"知民情、解民意、聚民心、汇民智"的重要平台。互联网行业应履行推动科学发展、传播先进文化、深化体制机制改革等责任,围绕人们广泛关注的突发事件,认真回应,保障人民群众的知情权、表达权和监督权。而广大网民素质也将进一步提升,在规范言行、使用文明互联网用语、履行义务等方面大幅度提高。

(四)巩固文化中心地位,互联网经济推动北京需求层次的提升

北京是国际知名的文化中心,其文化底蕴深厚,文化资源丰富。如文化旅游资源、新闻机构、媒体数量等资源都占到全国的 30%—50%,有非常独特的互联网文化资源优势。

从农业社会到工业社会、再到知识社会的发展进程,实质上反映了人类社会从满足生存、发展到自我实现的需求进程。在知识社会中,信息产业、教育和培训业、娱乐业、旅游业等高知识含量的产业成为支柱产业。知识经济给服务业带来了三种变化:一是由于信息化、互联网化等新技术的发展,直接产生了一些新型服务或衍生服务门类;二是随着经济社会的发展,服务业与第一、第二产业的相互渗透、交融更加广泛深入;三是一些产业的内部服务逐步游离出来,成为社会型中介服务机构,一家机构承担多个社会单位的横向服务和专业服务。

互联网经济为许多新的产业开辟了道路,也为传统的产业插上了翅膀,这为北京的产业结构调整指明了方向,提供了极为有利的机遇。未来首都经济的本质是知识经济,核心是高新技术产业。发展知识经济和高新技术产业,是北京可持续发展的战略选择。

近年来,竞争性行业应逐步推向市场,国家要合理确定互联网行业的经营范围,适当引进市场机制,积极探索产业化发展道路,要打破封闭式的自我服务体系,把隐性的服务转化为市场化、社会化的服务。加快适宜互联网产业化经营的机制体制改革步伐。合理划分互联网中的竞争性和公益性企业,实行不同的投融资方式,将竞争性行业推向市场。以公益性为主又兼经营性的行业,应合理划分营利性和非营利性业务,使营利性业务走向产业化道路。

(五)推进制度创新,发挥行业协会的积极作用

在市场经济体制条件下,实行政企分开,企业逐步摆脱政府的束缚,成为经济活动的主体,市场起着资源配置的基础性作用。但是在市场作用不到的地方,仍然需要政府行使经济管理职能并发挥宏观调控作用。第一,政府有关部门应当运用系统思

维,根据统一规划综合平衡的原则,制定互联网产业整体规划,协调互联网发展与其他产业衔接平衡的关系,以利于资源的优化配置,提高资源利用效率。第二,对于有发展前景的物联网产业,政府应当从制度及政策方面给予支持。

建立健全完善互联网行业协会,制定行业规章制度,加强行业自律,净化市场环境;加强互联网行业间的横向联系,协调与本行业相关的其他行业之关系,提高资源的利用率,使其发挥更大的综合效益。

(六)提高电子政务水平,在网站评议基础上建立电子政务绩效评估体系

完善政府网站评议制度。在前期政府网站评议基础上,完善现有的政府网站评价指标体系,提高评议员水平,将政府网站评议结果纳入政府部门绩效考核体系,通过评议促进各政府部门提高电子政务水平。

建立电子政务绩效评估体系。强调电子政务的应用,把握目标导向、需求导向及结果导向三条基本原则,建立以对政府职能的实现程度以及电子政务系统建设的完备程度为主要评价内容的电子政务绩效评估体系,保证电子政务建设的投入取得相应的经济或社会效益。

(七)充分挖掘和利用现有人才,加快复合型高层次人才培养

在竞争日趋激烈的知识经济时代,企业间的竞争最终是知识和人才的竞争。互联网产业具有技术、知识、智能集一身的特征,该行业的发展需要一批既懂得专业技术,又具备现代管理知识和手段的复合型高层次管理人才。而我们目前从业人员的知识结构不够合理,管理尚停留在较低水平。以互联网电子商务为例,一些电子商务专家大多是从交通运输、仓储、管理工程、营销学等领域转过来的,知识结构单一,不能适应现代互联网产业的要求。而目前活跃在电子商务第三方物流领域的一些年轻人,则大多是归国留学生,对国内实际情况了解不够。互联网行业不仅要科学引才,合理使用,还要充分挖掘和培养现有人才。

七、北京互联网未来发展趋势预测

根据调研结果以及数据分析结果,推测北京互联网未来三年的发展趋势为:

(一)搜索引擎市场集中程度增高

2010 年以前,中国搜索引擎市场集中程度增高:百度和谷歌营收份额之和超

97.6%，基本垄断中国搜索引擎市场。2010 年谷歌退出中国，google.cn 停止服务，其域名直接跳转至 google.com.hk，代为提供中文搜索服务。受这一事件的影响，其市场份额下降至 26.0%，比 2009 年下降了 6.2 个百分点，市场出现缺口。此时百度依托既有的资源及产品优势和进一步创新，继续保持领先地位。其他搜索引擎品牌，例如搜狗、腾讯搜搜一直以争夺市场份额为主要的发展目标，通过浏览器、输入法等客户端激烈争夺客户资源。在竞争格局方面，百度在中国搜索引擎市场中仍然占有绝对的领先地位。

（二）互联网视频行业逐步市场化、正规化

2010 年是在线视频真正走上商业化、市场化和正规化的一年。2010 年，中国在线视频行业终于实现了上市企业零的突破，优酷、酷六、乐视网等在国内外上市，募集到更多的资金，为其未来的发展提供了强大的资金支持。2010 年中国在线视频市场规模达 31.4 亿元，同比增长 78.1%，实现了快速增长。

在线视频行业的市场规模仅包括三部分收入，分别为视频网站的广告收入、版权分销收入及视频增值等其他服务收入，剔除了互联星空和 IPTV 的收入。2010 年中国在线视频行业市场规模的构成中，广告收入所占比例为 68.5%，版权分销和其他收入的比例分别为 6.4% 和 25.1%，由此可以看出，广告收入是中国在线视频行业的主要收入。相比电视广告，互联网视频广告具有移动性高，成本廉价等优势。据研究推测，2011 年互联网视频广告占国内互联网广告收入的比重将比 2010 年有大幅提升。

互联网视频相对于传统媒体优势明显，随着互联网时代的到来，网民使用互联网视频的时长比使用电视更长，用户可以自由掌控时间，同时由于互联网的普及使得互联网视频广告性价比更高……正因为互联网视频的种种优点，未来在线视频市场竞争将更加激烈。随着乐视网在国内 A 股上市、酷 6 的借壳上市以及优酷在美国上市，中国在线视频行业进入了市场化时代，预计未来还会有一批新的视频企业上市。

（三）微博客呈"井喷式"发展

中国互联网协会发布的 2010 中国网民行为调研报告显示，以新浪为代表的微博服务于 2009 年年底推出，短短 1 年时间国内用户就超过 1 亿人，新浪微博的用户渗透率就高达 73.7%，呈现出强劲的增长劲头。2010 年被称为微博发展的元年，上海交通大学舆情研究实验室发布的《2010 中国微博年度报告》显示，截至 2010 年 10 月中国微博服务的访问用户规模已达到 12521.7 万人。

作为一种新兴的传播载体，微博正越来越受到人们的青睐，进入人们的生活，对

我国的舆论格局产生巨大的影响。互联网论坛、博客、新闻跟帖一直是三种最强大的互联网舆论载体。但在2010年,随着微博井喷式的发展,网民爆料的首选媒体更多地转向微博,论坛、博客在事件曝光方面的功能明显弱化。2010年舆情热度靠前的50起重大舆情案例中,微博首发的有11起,占22%。

微博年度报告显示,微博在分散、下放信息传播权利的同时,也在加剧信息传播权的集中,造成微博信息流和意见流日益为意见领袖所掌控和引领。微博时代意见领袖表现出新的特点,即集聚性、集权性、圈群化、跨界化、亲和力。这也是北京市政府、市民如此重视微博的原因。

(四)团购遍地开花

团购(group purchase)就是团体购物,指认识或不认识的消费者联合起来,加大与商家的谈判能力,以求得最优价格的一种购物方式。2010年是团购元年,一年的时间,团购网站遍地开花。据相关数据统计,截至2010年年底,国内团购网站数量为2612家。综合相关数据统计,团购行业2010年的总销售额达到了25亿元,远超2010年年初预计的10亿元规模。仅聚划算一家团购网站的销售额已经超过了5亿元。

目前互联网团购的主力军是年龄25岁到35岁的年轻群体,在北京、上海、深圳、广州、厦门等大城市十分普遍。据统计,2010年,国内电子商务投融资金额总额约合6.14亿美金。按照所获投资金额占比来分,团购占16%,B2C领域占84%;按照投资数量统计,团购有10笔交易,B2C为15笔。

(五)中央媒体上市风潮

2010年8月,有关部门就10家中国内地新闻网站登陆A股一事,公开表示,其中的新华网A股上市计划已获有关部门批准,不出意外的话,新华网将成为网站国家队中登陆A股的第一先锋。在这份10家大名单中,还有CNTV(中国互联网电视台)、人民网、千龙网、东方网、北方网、大众网、华声在线、浙江在线和四川在线等。据悉,除新华网外,人民网上市正在审批过程中,包括央视网在内的2家网站正在加紧制定方案。在中央媒体上市这条路上,首都北京走在前列。

从营业规模来看,人民网去年收入3亿元,广告收益近两年的增长都达到了100%,目前还在筹建专门的广告公司来拓展广告业务。央视网则已持续盈利5年,其中光是奥运会、世界杯赛事的转播权就分别获利数亿。此外还有6家网站正在审批排队过程中。按照预计,2011年应该有两家左右能够成功上市。一旦先锋部队成功上市,其成功的操作模式必然会被后来者借鉴。

另据了解,在国家队上市之后,还有第三波,将是中国移动、中国电信等通讯行业龙头下属的新闻网站。

第一阵营目前已经拥有一大批忠实的用户、充沛的资金、完善的竞争体制。第二阵营拥有国家重大事件的报道优势及利好的政策。第三阵营拥有巨额资金,中移动几天的收入能超过第一阵营门户一年的收入。这些企业一旦调用资金进入,将会很容易改变现有的格局。

附　录

(一)研究的缘起

北京是中国互联网行业的汇聚之地,集聚了新浪、搜狐、新华网、博客中国、优酷、京东商城等公司总部,同时,腾讯、淘宝等也非常注重北京中心的建设。无论是产业规模、产业内容、市场占有、行业地位、传播影响力方面,北京市互联网行业都是最前端、最具有影响力的,因此,北京互联网业在全国的龙头地位将得到不断的强化和深入。那么,以北京市互联网企业为研究对象,调研北京市互联网发展整体情况就十分有意义。本研究在对北京市互联网企业调查研究的基础上,力图以实证的数据,指标化的评估和贴切的一线采访相结合,为相关管理部门和企业的战略决策提供参考依据。

(二)本次调研的目的和重点

本次调研的目的是要准确了解国内外,尤其是北京市互联网行业发展的现状和趋势,真实地反映北京市互联网经济发展的环境、概况,对相关部门及公司进行调研,为相关问题的研讨和相关管理部门和企业的战略决策提供参考依据。

本次调研的重点有三点:(1)现有互联网产业政策与执行效果研究;(2)北京市互联网企业的产业现状以及未来发展趋势;(3)重点调研几个规模较大、知名度较高、具有国际化水准的北京市互联网上市公司。

通过对中国互联网信息中心(CNNIC)、北京市工商局、北京市经信委、北京市统计局、北京市发展和改革委员会,以及有代表性的互联网企业如新浪、腾讯、百度、京东、淘宝网、完美时空、优酷、空中网、人人网、奇虎360等网站的调研,以座谈、访问、数据和资料收集等形式进行实证研究。

(三)调研方法

2011年6月20日—9月27日,北京市互联网信息办公室、北京市社会科学院课

题组经过三个月的调查和访谈工作,完成了本次调研的问卷。最终定稿的调查问卷分为三类:

1. 深度访谈

即采用面对面深度访谈的形式,对中国互联网信息中心(CNNIC)、相关政府职能部门,以及有代表性的互联网企业和部分互联网从业人员进行面对面交流,以定量和定性相结合的方式对相关意见进行数据收集。

2. 问卷调查

本次封闭式调查问卷综合运用李克特量表法和结构性多选法获得定量数据,尤其是政府和企业定量选择的交叉问题分析,可以揭示当前互联网产业政策与企业实际运作间存在的问题和改进的方向。

3. 基本数据调查表

在各个北京市互联网企业的大力支持下,我们发放并回收了针对北京市互联网产业发展的数据调查问卷《北京市互联网企业基本情况调查表》。

此外,研究方法上将以定量研究与定性研究相结合的方法来进行,利用数理统计及数据分析、文献研究、实地调研、个案研究、深度访谈、可行性分析、SWOT 分析等方法来进行研究。采用逻辑思辨方法进行分析、归纳、总结、推理。

(四)本报告中采用的数据说明

关于本报告中涉及的数据,既有此次课题组成员的调研结果,又有援引自第三方的数据。尤其是关于涉及电子商务的数据,由于现有调查一般是针对企业展开,尚未开展针对民众的电子商务调查,因此在 B2C 特别是 C2C 交易数据方面有所欠缺。

本报告中涉及的国家及外省市、北京市互联网行业发展的相关数据主要来自相关各级政府部门公开披露的数据和报告,如北京市互联网信息办公室、北京市信息化工作办公室与北京市统计局联合进行的年度电子商务统计调查、首都之窗网站发布数据,以及大量第三方调查咨询机构发布的数据,如:中国互联网信息中心(CNNIC)、中国电子商务研究中心、艾瑞咨询公司、易观咨询公司等报告。

2011 年北京市互联网
上市公司数据分析报告

倪洪章　李明瑜　付　玲①

摘　要:本报告选取了运营总部注册于北京的 26 家互联网上市企业,进行财务数据分析。其中公司运营数据选取时间段为 2011 年上半年,2011 年第三季度作为补充,资本市场相关数据选取日为 2011 年 10 月 31 日。

一、分析方法

(一)分析样本

本报告整理了上市公司 2011 年上半年(自然年)、第三季度的业务数据,及 10 月最后一个交易日的资本市场数据,其中包括:股本、市值、市盈率、股价、税费支出、营业收入、净利润、人员规模、人均产值等。

另外,为了比较,还选取了全球性网络公司雅虎、谷歌、Ebay、亚马逊的相关数据。研究公司名单(以上市地进行分类):

纳斯达克:新浪、网易、搜狐、百度、畅游、完美时空、金融界、艺龙、空中网、酷 6 传媒、中国房产、航美传媒、携程网、前程无忧、华视传媒。

纽约证券交易所:搜房网、易车网、优酷、当当、凤凰新媒体、奇虎 360、人人网、网秦。

香港联交所:金山软件、慧聪网。

---

① 倪洪章、李明瑜、付玲为和讯财经传媒有限公司高级分析师。

国内 A 股:乐视网。

（注:中华网申请破产保护,被纳斯达克叫停交易,本报告予以剔除。）

上述公司所涉及的业务有:新闻资讯、网络游戏、移动互联网增值（无线增值）、网络搜索、网络视频、信息提供服务、B2B、B2C、信息化服务、广告传媒、电子商务、手机安全、社交网络、电脑安全等。

报告对运营总部设于北京的上市互联网企业进行财务数据为主要指标的全景扫描,同时,报告后半部分还对 2011 年中国互联网的发展热点及关键词进行了概述。

（二）主要观点

整体上,除百度外,所有的上市互联网企业股价与半年前相比,均出现明显下滑。业绩不佳、规模较小的互联网企业下滑尤为明显,不少公司股价被腰斩,甚至更多。老牌股票中,百度股价稳定,新浪、网易、搜狐股价下滑幅度在 20% 以内,而刚刚上市的当当网股价下跌了 2/3,之后的走势,当当仍在一路下滑,连续创新低。中国网络概念股之所以出现股价大跌,一是由于中概股遭遇做空势力围剿,二是中概股问题频出,中国概念光环不再,三是因为全球陷入新一轮金融危机之中,全球股市不振,四是带着光环上市的新股业绩不佳,致使市场失望。

在市值规模上,百度一家遥遥领先,从股价图上可以看出,百度半年以来股价一直在震荡中,却未发生下滑,其市值也一直比较稳定。从 23 家上市公司的市值来看,市值规模的差异非常大,媒体属性较强的公司市值规模偏小,金融界、酷 6 传媒、航美传媒、华视传媒市值居于队列的最后端。

四大网络巨头的股价两个时点上,几乎没有发生明显的起伏,亚马逊和谷歌还出现小幅上涨,这与中国互联网企业集体出现大幅下滑形成鲜明对比。

从上半年的财务数据来看,北京互联网上市公司整体经营情况并不好,其中有 9 家公司出现了亏损。其中亏损最为严重的是酷 6 传媒,亏损规模是营业收入的三倍,综合来看,该公司发展前景暗淡,其所处的视频行业,竞争激烈一直处于烧钱状态中,公司发展未有明显转机。

从 2011 年互联网企业在资本市场的表现来看,共有 8 家中国互联网公司在全球实现 IPO,融资 14.76 亿美元,活跃度已接近 2010 年的历史最高峰,融资规模也与 2010 年基本持平。不过,值得注意的是,2011 年上半年的 8 家企业中有 7 家为 3—6 月份期间上市,6 月份之后,中国互联网企业境外上市窗口基本关闭,期间仅有土豆网一家实现 IPO,但上市当日即告破发。业界认为,海外 IPO 的大门已经关闭,何时恢复尚需等待。

二、公司资本市场基本数据

(一)在美上市公司

表 1-14　在美上市公司数据

公司名称	上市地	股本百万	股价美元	市值(百万美元)	市盈率
易车网	纽交所	41.34	5.99	247.63	24.96
当当	纽交所	78.27	6.97	545.54	-87.13
搜房网	纽交所	74.30	12.76	948.07	18.76
凤凰新媒体	纽交所	75.60	5.20	393.12	-0.95
优酷	纽交所	113.76	21.24	2416.26	-96.55
网秦	纽交所	45.20	5.41	244.53	125.81
奇虎360	纽交所	116.38	20.21	2352.04	-126.31
人人网	纽交所	390.00	7.04	2745.60	-352.00
航美传媒	纳斯达克	65.97	2.72	179.44	-6.80
百度	纳斯达克	348.81	140.18	48896.19	58.90
中国房产	纳斯达克	145.06	5.95	863.11	297.50
畅游	纳斯达克	52.33	26.33	1377.85	6.42
前程无忧	纳斯达克	28.47	46.18	1314.74	50.20
金融界	纳斯达克	22.18	2.05	45.47	-51.25
艺龙	纳斯达克	33.79	14.00	473.06	77.78
网易	纳斯达克	130.56	47.37	6184.63	13.23
搜狐	纳斯达克	38.07	60.40	2299.43	14.31
华视传媒	纳斯达克	102.25	1.81	185.07	-6.96
空中网	纳斯达克	37.58	5.16	193.91	25.80
酷6传媒	纳斯达克	34.81	1.80	62.66	-0.90
携程网	纳斯达克	143.56	34.86	5004.50	33.52
完美时空	纳斯达克	50.20	13.01	653.10	3.76
新浪	纳斯达克	65.87	81.29	5354.57	106.96

注:1. 货币单位:美元,数据时点:2011年10月31日;2. 市盈率为负者,表示数据采集季度发生亏损。

表 1-15　两时点股价数据图表（按股价升序排列）　　　　（单位：美元）

2011 年 10 月 31 日　　　　　　　　　　　　　　　　　　2011 年 3 月 31 日

股票名称	股　价	股票名称	股　价
酷 6 传媒	1.80	中华网	2.55
华视传媒	1.81	酷 6 传媒	3.92
金融界	2.05	华视传媒	4.33
航美传媒	2.72	金融界	4.55
空中网	5.16	航美传媒	5.21
凤凰新媒体	5.20	中国房产	7.81
网秦	5.41	空中网	10.07
中国房产	5.95	易车网	11.95
易车网	5.99	艺龙	14.14
当当	6.97	蓝汛	18.23
人人网	7.04	世纪互联	18.80
搜房网	12.76	当当网	20.63
完美时空	13.01	完美时空	21.20
艺龙	14.00	奇虎 360	29.59
奇虎 360	20.21	畅游	32.13
优酷	21.24	携程网	41.49
畅游	26.33	优酷	47.51
携程网	34.86	网易	49.51
前程无忧	46.18	前程无忧	63.93
网易	47.37	搜狐	89.36
搜狐	60.40	新浪	107.04
新浪	81.29	百度	137.81
百度	140.18		

表 1-16　股价对比（3 月 31 日 Vs 10 月 31 日）　　　　（单位：美元）

股票名称	股价 10 月 31 日	股价 3 月 31 日
酷 6 传媒	1.80	3.92
华视传媒	1.81	4.33
金融界	2.05	4.55
航美传媒	2.72	5.21

续表

股票名称	股价 10 月 31 日	股价 3 月 31 日
空中网	5.16	10.07
中国房产	5.95	7.81
易车网	5.99	11.95
当当	6.97	20.63
完美时空	13.01	21.20
艺龙	14.00	14.14
优酷	21.24	47.51
畅游	26.33	32.13
携程网	34.86	41.49
前程无忧	46.18	63.93
网易	47.37	49.51
搜狐	60.40	89.36
新浪	81.29	107.04
百度	140.18	137.81

半年前,中概股互联网企业中最低股价由中华网保持纪录,半年之后,即 2011 年 10 月 28 日,中华网被纳斯达克宣布停止交易,之前的 2011 年 10 月 6 日,中华网宣布破产保护,12 年前中国首家在美国纳斯达克交易所上市的互联网公司的海外上市之路宣告终结。

目前,中概股互联网上市公司最低股价由酷 6 传媒保持,酷 6 传媒自上市以来一直处于巨亏状态,暂无扭亏可能。2011 年 10 月 31 日的股价与半年前相比,大降 50% 以上。

整体上,从上表中可以看出,除百度外,所有的上市互联网企业股价与半年前相比,均出现明显下滑。业绩不佳、规模较小的互联网企业下滑尤为明显,不少公司股价被腰斩,甚至更多。

老牌股票中,百度股价稳定,新浪、网易、搜狐股价下滑幅度在 20% 以内,而刚刚上市的当当网股价下跌了三分之二,之后的走势,当当仍在一路下滑,连续创新低。

从图 1-23 上可以清楚地看到,股价本来就低的公司其股价下降的越剧烈,而股价本来就高的百度、新浪、搜狐、畅游等公司股价相对比较抗跌,其中百度股价还略有上涨。

（单位：亿元）

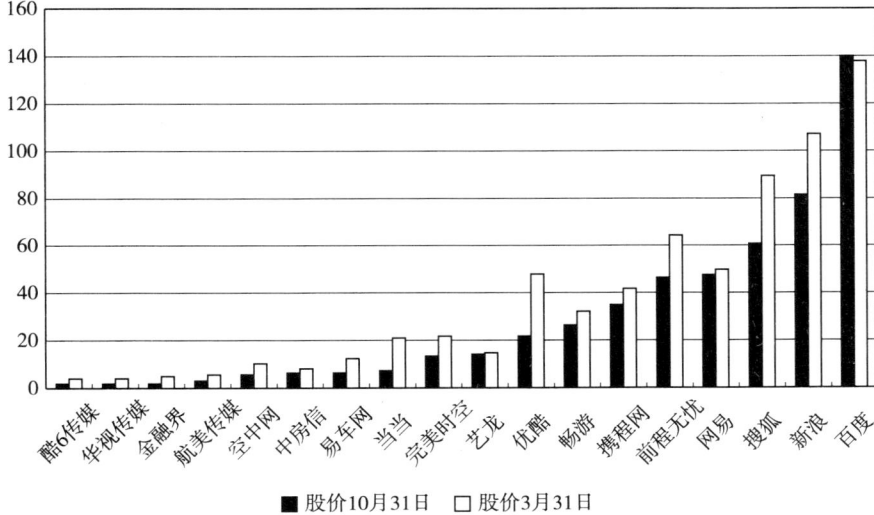

图 1-23 中国概念股股价对比柱状图

股价下降剧烈的公司同时也是业绩不稳定,经常出现亏损的公司,媒体属性的公司表现的尤为明显,另外就是带着中国概念光环上市的公司下滑明显,比如当当网、优酷,他们的股价均出现 50% 以上的下跌。

表 1-17 中国概念股市值图表

证券名称	市值（百万美元）
易车网	247.63
当当	545.54
搜房网	948.07
凤凰新媒体	393.12
优酷	2416.26
网秦	244.53
奇虎360	2352.04
人人网	2745.60
航美传媒	179.44
百度	48896.19

续表

证券名称	市值（百万美元）
中国房产	863.11
畅游	1377.85
前程无忧	1314.74
金融界	45.47
艺龙	473.06
网易	6184.63
搜狐	2299.43
华视传媒	185.07
空中网	193.91
酷6传媒	62.66
携程网	5004.50
完美时空	653.10
新浪	5354.57

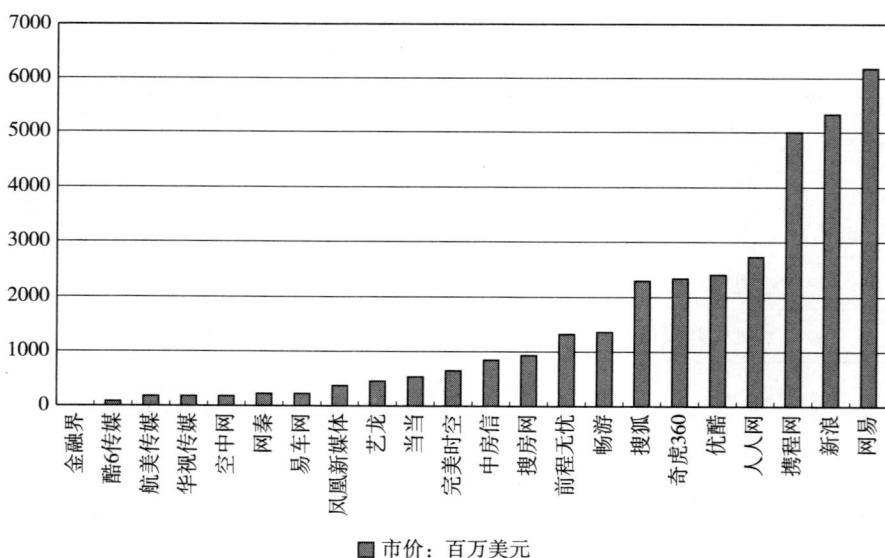

图1-24　2011年3月市值柱状图

注：此图包含百度。

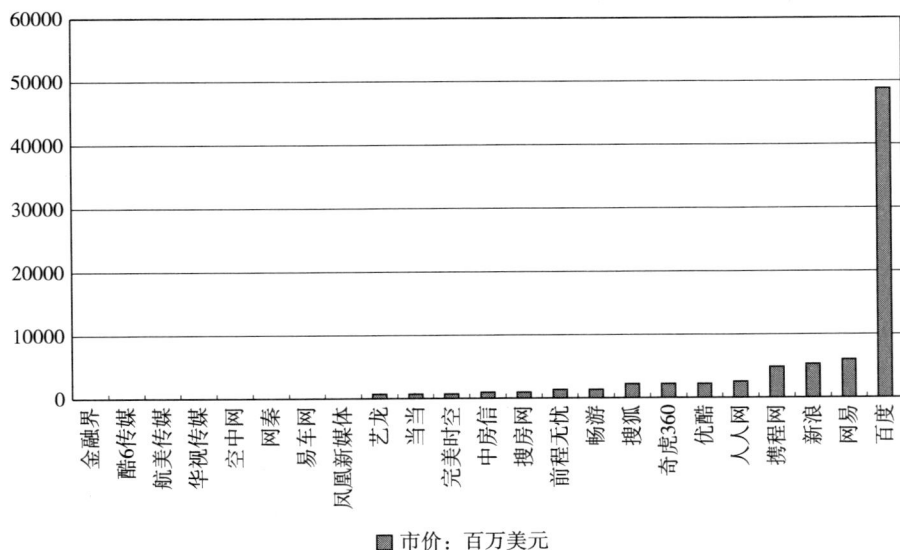

图1-25　2011年11月市值柱状图

注:此图包含百度。

从图1-24、图1-25的市值图中,可以看到,在市值规模上,百度一家遥遥领先,从股价图上可以看出,百度半年以来股价一直在震荡中,却未发生下滑,其市值也一直比较稳定。

从23家上市公司的市值来看,市值规模的差异非常大,媒体属性较强的公司市值规模偏小,金融界、酷6传媒、航美传媒、华视传媒市值居于队列的最后端。

值得一提的是,半年前,高唱凯歌以19.5美元开盘价冲上纽交所的人人公司,当晚便以逾77亿美元的总市值一举超过新浪、搜狐、网易,夺下中国互联网公司的老五之位。而截至最近,人人网股价已一路暴跌至4美元以下,市值半年内蒸发60多亿美元,相当于跌掉一家网易、三家搜狐或17家土豆网的总市值。

(二)在香港上市公司

金山软件股价半年间出现大幅下滑,从5元左右的价位一直下滑到目前的3元上方,公司的财务报表上显示,公司一直处于盈利状态,且盈利稳定。公司股价下滑是受到香港股市大盘走弱影响。

慧聪网股价一直比较低迷,长期低于两港元,半年间公司股价未见大幅波动,从公司盈利状态上看,公司经常出现亏损财季,虽然年度处于盈利状态,但盈利规模非常小。

表 1-18　在香港上市公司基本数据

证券名称	股本:百万	股价(港币)	市值(百万港币)	市盈率	所得税
金山软件	1168	3.48	4063.32	9.28	-26815
慧聪网	545	1.45	790.32	122.88	386

(三)A 股上市公司

乐视网股价走势稳定,似乎没有受到 A 股一路走低的影响。由于受振兴文化政策的影响,公司股价最近走势强劲,券商报告认为,视频版权分销和平台广告发布业务快速发展给乐视网带来较为明显的增长。

表 1-19　A 股上市公司数据

证券名称	股本(百万)	股价人民币	市值(百万人民币)	市盈率
乐视网	220	30.36	6679.2	56.22

(四)全球著名网络公司基本数据

表 1-20　2011 年 3 月全球著名网络公司基本数据　　(单位:美元)

股票名称	股　本	股　价	市　值	市盈率
雅虎	13.09 亿	16.68	218.40 亿	18.33
Ebay	12.98 亿	31.04	403.01 亿	22.49
亚马逊	4.51 亿	180.13	812.39 亿	69.82
谷歌	3.21 亿	586.76	1886.56 亿	21.20

数据日期:2011 年 3 月 31 日。

表 1-21　2011 年 10 月全球著名网络公司基本数据　　(单位:美元)

股票名称	股本:百万	股　价	市　值	市盈率
雅虎	12.4 亿	15.64	193.98 亿	21.72
Ebay	12.90 亿	31.83	410.90 亿	26.97
亚马逊	4.54 亿	213.51	970.93 亿	124.13
谷歌	3.23 亿	592.64	1919.50 亿	22.15

数据日期:2011 年 10 月 31 日。

从表1-20、表1-21中可以看到，四大网络巨头的股价两个时点上，几乎没有发生明显的起伏，亚马逊和谷歌还出现小幅上涨，这与中国互联网企业集体出现大幅下滑形成鲜明对比。

从股价走势图上可以看出，谷歌上半年股价出现明显下滑，但在6月份之后，股价又走稳并开始上扬，而亚马逊的股价一年间则稳中见涨。雅虎半年间走了一个V型反转，先大幅下跌，然后又强劲上扬。

雅虎10月19日公布了第三季度财报，其业绩表现一般。分析认为，雅虎业绩看起来没有出彩之处，也没有太大问题。对雅虎来说，没有太大问题就是好消息。自2011年9月卡罗尔·巴茨被解雇以来，雅虎正陷入混乱。尽管已陷入困境，但雅虎仍是美国最重要的网站之一，媒体资产的页面浏览量第三季度同比增长9%。不过雅虎的搜索业务出现滑坡，搜索次数同比仅增长1%，而搜索页面浏览量则下降3%。

有消息称，AOL CEO蒂姆·阿姆斯特朗正在推动AOL与雅虎的并购。而微软也在研究再次对雅虎发起收购。

（五）中外公司股价、市值比较

表1-22　中国股价、市值最大的八家公司　　　　　（单位：美元）

证券名称	股　价	市值（百万美元）
雅虎	15.64	19398.29
Ebay	31.83	41090.30
亚马逊	213.51	97093.67
谷歌	592.64	191950.17
网易	47.37	6184.63
搜狐	60.40	2299.43
新浪	81.29	5354.57
百度	140.18	48896.19

数据日期：2011年10月31日。

从表1-22中，可以看出，中国四大网络企业的股价均在雅虎和Ebay之上，但与亚马逊，尤其是与谷歌相比，中国网络企业的股价还有明显的差距。

与股价参差不齐不同，在市值规模上，除百度一家超过雅虎和Ebay之外，其他三家在市值上均大幅的落后于四家网络巨头。

（单位：美元）

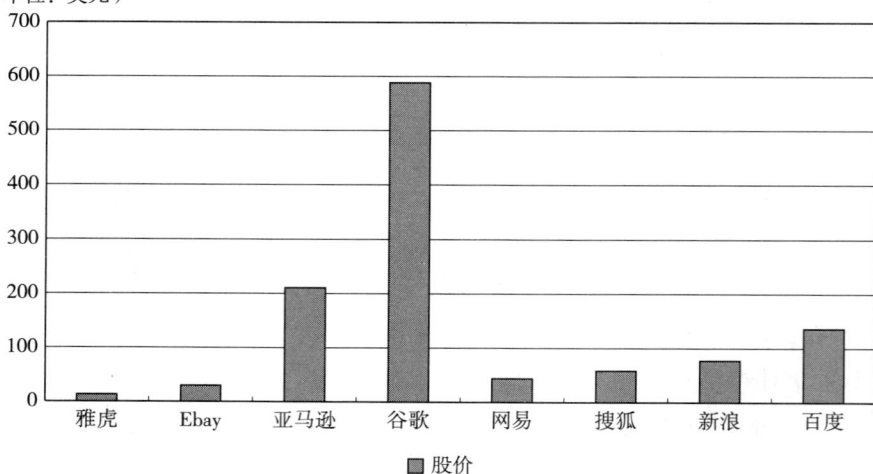

图1-26　中外主要互联网公司股价柱状图

（单位：美元）

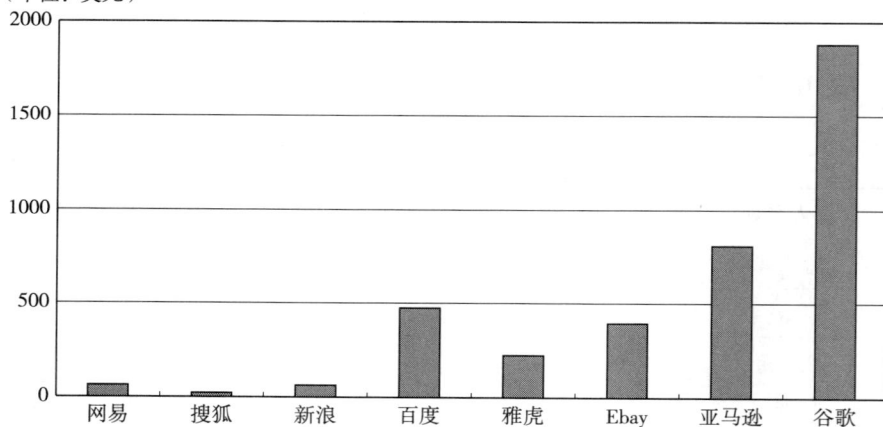

图1-27　市值比较

三、公司经营业绩基本数据及简要分析

（一）在美上市公司

表1-23　在美上市公司2011年上半年数据　（单位：千美元）

证券名称	营业收入	净利润	所得税	人员规模	人均产值
易车网	40735	4705	-896	1290	31.58
当当	226639	-3914	157	1253	180.88

续表

证券名称	营业收入	净利润	所得税	人员规模	人均产值
搜房网	121300	28700	18400	5868	0.02
凤凰新媒体	61788	−145347	−1039	912	67.75
优酷	50007	−11473	0	549	111.26
网秦	16495	2725	28	378	43.64
奇虎360	58040	−10341	−4386	860	67.49
人人网	50947	−1849	−1075	1570	32.45
航美传媒	116915	−12542	1975	737	158.64
百度	837150	414857	−71644	10887	76.89
中国房产	99258	1694	−961	3712	26.74
畅游	202114	107059	−17407	2109	95.83
前程无忧	95198	26816	−6665	4354	21.86
金融界	28733	−403	−2287	421	68.25
艺龙	40418	2272	−771	1860	21.73
网易	495729	231391	−19926	5254	94.35
搜狐	374307	89538	−21384	5167	72.00
华视传媒	77577	−13415	1454	860	90.21
空中网	79920	3934	−1952	1050	76.11
酷6传媒	10572	−32430	99	816	12.96
携程网	244862	76432	−16961	12600	19.43
完美时空	229987	88984	−11080	4143	55.51
新浪	219934	25107	−2937	3600	61.00

表1-24　营业收入、净利润排序（按营业收入升序）　　（单位：千美元）

证券名称	营业收入	净利润
酷6传媒	10572	−32430
网秦	16495	2725
金融界	28733	−403
艺龙	40418	2272
易车网	40735	4705
优酷	50007	−11473
人人网	50947	−1849
奇虎360	58040	−10341
凤凰新媒体	61788	1600
华视传媒	77577	−13415

续表

证券名称	营业收入	净利润
空中网	79920	3934
前程无忧	95198	26816
中国房产	99258	1694
航美传媒	116915	−12542
搜房网	121300	28700
畅游	202114	107059
新浪	219934	25107
当当	226639	−3914
完美时空	229987	88984
携程网	244862	76432
搜狐	374307	89538
网易	495729	231391
百度	837150	414857

从上半年的财务数据来看,北京互联网上市公司整体经营情况并不好,其中有9家公司出现了亏损。其中亏损最为严重的是酷6传媒,亏损规模是营业收入的三倍,综合来看,该公司发展前景暗淡,其所处的视频行业,竞争激烈一直处于烧钱状态中,公司发展未有明显转机。

半年前风光无限的人人网上市,市值一度超过搜狐、新浪和网易,但半年之后,人人网落得亏损,泡沫破灭,而预计下财季人人网的亏损面将大幅扩大。

奇虎360上半年出现亏损,主要是因为第一季度净亏损为2140万美元,原因主要是财报中计入2670万美元的股权奖励支出。而该公司在接下来的财报中,则表现优异。

上半年,百度盈利状况良好,盈利超过4亿美元,表现最为突出,原因是百度注资旅游垂直搜索网站和在线视频播放平台等具有较大成长空间的领域,以及其大力投入技术研发、网络基础设施等方面的建设,对百度未来发展都形成了有力支撑。

另外亏损比较严重的还有华视传媒、航美传媒等媒体属性较强,依靠广告收入为主的公司。2011年11月16日,华视传媒大股东要求董事会,撤换董事会主席李利民,对公司管理层进行大换血,原因是高层战略失误,可见公司正陷入动荡中。

另外,畅游、完美时空等网络游戏公司赢利明显,公司财务表现一直比较稳定。

而新浪赢利规模非常小,与其他门户网站相比差距明显拉大,其CEO表示,公司运营开支增长与净利下滑主要源自与微博有关的营销开支和人力相关开支增加。

（单位：千美元）

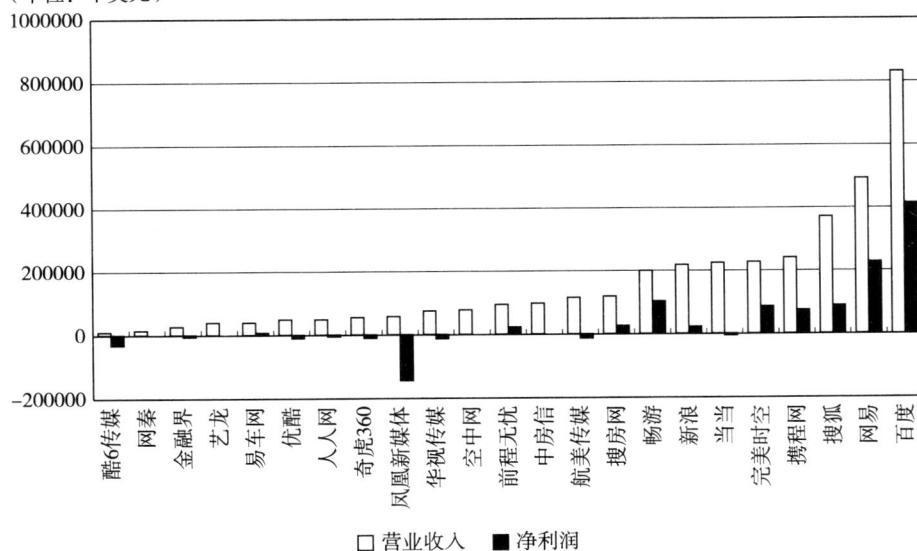

图1-28　公司营业状况柱状图

从图1-28可以看出，从营业收入及净利润规模上，23家上市公司的差距非常大。营业收入上，百度、网易、搜狐位于第一梯队，营收净利比率也表现得最好。其中百度的净利率在50%左右，网易接近这一数据，新浪的营收净利比则比较差。

表1-25　人员规模及人均产值（按规模升序排列）

证券名称	人员规模（人）	人均产值（千美元）
网秦	378	43.64
金融界	421	68.25
优酷	549	111.26
航美传媒	737	158.64
酷6传媒	816	12.96
奇虎360	860	67.49
华视传媒	860	90.21
凤凰新媒体	912	67.75
空中网	1050	76.11
当当	1253	180.88

续表

证券名称	人员规模（人）	人均产值（千美元）
易车网	1290	31.58
人人网	1570	32.45
艺龙	1860	21.73
畅游	2109	95.83
新浪	3600	61.00
中国房产	3712	26.74
完美时空	4143	55.51
前程无忧	4354	21.86
搜狐	5167	72.00
网易	5254	94.35
搜房网	5868	0.02
百度	10887	76.89
携程网	12600	19.43

（单位：人）

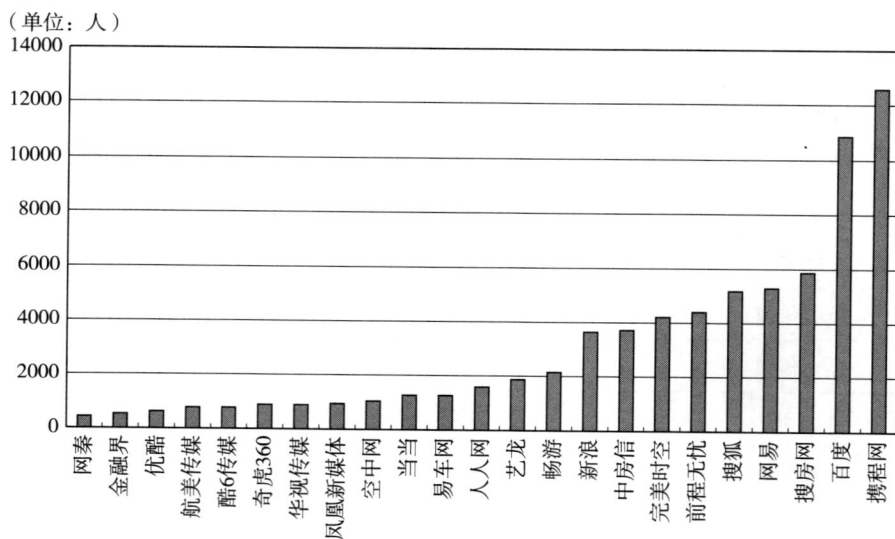

图1-29 人员规模

（单位：千美元）

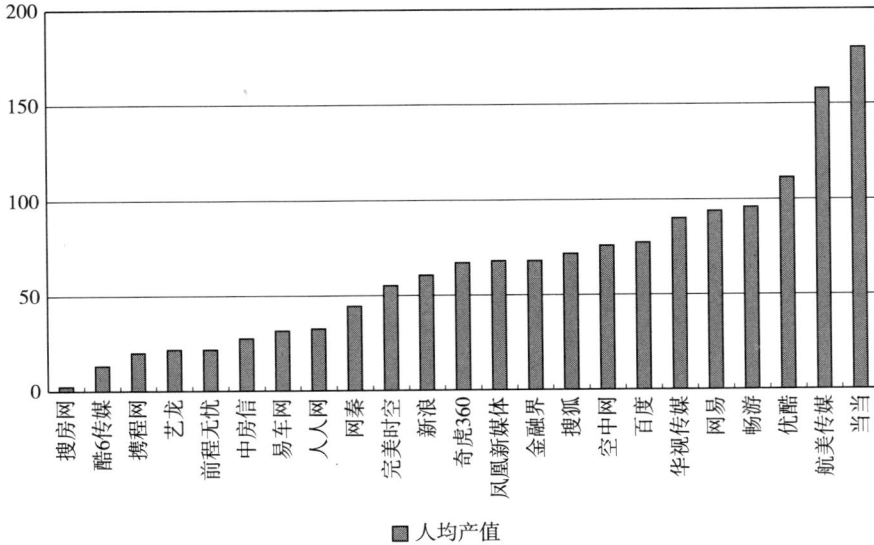

图1-30 人均产值

注：人均产值＝营业收入／人员规模。

（二）在香港上市公司

表1-26 在港上市公司 （单位：千元人民币）

证券名称	人员规模	营业收入	净利润	所得税	人均产值
金山软件	2484	494243	170809	−26815	198.97
慧聪网	3176	193403	2403	386	60.90

表1-27 A股上市公司 （单位：千元人民币）

证券名称	人员规模	营业收入	净利润	所得税	人均产值
乐视网	493	223103	58395	−12804	452.54

表1-28 全球性网络公司业绩数据 （单位：千美元）

证券名称	人员规模	营业收入	净利润	所得税	人均产值
雅虎	13600	2443000	459000	−108000	179.63
谷歌	31353	17583000	4835000	−1174000	560.81
Ebay	17700	5323000	759000	−100000	300.73
亚马逊	43200	19770000	392000	−138000	457.64

数据时间：2011年上半年。

表 1-29　中外主要互联网企业业绩比较　　　　　（单位：千美元）

公　司	营　收	净　利
新浪	219934	25107
当当	226639	-3914
搜狐	374307	89538
网易	495729	231391
百度	837150	414857
雅虎	2443000	459000
Ebay	5323000	759000
谷歌	17583000	4835000
亚马逊	19770000	392000

数据时间：2011 年上半年。

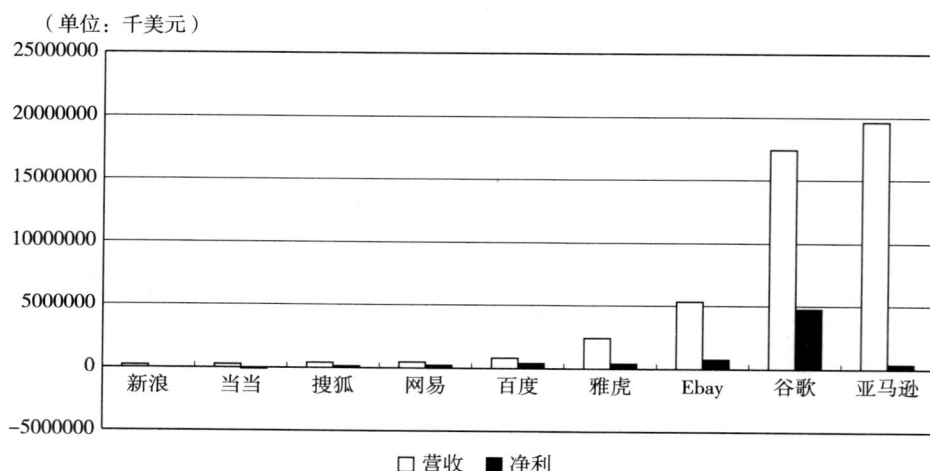

图 1-31　中外主要互联网企业业绩比较

从表 1-28、图 1-31 中，可以看到，中国的网络巨头与美国的网络巨头之间的差距，可谓是天壤之别。而中国的网络巨头，除百度外，搜狐和网易若剔除网络游戏业务之外，其差距更加明显。

在营业规模上亚马逊是电子商务模式，因此营业规模超过谷歌，但并不明显，但是其净利率却与谷歌明显不是一个档次。而同样是电子商务模式的中国当当网，则与亚马逊的差距不可同日而语，其亏损的状态更加难堪。

据图 1-31，可以明显看出，谷歌一家公司的盈利规模是其他三家美国网络公司盈利之和还要多出很多。谷歌全球网络巨无霸的地位可见一斑。

表1-30 人均产值　　　　　　　　　（单位:千美元）

证券名称	人员规模	人均产值
当当	1253	180.88
新浪	3600	61.00
搜狐	5167	72.00
百度	10887	76.89
雅虎	13600	179.63
谷歌	31353	560.81
Ebay	17700	300.73
亚马逊	43200	457.64

（单位：人）

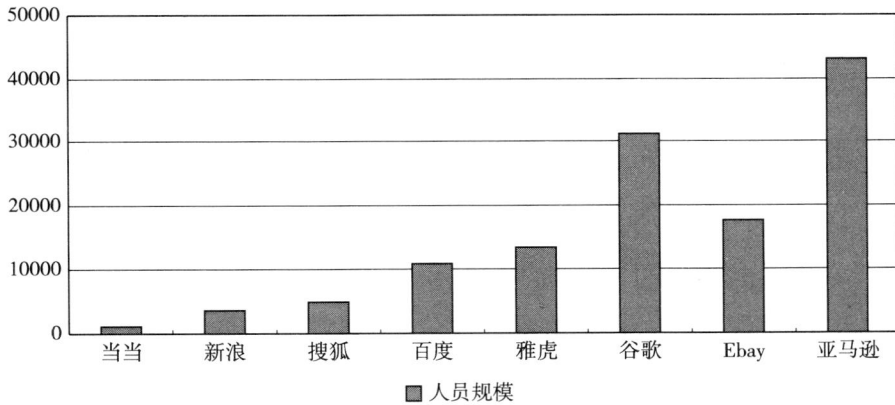

图1-32 主要上市公司人员规模

（单位：万美元）

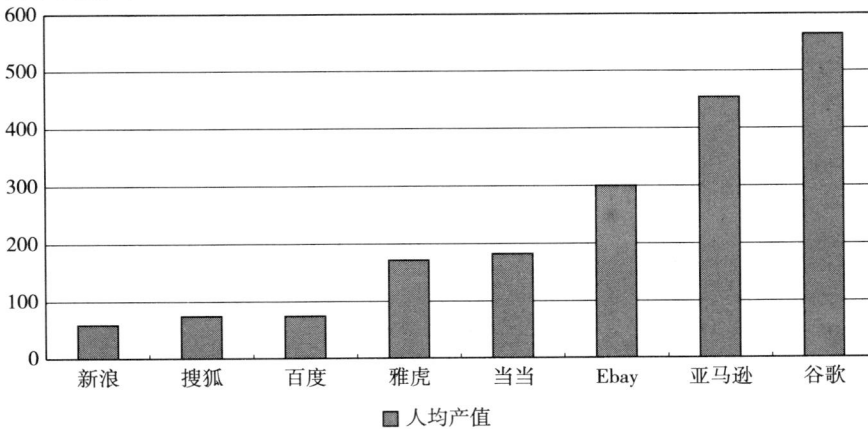

图1-33 主要上市公司人均产值

表1-31　第三季度营业收入及净利润数据　　　　（单位：万美元）

证券名称	营业收入	净利润
酷6传媒	420	-1300
网秦	1130	430
金融界	未发季报	—
艺龙	2580	150
易车网	2770	350
优酷	4120	-740
人人网	3420	-120
奇虎360	4749	1955
凤凰新媒体	4250	890
华视传媒	5020	-40
空中网	未发季报	—
前程无忧	5380	1530
中国房产	6920	-41300
航美传媒	7010	-170
搜房网	10860	4290
畅游	11900	5280
新浪	13030	-33630
当当	14250	-1150
完美时空	11120	2250
携程网	15300	5100
搜狐	23300	6400
网易	31500	12950
百度	65470	29500

注：另有若干上市公司尚未披露财报。

　　截至2011年8月26日，新浪持有土豆2567570份股，总交易金额6641万美元，即平均每股成本价格为25.86美元。但现在土豆网股价大跌，新浪投资土豆浮亏约数千万美元，新浪四处投资，开始收获恶果。

　　网游仍为搜狐、网易最大盈利来源，第三季度财务数据显示，搜狐第三季度营收2.3亿美元，其中1.2亿为游戏收入，游戏收入在总营收中占比约52.2%；腾讯第三季度营收11.8亿美元，其中6.5亿美元为游戏收入，游戏收入在总营收中占比约55.1%。而网易第三季度营收3.15亿美元，游戏收入2.75亿美元，游戏收入在总营收中占比约87.3%，游戏为网易收入带来的贡献相对较大。网易对游戏的依赖性更强，而在各大门户中媒体属性也最弱。

刚刚上市的奇虎360第三季度业绩超出华尔街分析师预期,而且对第四季度营收的预期也超出分析师预期,主要由于来自在线广告的收入增长。奇虎360自称为中国第一大互联网安全厂商,国产第一大浏览器。

四、2011年互联网业发展关键词

(一)网络广告

根据艾瑞咨询的数据显示,2011年第三季度中国网络广告市场规模达到137.4亿,较上一季度增长23.3%,较去年同期增长54.9%。本季度市场规模增长较多,较上季度增长25.9亿,主要的驱动因素在于,网民数量进一步增长,网络流量的持续性上涨,企业的广告投放量增加,广告数量以及广告单价都有所上升。综合手机广告和网络广告市场来看,两者市场规模总和达到148.6亿元,并且手机广告的增速明显快于市场整体增速。三季度手机广告市场规模达到11.2亿,同比增长261.3%。目前来看,手机广告市场尚在发展的初期阶段,未来有很大成长性。

在不同企业广告营收规模前十五位中,百度的广告营收达到42.9亿元,在所有互联网企业中最高,与淘宝、谷歌中国等垂直搜索或搜索媒体组成了第一梯队;而新浪、腾讯、搜狐广告营收较为接近,分列第4到第6位;搜房网、优酷、网易、360等则依次占据了前十五名中剩下的位置。

(二)移动互联网

根据艾瑞咨询统计数据显示,2011第三季度中国移动互联网市场规模达108.3亿元,同比增长154.6%,环比增长38.9%。2011第三季度移动互联网增速较上个季度增长了近18个百分点,整个移动互联网市场爆发之势初显。

传统互联网企业纷纷加大移动互联网的投入,新应用的不断出现和商业模式的不断创新吸引大量新进入者,也在推动各细分行业的成长。

其中移动增值市场占比进一步下降,占整体市场规模的43.7%,而手机电子商务占比则明显增大,从二季度的27.9%增长至34.8%。对于手机广告行业,随着广告主认知的不断提高、手机广告网络公司的不断发展和移动终端用户数的不断增长,其市场规模也在攀升,占比从二季度的9.5%增长至10.3%。在其他细分市场行业中,移动增值、手机游戏、手机搜索均稳定发展,所占比例略有下降,移动互联网的市场格局更加趋向均衡。

（三）电子商务

根据艾瑞咨询统计数据显示,2011第三季度中国电子商务市场交易规模达1.8万亿,同比增长47.6%,环比增长9.1%。艾瑞咨询认为,该增长主要源于:一是内外贸的进一步活跃,使得B2B交易规模亦呈现稳步增长的态势;二是借助暑期、中秋、七夕情人节等契机,各大购物网站展开了大规模优惠促销活动,推动网络购物市场交易增长迅猛;三是中国旅游市场的不断扩大,线上旅游的持续渗透,带来线上酒店机票交易的快速增长,同时暑假、中秋等利好因素也对机票酒店交易额有较大促进作用。

第三季度电子商务市场中,网络购物及机票酒店个人消费市场交易规模,增速超过中小企业B2B与规模以上企业B2B电子商务市场,个人消费市场的交易额市场份额较上季度有所增长。随着互联网的普及和推广,艾瑞咨询预计,无论是企业,还是终端消费者均将加大互联网的商务应用,未来个人消费领域的电子商务交易将更为活跃。

（四）网络购物

根据艾瑞咨询的数据显示,2011年第三季度中国网络购物市场规模达到1975.1亿元,较上一季度增长11.5%,较去年同期增长73.4%。艾瑞分析认为,2011第三季度正值暑期及"金九银十"前期,以家电类别为代表,各大网站展开了大规模优惠促销活动,京东商城、当当网、苏宁易购、国美库巴、卓越亚马逊正面交锋,推动网络购物市场交易增长迅猛。

2011年三季度中国网络购物市场各细分领域都实现了不同程度的增长,B2C增速较C2C增速高,其中C2C(不含C2C推出商城)的增长为9.4%,B2C(含C2C推出商城)的增长率为19.5%。

从C2C市场来看,淘宝网稳居第一,市场份额占到九成以上;拍拍网次之,占比为8.9%。拍拍网和易趣网份额较上个季度均下降0.1个百分点。艾瑞认为,C2C市场未来发展变化不大,市场格局稳定。

从自主销售为主B2C市场来看,京东商城排名居榜首,占比为37.8%;作为传统企业发展电子商务的典型企业,苏宁易购第三季度市场份额为6.9%,排名领先。

（五）网络游戏

第三季度中国网络游戏用户付费市场规模预计将达105.1亿元,环比上升2.9%,同比上升14.8%,中国网络游戏市场单季度收入增长率已经进入一个相对稳定的阶段。

三巨头行业地位始终不变,市场集中化早成定局,并逐步影响细分领域。趣游成为收入最高的垂直网页游戏运营商。海外创收成为中国网络游戏企业的重要手段。

从趋势上看,网络游戏上市公司仍然在前十中占有主要份额,而前三企业的收入总和则占据中国网络游戏市场整体份额的一半左右,网络游戏市场的集中化表现保持不变。

从企业特性上看,客户端大型多人在线游戏是市场主流,当拥有该类游戏的明星产品,就意味着企业可以获得不错的排名和收入,这也是多数排名靠前的网络游戏企业的主营业务。

从名次更替上来看,如久游、千橡、九维等企业在目前的市场上缺乏核心产品的支撑,已经退出前十五的榜单之中,趣游、4399 和 37wan 取代了他们的名额。

从未来趋势上来看,一方面,拥有大型明星产品、庞大用户资源、充足现金流的游戏运营型企业仍将在未来主导整个中国网络游戏市场的格局,另一方面,垂直细分领域中的领头企业也会在整体市场获得不错的话语权。

五、互联网企业在资本市场上的发展趋势

(一)境外上市寒意逼人,第三季度只有土豆一家上市

投中集团观点认为,从 2011 年互联网企业在资本市场的表现来看,共有 8 家中国互联网公司在全球实现 IPO,融资 14.76 亿美元,活跃度已接近 2010 年的历史最高峰,融资规模也与 2010 年基本持平。不过,值得注意的是,2011 年上半年的 8 家企业中有 7 家为 3—6 月份期间上市,6 月份之后,中国互联网企业境外上市窗口基本关闭,期间仅有土豆网一家实现 IPO,但上市当日即告破发。

目前,在遭遇信任危机以及 VIE 结构风险隐忧之下,境外尤其是美国资本市场上中概股普遍低迷,而全球经济二次探底的风险,也为中概股回暖带来更多不利影响。因此,预计互联网赴美上市近期仍难出现转机。

中国概念股在经历前期被追捧之后,估值开始出现下调,使得多家拟赴美上市企业推迟 IPO 计划。原计划登陆纳斯达克的迅雷宣布因市况欠佳推迟 IPO,且未来上市时间未定;同样,盛大文学也宣称暂停在纽约证交所融资 2 亿美元的首次公开发行。

(二)中国第一互联网股票落幕

2011 年 10 月 6 日,中华网正式向美国亚特兰大破产法庭申请破产保护。受此

影响,其上市公司中华网以及旗下子公司 CDC 软件当天被交易所停牌。作为 12 年前中国首家在美国纳斯达克交易所上市的互联网公司,中华网此时又成为第一家申请破产的赴美上市中国互联网公司。

1999 年,趁着互联网泡沫尚未破灭之际,中华网以每股 20 美元的价格抢先登陆纳斯达克。上市首日,以 67.11 美元的高价收盘。中华网不仅引领了中国互联网企业的第一次集体上市热潮,同时也吸引了诸如张朝阳、陈天桥、丁磊等等这些创业者投身到互联网大军中。到了 2000 年,由于正值互联网史上最大泡沫,中华网股价一度高达 220.31 美元,市值更是一度超过 50 亿美元。

但为什么 12 年后的中华网会落得如此下场?究其原因,是资本运作留下的后遗症,让中华网没有核心业务,盈利模式模糊不清,最终导致每一项业务都没有赚到钱。概念越来越复杂,盈利却始终不明朗。在中华网投资集团上市第三年,曾实现盈利,但在 1572 万美元的营收中,利息收入达 478 万美元。2003 年花费 1400 万美元收购的无线增值业务,据称月收入只有 30 万元人民币。在越来越成熟的市场中,没有核心业务和盈利支持的公司也越来越难通过资本运作获得发展。

(三)盛大网络主动从美国退市

2011 年 11 月 22 日晚间盛大网络宣布,该公司已经与母公司以及合并子公司正式达成合并协议,一旦交易完成,盛大网络将完全转变为一家私人公司,并将从美国纳斯达克退市。盛大网络称已与摩根大通达成高度一致,向其贷款融资 1.8 亿美元,同时还将动用公司、子公司的现金以及陈天桥家族的现金,用以回购该公司除陈天桥家族所持股份之外的所有流通股,收购价格为每股 41.35 美元,溢价幅度超过 26%。

据盛大网络预计,交易将于明年一季度完成。盛大网络 2004 年 5 月在美国纳斯达克上市,其股价 2009 年巅峰时曾达到 63 美元,此后呈现震荡走低态势,2011 年 10 月初一度跌破 30 美元,公司管理层多次表达对于股价被低估的不满,陈天桥更将公司称为孤悬海外的"红筹孤儿股"。

10 月 17 日,陈天桥抛出盛大网络私有化方案,引来业界广泛关注,不少人士猜测盛大网络私有化之后或将回归 A 股市场。不过,盛大新闻发言人在两天后称,从公司和大股东层面都没有得到"未来可能会回归 A 股的表态"。

(四)三财季公司业绩分化严重

1. 视频网站最悲惨

2010 年年底上市的优酷网 2011 年第三季度收入增长逾一倍,但依然处于亏损状态。优酷网第三季度亏损人民币 4750 万元。2011 年 8 月份在纳斯达克上市的土豆网第三季度收入为人民币1.698亿元,增长51%,净利润为人民币5254万元,但按主业经营计算,土豆的净利润实际为亏损870万美元。酷6第三季度依然亏损,为连续运营亏损的第13个季度。酷6第三季度营收为420万美元,净利润亏损为1300万美元。

2. 当当陷入价格战出现亏损

当当网第三季度收入人民币9.089亿元,同比增长50%,其净利润亏损人民币7340万元。2011年以来当当网和京东商城等竞争对手之间价格战不断,导致盈利被削薄。

3. 门户中三强一弱,新浪巨亏

搜狐第三季度收入2.329亿美元,较上年同期的1.641亿美元增长42%;净利润4680万美元,增长14%。网易第三季度业绩超过了市场预期,第三季度营收20亿元,净利润8.258亿元,增长41.0%。

新浪第三季度出现亏损,净利润亏损3.363亿美元;当季,新浪收入1.303亿美元,增长20%。其中,广告收入1.01亿美元,增长25%。

4. 百度奇虎360业绩靓丽

百度第三季度实现净利润人民币18.8亿元(合2.95亿美元),大增80%;当季收入41.8亿元(合6.547亿美元),增长85%。第三季度,奇虎360收入创新高,达到4749万美元,同比增长207%,净利润1090万美元,同比增长186%。奇虎360业绩的增长主要来自于在线广告和互联网增值服务的收入增长。

(五)众多公司推迟赴美上市步伐

9月初,有消息称京东考虑明年赴美上市,筹资总额可能高达40亿—50亿美元,将远超2004年Google的19亿美元规模,成为美国市场IPO史上最大单。不过,现实面前,京东的IPO进程无疑已经放缓。

分析人士认为,"美国市场对中企IPO仍然紧闭大门"。在这种市况下,京东要融资40亿—50亿美元几乎是不可能的,最终很可能被迫以下限定价。要激起机构投资者或者散户的兴趣,中企IPO可能需要大幅打折,以弥补投资中国概念股所需承担的高风险。

2011年6月9日,迅雷正式提交赴纳斯达克首次公开募股(IPO)申请,由摩根大通和德意志银行作为主承销商,计划融资2亿美元。然而,从6月初递交上市申请至7月底,迅雷4次推迟正式上市日期,10月中旬干脆宣布撤销赴美上市计划。

迅雷主动终止赴美IPO,除了美国资本市场不是很乐观的原因外,业内认为最可能的原因是迅雷视频,及迅雷盈利模式和版权纠纷等问题上被质疑。迅雷公司副总裁王珊娜接受采访时表示,迅雷之所以取消 IPO 计划,完全是因为现在美国市场表现不佳所致。现在上市很可能会出现像土豆一样大出血的状况,对公司伤害太大,而且之前在美国上市的中国概念股股票,也都跌得一塌糊涂,所以在经济形势不好的大环境下,上市真不是一个好时机。

4 月 18 日,盛大公司宣布旗下全资子公司盛大文学海外控股公司已经向美国 SEC 提交了一份 IPO 申请相关保密文件。5 月 25 日,盛大文学正式提交了 IPO 申请,计划于纽交所上市,股票代码"READ"。7 月下旬盛大文学决定推迟在纽约证交所融资 2 亿美元的 IPO 进程,直到市场状况改善为止。

原本计划 11 月 14 日赴纳斯达克上市的中国团购网站拉手网没能如愿上市。有接近拉手的投行人士对媒体透露,拉手确实已经暂停 IPO 路演,并且延迟 IPO 时间。原因是美国证券交易委员会(SEC)及投资方收到一封举报邮件,需要澄清部分会计。

互联网资深评论人洪波认为,盛大、迅雷先后推迟 IPO,意味着中国公司在美上市窗口短期关闭。此前,由于中概股过度被热炒、部分圈钱公司赴美上市受阻、少数上市公司暴露诚信危机等原因,美国市场对于中概股形成了畏惧心理,对国内互联网公司上市信心大大降低。"中国概念股赴美上市正式进入冰冻期,这种情况估计得持续两三年。"于向东分析,中国经济正进入一个颇为艰难的"滞胀期",一方面是实体经济发展停滞,另一方面是通胀预期抬头。

(六)团购网站盛极而衰,千家网站关闭

团购业独立分析机构团 800 最新数据显示,10 月份全国团购网站仅新增 16 家,而 2011 年以来关停网站数量则累计达到 1017 家,月销售额过亿网站则从 8 月份的 7 家缩减到 5 家。

10 月份开始,团购网站总量一直呈现的增长势头终于走向拐点,而行业瘦身趋势初见端倪。团 800 数据显示,10 月份国内团购网站仅新增 16 家,而因页面无法访问、停止更新产品、业务转型等原因被视为停运的团购网站累计 1017 家,目前全国团购网站总数滑落到 4057 家,首现负增长。

中国团购网站处于"赔本赚吆喝"阶段,规模化圈商家、圈用户而不计投入,单纯从人人网公布的糯米网营收情况来看,2011 年 6 月,糯米网上线一周年,其运营支出为 460 万美元,而净营收仅为 90 万美元,盈利谈何容易? 也许糯米仅是个案,但是作为综合排名前十位的团购网站遭遇如此尴尬,不难看出中国团购整体市场的举步维艰。

团购行业发展的瓶颈,一方面是行业的乱象,另一方面是华尔街的投资者们对中国互联网相关股票的兴趣也渐渐淡去。

（七）烧钱撑不住，二线视频网站被收购

目前中国视频网站行业现在可以分为三类公司：第一类是已经上市的独立视频网站，比如优酷、土豆、乐视；第二类是隶属于互联网巨头的视频网站，比如奇艺、搜狐视频和腾讯视频；第三类是市场份额和营业收入排名相对靠后的视频网站。

在烧钱模式的蔓延下，中国视频网站的资金需求巨大。除了已经完成 IPO 融资的优酷、土豆，坐拥强大资本后台的百度奇艺、搜狐视频，在行业二线阵营徘徊的视频企业苦苦挣扎。在新浪宣布注资土豆后，人人网以 8000 万美元全资收购 56 网。

第二部分　网络经济

Part Ⅱ　Internet Economy

北京市互联网产业经济效应分析

苏惠香[①]

摘　要:受全球经济一体化和产业革命的影响,互联网产业经历了深刻的革命和发展,与前两次产业革命一样,互联网产业也是通过其日益深化的技术创新活动,重新构建社会的生产和交换方式,极大地影响了国民经济各部门。互联网产业的快速发展不仅本身产生巨大的经济效应,而且产生与其相关联的产业的经济价值和正的外部效应。本文从互联网产业的经济效益、应用和资源基础来进行分析,看互联网产业发展与相关配套的产业,如何带动北京地区经济发展,改变传统经济架构,并如何产生外部扩散经济效应的。

关键词:互联网产业　经济效应分析　区域经济效应

随着互联网技术的飞速发展以及经济全球化,全球产业在不同国家转移趋势越来越明显,尤其是随着互联网技术的广泛使用,使得全球资源共享变得更加快捷,人们可以在世界各地以电子方式进行沟通,更为快捷地完成业务流程中所需要的数字化和标准化业务,从而使全球远距离提供服务成为可能,网上商业贸易活动开始变得活跃。九十年代中后期,由于互联网用户开始出现爆炸式增长,以及它的许多特点逐渐被各行各业所认识,互联网技术逐渐渗透到国民经济各个行业,形成了目前如火如荼的网络经济。尤其是近十年,蓬勃发展的互联网产业彻底地改变了传统的经济架构,它所带来的一系列新特征,使国民经济的各个方面正面临严峻的变革。

互联网发展带来的经济效应,从宏观上看,互联网产业强化了世界经济的联系,对就业和产出带来了巨大的影响,推动经济的持续增长和社会的不断发展;从产业上看,与互联网产业紧密相关的网络经济正在蓬勃发展,它们既包括网络贸易、网络银

---

① 苏惠香,东北财经大学管理科学与工程学院教授、博士。

行、网络教育、网络企业以及其他商务性的网络活动,又包括网络基础设施、网络设备和产品以及各种网络服务的建设、生产和提供等经济活动,这些网络经济活动,既是构成现代服务业的主要内容,又是带动整个服务业发展的主要动力,从而成为产业中增长最快、潜力最大的产业;在微观层面上,无论是企业的生产和营销,还是居民的消费与投资,都日益受到互联网技术和网络经济的影响,互联网产业的发展、网络技术的创新以及大型网络虚拟市场的形成,正在彻底地改变着企业和居民的传统交易行为方式。

因此,网络经济不是单纯的技术现象或单纯的经济现象,而是互联网技术—经济范式更替的产物,它与人类历史上前两次创新浪潮相比,具有更强大、更广泛的渗透性和扩散效应,它对国民经济影响的深度和广度,极有可能越过前两次创新,互联网产业所表现出来的经济增长动力支持了网络经济的诞生,也即网络经济下的互联网技术创新与扩散可以创造经济高速增长与低通货膨胀并存。在构成互联网产业的几个要素中,资源是基础,应用是核心,效益是结果。因此,本文就从互联网产业的经济效益、应用和资源基础来进行分析。

一、互联网产业经济效益

1. 互联网产业经济效应内在机理

研究互联网产业的意义不仅在于产业技术本身的发展状况,更重要的是在于认清互联网产业关联的经济价值和正的外部效应。互联网产业的蓬勃兴起改变了传统的经济架构。它的一系列新特征,使国民经济的各个方面正面临严峻的考验。这使得经济结构、经济运行机制以及企业的管理理念、运行方式和组织结构等一系列因素都发生变化。互联网的产品特征对传统经济理论也构成了较大的冲击:对于互联网产业的产品,在传统经济中普遍起作用的边际收益递减规律被边际收益递增而代替;在互联网产品的数字化世界中,1 和 0 这两个数字的组合是无限的,即互联网产品的数字化资源不存在稀缺性,物质资源稀缺性被人才资源稀缺性所取代,也即对于互联网产业,人才供给的数量与质量至关重要;经济增长的重要生产要素是信息技术和人力资本,不再只是资本和劳动。信息技术与知识通过对劳动等其他生产要素的渗透和影响,实现这些要素的总体协调和有序组织,使得各种要素的综合效能提高很大,其最终结果是经济活动成本的降低和效益的提高。这种经济效益的提高既表现为全社会整体经济效益的提高,也表现为企业经济效益的提高。许多传统产业的公司选择互联网技术来改造过去的营运模式,大大降低了成本并提高增长速度,大幅度提高了劳动生产率,给企业注入了新的活力。这种传统产业与网络产业相互之间的融合正是网络革命目前形成的经济形式,互联网技术以应用创造出的价值会远远高于技术本身的价值。因此,网络经济的效益比传统经济的效益高,从网络经济中可以获取效益,获得网络倍增经济性。

2. 互联网产业的经济关联性

互联网产业是一个具有高渗透性、高附加性、高效益的绿色产业,它广泛渗透到一、二、三产业,成为改造传统产业、推动经济结构调整和产品结构更新的重要基础和支撑。随着互联网产业的发展,其对经济的作用越来越重要,不仅为经济增长注入了新的活力,而且由于其对其他产业的渗透作用,还带动其他行业对经济的贡献。互联网产业对经济增长的影响表现在两个方面:一方面是互联网产业本身对经济增长产生直接的影响;另一方面是互联网产业对其他产业的技术渗透对经济增长产生的间接影响。

互联网产业对经济增长的直接贡献主要表现为:互联网产业作为经济活动的组成部分,其就业规模和产值规模的不断扩大,意味着经济活动规模的扩大,其产业自身的发展直接促进了经济的增长。这一部分就是互联网产业对总产出的直接影响。互联网产业对经济增长产生的间接影响主要表现为互联网产业与其他产业之间存在着很强的关联性。第一,互联网产业与其他产业存在着前向关联性。互联网产业的发展要依赖于其他产业对互联网产业产品的需求,其他产业部门对互联网产业最终产品的需求越大,互联网产业的发展就越能有效地促进其他产业的扩张,从而推动整个经济的增长。第二,互联网产业与其他产业存在后向关联性。互联网产业的发展也依赖于其他产业的最终产品,互联网产业对其他产业部门最终产品的需求越强烈,就越能有效地促进其他产业的发展。总之,互联网产业通过技术创新和扩散作用对经济产生直接和间接影响,使产业结构得到调整,朝着优化方向提升,最终提高经济增长率水平,带动整个国民经济的发展,而经济发展水平又是互联网产业发展的基本要素之一,它决定着互联网产业发展的规模和水平,经济发展水平越高,互联网产业发展所需的技术、人才、资金、设备、基础设施等条件就越好,就更能够极大地促进互联网产业的发展,从而带动整体经济发展。目前我国许多城市都大力发展互联网产业,这既符合国家倡导的发展无污染、高效益、低能耗产业的新型产业政策,也符合建设资源节约型、环境友好型社会的要求。

3. 互联网产业集聚区域经济效应

纵观我国网络经济,北京是网络经济特征最显著和获益最大的城市。纵览我国互联网产业,可以看出,无论是在纳斯达克上市的百度、新浪、网易、搜狐、畅游、完美时空、金融界、艺龙、空中网、酷 6 传媒、中国房地产信息集团、蓝汛、航美传媒、新华悦动传媒、中华网、携程网、前程无忧、华视传媒、世纪佳缘,还是在纽约证券交易所上市的搜房网、易车网、优酷、当当、网秦、人人网、凤凰新媒体,以及在香港联交所上市的金山软件、慧聪网和在国内 A 股上市的乐视传媒等公司,这些在国内某一领域领先的公司无一例外都印有"运营总部设于北京"的标记。这也可以说明,北京经济之所以出现快速增长,其主要原因正是因为其在互联网产业上的一枝独秀所致。如今在北京,互联网产业产值已占到软件和信息服务产业总产值的 15% 左右,而软件和信息服务产业已占到整个经济的 9%,2010 年北京软件和信息服务产业对经济增长的贡献为 9%①,对当年 10.2% 的经济增长,软件和信息服务产业拉动 0.92 个百分点,在北京所有产业中,除了工业、金融业、批发和零售业以外,软件和信息服务业远高于其他行业的贡献。互联网产业对北京整个经济的贡献为 2% 以上②,对当年 10.2% 的经济增长,互联网产业拉动 0.2 个百分点以上。从产业增速来看,2006—2010 年北京软件和信息服务产业年均增长速度为 21.6%③,位于北京各行业之首,2011 年又出现强劲上涨,2011 年 1—3 季度北京软件和信息服务产业增长速度为 23.5%④,远高于其他行业。2010 年北京互联网产业给北京经济增加了至少 438 亿元的产值,新增了 6 万多个就业机会。可见,互联网的广泛应用正在改变着一个城市乃至一国的经济增长方式,网络经济发展速度增长很快。今天,互联网已触及一国的政务、教育、金融、贸易、制造、科研等每个行业的每个角落,可以毫不夸张地说,现在的世界是"一切尽在网中",网络经济前途无量。

4. 蓬勃发展的互联网产业助推北京软件和信息服务产业的快速发展

根据对北京市软件和信息服务产业 2000—2010 年 11 年的发展数据研究,可以看出:2000—2010 年北京软件和信息服务产业一直保持了较快的增长速度,总量持续上升,软件和信息服务业销售收入从 2000 年的 190 亿元增长到 2010 年的 2930 亿元,总量增长了 14.4 倍;出口从 4500 万美元增长到 13.2 亿美元⑤,增长了 28.5 倍;软件和信息服务业销售收入和出口年均增长率都在 20% 以上。从软件和信息服务业对 GDP 的贡献来看,软件和信息服务业对城市经济总量的贡献是逐年增加的,而且其增加的速度也在逐年加快。北京软件和信息服务产业增加值对名义 GDP 的贡献率 2000 年为 3%,到 2007 年达到 6%,2008 年虽然受金融危机的影响,2010 年北

---

① 北京市经济和信息化委员会、北京市发展和改革委员会:《北京市软件和信息服务业"十二五"发展规划》,2011 年 8 月。

② 按照"互联网产业增加值=互联网产业销售收入*0.7"计算。

③ 北京市经济和信息化委员会、北京市发展和改革委员会:《北京市软件和信息服务业"十二五"发展规划》,2011 年 8 月。

④ 国家统计局北京调查总队:《2011 年 1—3 季度北京地区生产总值》,北京市统计局网站。

⑤ 北京市经济和信息化委员会、北京市发展和改革委员会:《北京市软件和信息服务业"十二五"发展规划》,2011 年 8 月

京软件和信息服务产业增加值对名义 GDP 的贡献率仍达到 9%,对当年 10.2% 的经济增长,软件和信息服务产业拉动 0.92 个百分点;为了能更真实的反映其软件和信息服务产业增长快慢和波动情况,又计算了软件和信息服务产业增加值增长对名义 GDP 增长的贡献份额,按照这一计算,2011 年第三季度达到 12%,对本季度 8% 的经济增长软件和信息服务业拉动 0.96 个百分点。这是一个相当大的贡献。如果计算实际 GDP,剔除通货膨胀的影响,软件和信息服务业的平减指数小,GDP 平减指数大,软件和信息服务业对实际 GDP 增长的贡献将比这一数据还大。其实,这只是在统计范围内的软件和信息服务产业直接对北京 GDP 增长的贡献,实际上,软件和信息服务产业还有在统计范围之外,应用到各个行业,提高各行业工作效率,进而增加的经济效益。这说明北京软件和信息服务产业对城市经济总量增长的贡献是相当大的。研究软件和信息服务产业的意义不仅在于产业技术本身的发展状况,更重要的是在于软件和信息服务产业关联的经济价值和正的外部效应。

二、互联网产业应用主要经济增长点

随着互联网技术的快速发展和广泛应用,在网络正在或即将覆盖一切领域的大前提下,在用户、企业、政府、金融系统、物流系统等都已逐渐融入网络经济的大趋势下,每个经济主体都不可能独立于整个网络经济的大环境之外,因而,不管是企业还是个人,是主动还是被动,与网络结缘都是迫在眉睫的选择,这就意味着互联网应用将覆盖我们生活的方方面面。从目前来看,互联网技术主要应用在:(1)搜索引擎、网络新闻等信息获取方面;(2)网络购物、团购、网上支付、旅行预订等商务交易方面;(3)即时通信、博客、微博客、社交网站等交流沟通方面;(4)网络游戏、网络文学、网络视频等网络娱乐方面。不过将来互联网产业将应用到我们生活的各个角落,应用范围将更广。

据中国互联网络信息中心调查,至 2010 年年底,中国网民普及率达到 34.3%。网民互联网应用主要经济增长点呈现出结构性特点:

1. 搜索引擎、网络新闻等信息获取是我国互联网应用的主要入口,搜索引擎成为我国网民第一大应用

据 CNNIC 统计,到 2010 年年底,搜索引擎用户规模为 3.75 亿,比 2009 年用户人数增长 9319 万人,年增长率达 33.1%。搜索引擎在网民中的使用率达 82%,比上年增长了 8.6 个百分点。搜索引擎成为网民各种网络应用使用率的第一位,成为网民上网的主要入口,而互联网门户网站的地位也由传统的新闻门户网站转向搜索引擎网站。据 CNNIC 统计,到 2010 年年底,网络新闻用户规模为 3.53 亿,比 2009 年

用户人数增长 4535 万人,年增长率达 14.7%①,远低于搜索引擎在网民中使用的增长率。搜索引擎高度使用率使得百度公司获益匪浅,以搜索引擎为主业的百度近几年业绩稳定增长,营业规模不断扩大,净利润不断增加,2007 年营业收入为 239.14 百万美元,净利润为 86.22 百万美元,2008 年营业收入为 468.78 百万美元,净利润为 153.625 百万美元,2009 年营业收入为 651.6 百万美元,净利润为 217.56 百万美元,2010 年营业收入为 1201.13 百万美元,净利润为 534.95 百万美元②。从市值看,截至 2011 年 3 月 31 日百度市值为 480 亿美元,股价为 137.81 美元③,市值不断持续扩大。在中国企业当中,只有百度在股价以及市值规模上能与美国四家网络巨头雅虎、亚马逊、Ebay、谷歌相比,其他上市的互联网公司的市值和股价无法与其相比。也正是百度搜索引擎为主业的高速增长,带动了北京的互联网产业、软件和信息服务业乃至北京区域经济的增长。据统计,2010 年百度销售收入为 12.0113 亿美元,带动北京就业 10887 人,占北京互联网产业销售收入的 18.8% 以上,占北京软件和信息服务业销售收入 2.7% 以上,对北京 GDP 的贡献率为 0.4%。说明在北京互联网产业中,搜索引擎将成为经济的增长点。百度虽然市值能与雅虎、亚马逊、Ebay、谷歌四家美国网络公司相提并论,但在营业收入以及盈利能力上还是有着明显的差距,说明我国互联网产业的搜索引擎应用还有较大的发展空间,越来越显现出其"新门户"的特点。如果从信息获取的两方面搜索引擎和网络新闻来看,其占北京互联网产业销售收入的 29% 以上,占北京软件和信息服务业销售收入 4.2% 以上,对北京 GDP 的贡献率为 0.6%。说明在北京互联网产业中,信息获取类应用约占三分之一,是互联网应用的主要方面。

2. 网络购物等商务类应用用户规模继续上涨,年增长率位于各类应用之首

随着互联网应用范围的进一步扩大,网络购物用户规模增幅居于首位,网上支付、网上银行等商务类应用重要性进一步提升,更多的传统经济活动已经步入了互联网时代。据 CNNIC 统计,2010 年网络购物用户规模达到 1.61 亿,使用率提升至 35.1%,用户年增长 48.6%,增幅在各类应用中居于首位;团购用户数已达到 1875 万人;网上支付用户规模达到 1.37 亿人;旅行预订用户规模为 3613 万人;2010 年中国网络经济营业收入规模达到 1485.8 亿元,同比增长 49.9%④。随着中国互联网应用服务形式不断增多,这些应用对于网民的渗透也在不断加强,整个互联网经济将实

---

① 中国互联网络信息中心:《第 27 次中国互联网发展状况统计报告》,2011 年 1 月。
② 倪洪章、付玲:《北京互联网上市公司资本数据及简要分析》,和讯网。
③ 倪洪章、付玲:《北京互联网上市公司资本数据及简要分析》,和讯网。
④ 艾瑞市场咨询有限公司:《2010—2011 年中国网络经济年度监测报告简版》。

现快速的纵深化发展,这些因素成为互联网应用整体规模上升的主要推动力。网络经济的快速发展直接导致互联网产业中电子商务平台和搜索引擎等产业的快速发展。目前国内电子商务服务企业主要分布在长三角、珠三角一带以及北京、上海等经济较为发达的省市。在互联网上市企业中腾讯以 196.5 亿元的营业收入总额居首,阿里巴巴集团、京东商城、百度居后①。互联网上市企业中除了腾讯公司总部在深圳,阿里巴巴集团公司总部在杭州,其他较大的互联网上市公司总部都在北京,北京是互联网产业发展比较快的城市,也是互联网产业集聚效应较显著的城市。以北京为例,2010 年年底,北京互联网产业中上市公司 29 家,所涉及的业务包括:新闻资讯、网络游戏、移动互联网增值(无线增值)、网络搜索、网络视频、信息提供服务、B2B、信息化服务、广告传媒、电子商务、手机安全等,营业收入 438.4215 亿元,带动就业 66826 人,截至 2011 年 3 月 31 日市值为 6424.201 亿元②,已占到北京软件和信息服务产业的 14.96319%,对北京整个经济的贡献为 2.23%,对当年 10.2% 的经济增长互联网产业拉动 0.23 个百分点,说明北京的互联网产业将成为北京经济新的经济增长点。其实,这只是在统计范围内的北京互联网产业直接对北京 GDP 增长的贡献,实际上,北京互联网产业还有在统计范围之外,应用到国民经济各个行业,服务于各行业以及我们生活的方方面面,提高各行业工作效率,替代传统经济并高于传统经济,进而增加的网络经济效益。随着互联网应用服务形式不断增多以及网民商务类应用的日渐成熟,这些应用对于网民的渗透力也在不断加强,网民商务类应用的增长幅度将会大幅提高,整个互联网经济将实现快速的深层次的发展,网络经济效益将大大提高,北京互联网产业对城市经济总量增长的贡献也是越来越大。

3. 在交流沟通应用方面,排在应用第一位的是即时通信

CNNIC 统计,全国即时通信用户规模达到 3.53 亿人,即时通信使用率达到 77.1%;排在第二位的是博客,博客用户规模达 2.95 亿人,使用率达到 64.4%;排在第三位的是社交网站,中国社交网络用户规模约为 2.35 亿,网民使用率为 51.4%;排在第四位的是微博客用户规模约 6311 万人,在网民中的使用率为 13.8%。但手机微博客出现快速发展,使用率达 15.5%,手机微博客的快速发展将带动手机端信息生产和消费行为快速拓展。社交网站虽然目前用户规模总量排第三位,但社交网站的用户规模和渗透率均比去年有较大提升,增长趋势明显,预示着社交网站将会是未来交流沟通方面的主要应用。

---

① 中国互联网络信息中心:《第 27 次中国互联网络发展状况统计报告》,2011 年 1 月。

② 倪洪章、付玲:《北京互联网上市公司资本数据及简要分析》,和讯网。

4. 在互联网娱乐类应用方面,排在应用第一位的是网络游戏

网络游戏用户规模为 3.04 亿,网民使用率为 66.5%,增长率为 15%;排在应用第二位的是网络视频,网络视频用户规模 2.84 亿人,在网民中的渗透率约为 62.1%,年增长率为 18.1%;排在应用第三位的是网络文学,网络文学用户规模达 1.95 亿,使用率为 42.6%,增长率为 19.9%,网络游戏虽然用户规模比较大,但网民使用率有下降趋势,从 2009 年年底的 68.9% 降至 66.5%。实际上,网民在网络游戏、网络音乐、网络视频等娱乐类应用的使用率全面降低,网络娱乐在实现用户量的扩张之后进入相对平稳的发展期①。

三、互联网产业基础资源分布区域特征

基础资源是互联网的根基,它的发展水平直接关系着互联网的整体发展质量。基础资源是互联网产业持续快速健康发展的基础条件和根本保证。从互联网基础资源上看,各地区的互联网发展差异依旧明显。互联网发展水平较好的地区主要集中在东部沿海地区和部分内陆省份。从全国来看,北京的互联网基础资源比较丰富。据 CNNIC 统计,北京 2010 年网民数为 1218 万人,互联网普及率为 69.4%,位于全国第一,排在第二和第三位的上海和广东分别为 64.5% 和 55.3%;北京的 IPv4 地址数量达到 6338.4 万,排第一,占全国 IPv4 地址总数的 22.8%;从分省域名数和分省 CN 域名数来看,北京分别为 1536112 个和 961158 个,分别占域名总数的 17.8% 和 22.1%,均排全国第一位;从分省网站数来看,北京网站数量为 282674 个,占网站总数的 14.8%②,排全国第二,仅低于广东;从分省网页数和分省网页字节数来看,北京均排全国第一位。说明北京具有较好的互联网基础资源,从而保证北京的互联网产业快速发展。

四、互联网产业人力资源培养储备能力

人力资源是互联网产业发展的关键。互联网产业的系统行为是一种社会化的行为,其全过程的顺利展开和成功实现,必须通过群体行为才能完成,其各个环节、各个阶段的运行质量和速度,取决于从事此项工作的专门人才的科技水平、创造能力和管理能力等。因此,互联网产业的系统行为只有与其人力资源环境要素实现相互匹配、

---

① 中国互联网络信息中心:《第 27 次中国互联网络发展状况统计报告》,2011 年 1 月。
② 中国互联网络信息中心:《第 27 次中国互联网络发展状况统计报告》,2011 年 1 月。

耦合和互动,才能产生预期的效果。以互联网产业为支撑的网络经济的发展不再主要靠体力而是靠知识和信息;互联网产业中知识的含量不断增加,使得生产、交换和分配等各种经济活动成本降低。互联网产业是智力密集型的高技术产业,人才是互联网产业发展的重要基础,互联网产业的竞争从根本上来讲也是人才的竞争。因此,具有熟练专业技能和较强服务意识的专业性互联网产业人才,是推动中国互联网产业和网络经济发展的关键驱动力之一。一个地区是否具有丰富的、不断增长的网络专业技术人才和管理人才,人才的存量多少、人才的流动量多少、人员的稳定性如何、语言能力以及当地文化背景和人才的适应性都将对一个地区的互联网产业和网络经济发展产生重大影响。这些指标能够直接反映出各地在互联网产业发展中专业人才供给方面的优势和潜力。

相关数据显示全国 12 个软件和信息服务产业发展较快的城市:北京、深圳、上海、南京、成都、杭州、大连、济南、天津、西安、武汉、苏州。从人才技术水平、人才知识水平、人才观念水平、人才流动比率、管理人员经验、语言文化背景(英语、日语、韩语)、大学、科研院所及培训机构的数量、在校大学生数量等八个方面来衡量一个地区的人力资源培养和储备能力。评价结果为:北京以评判值 0.896227 排第一位,上海以评判值 0.867434 排第二位,远高于排在第三位和第四位的南京和武汉,其评判值分别为 0.633229 和 0.572921,说明北京拥有在校大学生数量较多,其互联网产业所需人才比较充裕,人力资源的能力与水平很强,城市吸引力和人才聚集能力较强,人才流动比相对较低,与国内其他城市相比,北京在高端人才方面占据了一定的优势,人才结构相对合理、人才质量较高。其互联网产业发展所需的人力资源培养储备能力很强,产业发展有后劲。

五、互联网产业的环境支撑力

良好的环境是互联网产业发展的重要条件。完善的基础设施服务可以促使互联网企业以较低的资本性支出,获得较高的业务起点。互联网产业的基础设施的发展与完善程度是促进当地互联网产业生态环境与价值链的建立与完善、扩大互联网络业务在国际市场的影响力、提高企业竞争力、确保企业在国际市场获得业务订单及上市融资的重要因素。

利用相关数据对全国 12 个软件和信息服务产业发展较快的城市:北京、深圳、上海、南京、成都、杭州、大连、济南、天津、西安、武汉、苏州从基础设施、环境设施、区域经济教育情况和软环境等四个方面十个指标(软件园区所处位置交通系统的便捷高效与安全性、软件园区电力系统供应设施完善程度、通信网络发达程度、环境优美舒适程度、医疗保健商务和健身等配套设施、所在市人均 GDP、教育发展水平、科研机构水平、风险投资的支持程度、产学研联系程度）来衡量一个地区的互联网产业发展的环境支撑力度。评价结果为：北京以评判值 0.523556 排第二位，仅次于排第一位的深圳（其评判值为 0.776298），上海以评判值 0.444162 排第三位，远高于排在第四位的天津（其评判值为 0.261473）。说明，北京在互联网产业的环境支撑力度方面很强，但与深圳相比还有欠缺。研究发现，北京文化教育水平、科研机构水平全国最高，排第一，其为软件园区相配套的医疗、保健、商务和健身等配套设施排第二，仅低于深圳，其风险投资的支持程度位居 12 个软件城市第二，仅低于上海，其通信网络发达程度排第三，低于深圳和上海。总之，目前北京已建立起一整套与互联网产业发展相配套的产业支撑环境体系，为北京的互联网产业的发展提供了可靠的保证。

六、互联网产业的企业运营成本

企业运营成本是企业生存和发展的重要因素，因为企业的运营成本决定了企业的利润和盈利能力。对于互联网企业来说，其运营成本主要包括人力资源成本、基础设施成本以及各种税收成本。各项成本的高低将直接影响互联网企业的持续发展能力。

利用相关数据对全国 12 个软件和信息服务产业发展较快的城市：北京、深圳、上海、南京、成都、杭州、大连、济南、天津、西安、武汉、苏州从人才人力成本、基本设施成本、税收成本和地方产业优惠政策等四个方面八个指标（员工平均工资、办公场地租赁费、通讯费用、工业电费、当地交通生活费、公司所得税、个人所得税、地方税收优惠或其他优惠）来衡量一个地区的互联网企业的企业运营成本。评价结果为：北京以评判值 0.984341 排第一位，上海以评判值 0.951845 排第二位，远高于排在第三位和第四位的深圳和杭州，其评判值分别为 0.509885 和 0.486677，研究发现，北京员工平均工资、通讯费用、当地交通生活费全国最高排第一，办公场地租赁费排第二，仅低于上海，产业地方税收优惠或其他优惠较少，但其工业电费较便宜排 12 个城市的第七位。说明其互联网产业所需的企业运营成本太高，是产业长久持续发展的瓶颈。

总之，互联网产业的快速发展不仅本身产生巨大的经济效应，而且产生与其相关联的产业的经济价值和正的外部效应。北京互联网产业发展较快，具有较好的互联网基础资源，人力资源培养储备能力很强，与互联网产业发展相配套的产业支撑环境体系较为完善，产业发展比较有后劲，对带动北京地区经济的发展起到了很大的促进作用，产生了一定的外部扩散经济效应。

＊本文数据来源：在数据采集过程中，借鉴了各软件园区网站提供的资料、国家科技评估中心提供的资料、各地信息产业部门提供的资料、北京市社科院提供的资料、《第 27 次中国互联网络发展状况统计报告》提供的资料、《2010—2011 年中国网络经济年度监测报告简版》提供的资料、《北京互联网上市公司资本数据及简要分析》提供的资料、《2011 年 1—3 季度北京地区生产总值》提供的资料、《北京市软件和信息服务业"十二五"发展规划》提供的资料、《北京 1—3 季度软件和信息服务业数据》提供的资料、《1—3 季度北京市经济运行基本情况》提供的资料、《2011 年 7 月中国互联网络发展状况统计报告》提供的资料、《2011 年（上）中国电子商务市场数据监测报告》提供的资料、《2008 中国软件产业发展研究报告》提供的资料、《2008 中国软件自主创新报告》提供的资料、《2008 年中国城市竞争力报告》提供的资料、《北京软件与信息服务促进中心》提供的资料、借鉴《中国统计年鉴》提供的资料、《北京市统计年鉴》提供的资料。

互联网传播管理对营销产业的影响

陈 刚① 沈 虹②

摘 要：目前，我国互联网产业快速发展，中国进入互联网时代。互联网的高速发展使整个传播环境发生改变，营销传播模式也必然随之改变。本文对互联网时代的营销传播模式概括为创意传播管理，认为创意传播管理将推动企业的管理创新，并引发营销传播产业的革命性的变革。

关键词：互联网时代 创意传播管理 营销传播产业

互联网的高速发展，改变了整个传播环境。营销传播的模式是解决特定市场环境和传播环境企业所遇到的问题的工具。当传播环境发生变化时，营销传播模式也必然随之改变。笔者对互联网时代的营销传播模式概括为创意传播管理（Creative Communication Management，简称 CCM）。创意传播管理是在信息和内容管理基础上，形成传播管理策略，依托沟通元，与生活者进行交流互动，并通过精准传播，促成生活者转变为消费者和传播者，共同不断创造有关产品和品牌的有影响力的积极的内容。创意传播管理将推动企业的管理创新，并引发营销传播产业的革命性的变革。

本文结合访谈和文献资料，试图分析创意传播管理对营销传播产业的影响。那么，如何分析产业将出现的各种变化？我们首先要理清影响产业变化的因素是什么？然后才可以讨论，在这个过程中，原有营销传播服务的价值会如何调整？或者说，哪些价值因为新模式的变化而下降？而在这种变化中，出现了哪些新的需求和新的机会？

---

① 陈刚，北京大学新闻与传播学院副院长，教授。
② 沈虹，中央民族大学新闻传播学院讲师。

一、影响产业变化的因素

在新的环境中,技术的变化、企业在营销传播中的角色变化、以及在数字生活空间各种营销传播手段的混融,对传统营销传播的服务模式,带来了巨大的挑战。营销传播服务公司必须了解这些变化,不断创新,以适应新时代的需求。

（一）技术的替代

没有技术的支持,创意传播管理是无法落地的。而随着创意传播管理的发展,大量的新技术会被不断地研发和应用。在数字生活空间,一些新的技术的应用,将会部分取代原有的营销传播服务中的人力劳动。其中冲击最大的应该是传统的消费者调查的执行、内容监测分析和媒体效果及广告效果监测等领域。

由于数字生活空间的特点,理论上通过技术可以进行全网的统计,和对生活者整体的调查,通过行为分析、关系分析和语义分析等技术,能够较为全面地对消费者的各项特质和需求类别等进行详细研究。首先,传统的消费者的调查执行是非常专业的工作,而在数字生活空间通过技术就可以完成;其次,数字生活空间可以实现的是对生活者整体的调查,这也是传统的抽样调查所难以望其项背的。

通过语义分析,技术可以基本实现对各项与企业有关的信息内容的汇总、分析和分类,并做出导向性的评价,传统的研究咨询公司和公关公司的类似服务必然会受到影响。

在效果监测部分,目前关于基本指标的测量技术已经较为成熟,而精准类的营销传播本来的特点就是效果可以测量,比如关键词的搜索和内容匹配等技术,都是可以很简单地进行量化评估的。目前技术的前沿是结合语义分析技术进行更深入地效果评估,这些技术的突破也指日可待。而在传统的营销传播领域,效果评估的监测部分必须要通过大量投资并利用专门的设备来完成,而在数字生活空间,效果的监测并不是什么高深的技术。

此外,当一些企业成立传播管理部门后,这些相应的技术也会引进,很多调查和监测的工作可以自主完成,这给许多相关的营销传播类的公司带来困难。对营销传播领域来说,原有的服务水平无论多么专业、成熟,在互联网时代,必须要考虑被技术替代的可能性有多大。如果技术可以实现,那么原有的人工服务价值就必然缩水。

应对以上变化,首先要面对现实,更新观念。目前,走在前沿的一些服务公司已经意识到这些变化并开始不断调整。

"网上的海量数据是消费者分析的基本素材,甚至比现实调查来的还要丰富。

如何很好的利用已经成为新的课题。"①

"我们的策略部就是为联结消费者的网上行为而设立的。策略不光做客户的产品传播策划和品牌发展策略,更重要的是挖掘消费者洞察。我们有一个 CIG(Customer Insight Group,消费者心理洞察组),就是专门做这方面分析的。"②

技术的变化使得原有的营销传播服务模式中的一些价值在下降,而另一方面,又为新型营销传播发展提供了过去所没有的机会。想要在这个领域形成竞争力,营销传播服务公司一定要跟踪技术的变化,加强研发,通过新技术的应用来创造自己的价值。同时,进一步提高适应数字生活空间的专业分析能力。对调查和监测数据的解读永远是技术所无法完成的。有洞察力的分析在这个新的环境中将会成为最有价值的专业服务。

(二)客户的替代

客户的替代是影响产业发展的第二个应该考虑的因素。即在数字生活空间中原来由传统的广告公司提供给客户的服务和价值很多时候已经由客户自主掌控,自己承担,传统广告公司的价值发生了很大的变化。

在传统的营销传播环境中,客户较为依赖各类服务公司。比如通常广告的操作模式是由广告客户提出具体的营销传播需求和目标,而具体的策略执行、媒体投放和传播计划全部由广告公司来承担,这其中广告客户起到的作用只不过是监督广告公司的贯彻执行而已。所以说,在大众传播时代,广告客户虽然是信息的源头和广告费用的支付者,但是在具体的策略和执行中广告公司的专业价值和核心作用是举足轻重的。

在数字生活空间,传统营销传播服务公司的专业价值遭受颠覆性挑战。传播管理成为客户(企业)日常性的工作,他们不但决定传播策略和传播内容,还开始承担更多的责任,参与创意传播管理的具体执行,对随时发生的情况做出及时的反应,调整现行的创意传播策略。在这种背景下,广告客户面对数字生活空间的营销传播拥有更多的积极主动意识和自我掌控意识,原来很多由广告公司提供的服务,客户已经可以自己解决。

比如广告客户可以利用传播管理系统密切关注数字生活空间中生活者的表现,获得他们所需的实时数据;广告客户可以通过生活者的关注点,参与到具体的创意传播活动中和生活者一起协同创意,扩大传播。广告客户可以随时获得数字生活空间

---

① 笔者 2010 年 8 月对星传媒体 Xpanse 中国总经理许顺杰的访谈。
② 笔者 2010 年 6 月对美国芝加哥 Razorfish 调研总监 Catherine Schaberg 的访谈。

中生活者的信息反馈,利用生活者数据库进行一对一的沟通传播。在这个过程中,广告客户对数字生活空间的各种传播资源了解的更加透彻,使用的更加自主,甚至"全程"参与到创意传播管理的执行流程中,积极主动地关注和掌握数字生活空间中品牌信息的传播扩散和创意执行。

在这种背景下,营销传播服务类公司要想重新确立自己的价值,必须研究和接受客户在数字生活空间营销传播的新变化,辅助和配合客户创意传播管理执行的需要。同时,传播管理的策略把握方面,在沟通管理的内容生产方面,在沟通元的创意挖掘方面,在创意传播管理的执行服务方面,找准自己的位置,并创新服务模式,创造自己生存和发展的空间。

(三)混融的冲击

混融的冲击是衡量创意传播管理引发产业变化的第三个因素。所谓混融冲击即在数字生活空间中,传统的广告公司、公关公司、活动公司、媒介购买公司等提供各种专业服务的营销传播公司之间的界限越来越模糊,形成了一种混融的状态,它们之间专业核心价值的区隔不再明显,而是在创意传播管理的框架下,混融在一起,共同为企业的营销传播活动服务。

在传统的营销传播框架下,企业要进行营销传播活动主要还是按照营销活动类型进行,如广告活动配合公关活动和促销推广活动,而这几部分通常需要由广告公司、媒介购买公司、公关公司和活动公司等分别承担,但是这种模式已经不能适应数字生活空间中营销传播的需求。因为,数字生活空间是以信息内容呈现出来的,广告、公关、媒介购买等表现形式的界限越来越模糊,对客户来说,创造有影响力的内容并产生沟通互动分享是最重要的,当明确了沟通元以后,选择广告、公关等表现形式经常需要综合考虑统一执行,而在触发的过程中,对传播资源的选择使用也较为简单,不像传统媒体的媒介策略和执行那样复杂。导致的结果就是营销传播服务公司类似内容生产商,传统的广告公司、公关公司等营销传播服务机构的核心专业价值相互融合,带来的结果就是广告公司可以做的事情对于公关公司和其他公司来说同样可以做。

因此,在创意传播管理的框架下,笔者认为各种营销传播形式的服务已经混融在一起,不再明显区分,而是共同根据数字生活空间的内容形态、传播特点和内在逻辑,构建一个新的相对完整而清晰的传播体系。传统的营销传播服务的类型的区隔变得模糊。在这个环境中,由于不同营销传播服务公司彼此的可替代性,竞争更为残酷。

营销传播领域的专业人士已经对这些变化有很多感触。

"互动传播平台剥夺了作为创意人原本拥有的专业度。每个人都可以在网上做产品内容和创意的发布,创意的专业度受到了挑战,我的专业好像一夜之间被所有人分享了,似乎没有什么权威和专业可言了。"①

"传统广告可能考虑的创意概念和执行的方方面面比较多,制作过程长,延展到网络上,已经不够新锐了。新媒体需要灵活性强,大 campaign(广告战役)少,要适应游击战。"②

"如果说过去的品牌传播是一场演说、一次广播,现在则变化为一场对话、一次游戏。"③

"有时候你不知该怎么称呼自己。营销传播人、广告营销人,或者还叫广告人。这些称谓也未必合适,现在我工作的方式和内容和原来的相比大不相同,觉得近乎管理。管理传播对广告人而言跨度非常大。"④

其实,对如何适应变化业内都在进行思考和探讨,在本文的研究过程中,许多专业人士在访谈中谈到:"如果说 360°传播、整合营销传播是大众传播中广告人要把握的重点,那么数字生活空间传播中,广告人的工作重点就是让每一个消费者都成为品牌的传播媒体。"⑤

"在数字生活空间中,传播变成了一件简单的事情,人人都可以参与到其中来,每一个消费者都成为了一个媒体,而且都可能成为任何一个品牌的传播媒体,消费者成为了再传播中的一个因素。在这种情境中,消费者可能发布对企业有利的信息也可能发布不利的信息,成为了一把双刃剑,因此如何利用好消费者、如何管理好消费者发布的信息成为新的广告营销传播成败的决定性因素,也是广告人的最重要职责。"⑥

技术替代、客户替代加之混融的冲击,必将带来整个产业格局的重新洗牌。就传统的营销传播公司而言,必须要面对"不改变则亡"的惨烈现实,在改变中求生存;可以预计的趋势是,不同背景的新型营销传播公司应运而生,在创意传播管理的框架下,重新确定自己的核心专业价值,逐渐构筑一个新型的产业体系。这类公司,可以共同称为创意传播管理服务类公司。

---

① 笔者 2010 年 4 月对美国 Suddenlink 执行创意总监 Jerry Dow 的访谈。
② 笔者 2009 年 2 月对麦肯广告中国创意总监陈静的访谈。
③ 笔者 2010 年 5 月对美国芝加哥 Tribal DDB 总经理兼执行创意总监 David Hernandez 的访谈。
④ 笔者 2010 年 3 月对美国 FMG 广告总裁 Gerry Chiaro 的访谈。
⑤ 笔者 2010 年 8 月对韩国 DDB 执行创意总监 Kwang Sik Park 的访谈。
⑥ 笔者 2011 年 1 月对电众数码中国首席运营官张灵燕的访谈。

二、创意传播管理服务类公司的形成

在本文的写作过程中,笔者访问了中国、美国、日本和韩国的一些具有代表性的创意传播管理服务公司,并对其主要负责人进行了访谈,希望从中归纳出一些目前存在的新型的营销传播公司的类型以及服务和经营模式的得失,寻求有利于数字生活空间传播大环境中能够实现良性发展的发展模式。

(一)创意传播管理综合服务公司将成为行业主流

综合服务公司体系沿袭了专业广告的发展历史,其传承下来的服务体系是希望为客户提供全方位的、多层面的营销传播服务。也就是既包括传统媒体,也包括数字生活空间的服务。目前大多数创意传播管理公司追求的仍然是全方位服务,它们按照特点可以分成下面四种类型。

1. 新型的创意传播管理综合服务公司

这种类型的公司从建立的那一天起就是要摆脱旧有的营销传播模式,自创建立符合新的环境需要的模式而生的。这类公司创建时不尽完善,但是由于服务灵活,顺应客户的需求,成长很快。它们的定位是立足于传统媒体和数字生活空间的全方位服务,而不是只针对数字生活空间的某一特定类型的服务。其中最典型的是美国的R/GA公司,该公司成立于1995年,其定位依然是全方位服务(Full Service),但是加上了interactive digital advertising agency的名称,也就是全方位服务的互动数字营销传播代理公司。这个公司的诞生就是为了顺应数字生活空间传播环境给营销传播带来的服务模式的变化,随着数字生活空间的发展和进化,不断调整其公司的结构,磨合其服务体系。目前这个公司是美国最有影响的新型公司,可以和许多国际知名的4A公司相抗衡,获得了众多的国际传播大奖,比如戛纳广告节和纽约广告节的全场大奖。

"我们为客户建立传播平台而不是为他们做广告。R/GA背后的明智之举,无关媒体,而是打破数字商店的模式,为客户创造内容,这种内容让目标消费者欲罢不能。为此我们赢得了不少掌声。"[1]

这类公司的服务模式与传统的广告代理公司有天壤之别,它们打破了传统专业广告公司"策略+创意+媒体"服务的模式,以客户事业部(Business Group)形式组建服务团队,核心人员包括传统广告策略和创意人员,也包括互动策略人员、互动技术

---

① 笔者2010年6月对美国纽约R/GA总裁兼全球首席创意官Bob Greenberg的访谈。

人员、媒体人员、公关人员和其他可能涉及的专业人员,如渠道人员和零售策略人员。事业部的所有成员的工作方式不是原来的线性状态,而是自始至终地全员参与,团队中有专人研究数字生活空间的传播环境,制定相关策略,创意人员和技术人员也需要从头参与策略的发展,概念的制定和创意执行。并且,这个公司的结构是应客户的需求随时调整的。这类公司提供的综合全方位的服务与传统的综合服务公司不同之处在于,它们思考问题的起点是基于对于数字生活空间的了解。在运用传统媒体的时候,会更多地着眼于把传统媒体和数字生活空间看做一个整体的环境,通过有效的策略和创意帮助客户产生最大的传播效果。因为顺应了客户的需求和市场及其行业本身发展的趋势,所以这类公司发展迅速。

2. 从传统综合服务公司衍生而来的数字营销传播公司

传统综合服务公司历史悠久。这类公司在 20 世纪 90 年代中期和末期,随着集团化的扩张其机构变得越来越强大。在数字生活空间的传播环境中,这类传统全服务公司的发展障碍在于:机构庞大,观念比较陈旧,其内部管理流程难以改变,形成了近乎僵化的服务和经营模式。在数字生活空间急速发展的今天,这类公司意识到创意传播管理的重要性,逐渐成立了自己附属的互动营销传播公司,其主要目的是为现有客户提供互动网络营销传播服务。服务模式一般是母公司为客户提供统一的传播策略,数字营销传播公司为客户提供数字营销传播的策略和执行。

这类公司的发展良莠不齐。其中的一部分,其母公司不重视互动传播,只把数字营销传播看成广告媒体的执行,是与其他相关媒体配合作战,互动营销传播公司不重视独立的策略的制定,在竞争中逐渐失去优势。另一部分,其母公司的管理经营策略相对灵活,上层也意识到了创意传播管理的重要性,他们的精力和目光会更多地转向数字营销传播公司,重视互动传播策略的制定和执行,这些公司的发展是非常迅速的。如奥美的奥美世纪(Neo@ Ogilvy),电通的电众数码,恒美的 Trail DDB,这些从母公司中分离出来的互动营销传播公司有着人力、物力、客户资源的优势,秉承了母公司客户服务的专业性和规范性。

"我们有 200 人左右,增长速度非常快。客户更多地考虑互动传播的介入。某些品类的产品从未想过通过网络去传播,比如我们做过的一个怀旧食品,我们提了一个用 facebook '寻找当年的味道'的策略方案,结果非常成功。后来'寻找当年的味道'变回了传统电视和平面的传播主题。"①

天生的专业血统给这些公司带来了良好的发展境遇,在传统广告萎缩的今天,反过来促进集团整体广告传播业务的增长。

---

① 笔者 2010 年 5 月对美国芝加哥 Tribal DDB 总经理兼执行创意总监 David Hernandez 的访谈。

3. 中小型综合服务公司的有所取舍

在数字生活空间传播环境下,中小型综合服务公司一定要有所取舍才能获得再生的希望。如果中小型全服务公司在变革过程中没有取舍,还是抱着传统固有资源不放,没有整合服务人员、调整服务模式及经营模式以适应客户的需求,那么其竞争力就会越来越弱,甚至消亡。而如果顺应变化,有所取舍,反而会在目前尚不成熟的创意传播管理领域形成自己的优势。

以中小型综合服务公司的代表美国芝加哥 Schafer/Condon/Carter(SCC)公司为例。这是一个中型的全方位服务广告公司,约有七十名员工,其中互动网络营销传播人员占一半以上,他们认为一定要把握新型传播平台的最新的技术和理念才能在新的竞争环境中立于不败之地。对于传统广告,由于在创意执行层面和技术应用层面都已经相对成熟,因此创意执行容易获得外部资源,所以,SCC 为了节省内部资源,会把传统广告的创意执行分包,而对于数字营销传播,他们会完全依靠公司内部的资源,自己完成从策略到创意执行的各项工作。

"我们要做到专业,一定要抓住细节,才能有客户的认同。不像大型的传统综合服务公司那样有历史的积淀和优势资源,我们只有靠自己的打拼,才会有客户和市场的认同,因此我们要想发展就必须要有所取舍。"①

中小型公司首先要考虑到生存,但更要对机会敏感。SCC 是灵活服务和经营的中小型公司的楷模。实际上,在目前的相对简单的竞争中,在行业正在探索的过程中,中小型公司有自己的独特的优势。就是反应迅速灵活。但当新的空间尚未形成的时候,在生存和发展中抉择,SCC 是一个很值得关注的模式。就是有所取舍,有所选择,战略明确,集中优势资源,对未来投资。

4. 单纯的数字营销传播服务公司转型为综合服务公司

随着市场的变化和客户的需求,以互动传播作为起点发展起来的单纯的所谓数字营销传播服务公司也正在寻求向全方位服务公司的转型,比如中国的华阳联众、美国 Razafish 和韩国的 Welcome 等。这些单纯的数字营销传播公司是在互联网发展的早期出现的,可以看做创意传播管理类公司的前身,这类公司向创意传播管理综合公司转型,目前是全球性的趋势。

这类公司是从数字生活空间的服务起家的,但在服务的过程中,客户信任其所提供的数字生活空间的传播服务,并逐渐期待能够提供可以把传统媒体和数字生活空间整合起来的一站式的服务。但这些公司一般缺乏品牌建构经验,制定传播策略的能力较弱,难以独立完成品牌建构的整体传播方案。因此在转变过程中,这些公司纷

---

① 笔者 2010 年 5 月对美国 Schafer/Condon/Carter 总裁 David Selby 的访谈。

纷建立起专业的市场研究团队和策略团队,调整其人员结构和服务结构,与传统传播平台结合的机会越来越多,逐步向综合性的创意传播管理全方位服务公司转变。

"我们越来越重视不同层面的策略发展。我们花很多时间在消费者研究和品牌研究上,希望在传统和互动网络之间找到共通的东西。我们将策略部门分为四大块,战略发展在最上面,中间是客户策划和品牌策划,而最基础的是市场调查,我们把它称为消费者洞察小组(Consumer Insight Group)。"①

整个营销传播领域的革命性变化,就是数字生活空间的出现和发展。上述讨论的各种变化都表明,创意传播管理正在引领营销传播的发展潮流。即使企业需要传统媒体和数字生活空间的整合服务,更有机会的是了解数字生活空间规律的创意传播管理类公司。以创意传播管理服务为基础提供全方位服务的综合性公司,将成为营销传播领域的主流。

(二)In-house 公司的再次兴起

In-house 公司(内部广告公司)是指由广告主企业出资组建,一般是专属于该企业的全资公司,这类公司负责该企业全部或部分营销传播业务,或帮助广告主企业协调外部其他营销传播公司的工作和服务。In-house 公司在把握品牌内涵、准确传递品牌信息、节省预算、迅速回应市场需求、保守企业的机密信息等方面有着天然的优势。

In-house 的兴起可以追溯到 1973 年的韩国。1973 年韩国政府提出的工业化宣言成为财阀企业成长的有利契机,财阀企业的成长又刺激了集团广告公司的发展,1973 年三星集团成立了第一企划(CHEIL),这是韩国最早的企业集团广告公司。1982 年乐天集团在公共关系部门的基础上,成立了大弘企划。1983 年,现代集团成立了金刚企划。1984 年,LG AD 成立,它是乐喜金星(LG 集团的前身)所属的广告公司。② 韩国企业集团所属的广告公司一直主导着韩国广告业。韩国最大的创意传播管理公司,即三星公司的 In-house 广告公司 CHEIL,在运作上相对独立,但是其作业方式与一般的广告代理公司相比,始终更像三星的一个负责营销传播的支持部门,两者合作的紧密程度,比如从发现市场问题到制定营销传播策略,再到采用何种创意方案解决问题,都是普通的营销传播公司所难以实现的。

"在营销传播上,我们一直提倡将创意与技术相结合,称之为 Creative Technology(创意科技),我们与三星的市场部就像一个团队,但你可以想象,创意对我们有多

---

① 笔者 2010 年 6 月对美国芝加哥 Razorfish 策略总监 Jim Cridlin 的访谈。
② 廖秉宜:《韩国企业集团广告公司的发展及其启示》,《广告研究》2006 年第 6 期。

难。我们比一般的广告公司承担的压力可能更大，就因为它是自己的。"①

数字生活空间让生活服务者拥有了解生活者和更深入地与生活者沟通的平台。但同时，在数字生活空间，信息有着过量化和透明化的特点，很多企业希望自己的产品和品牌在面市之前严格保密，In-house 公司在信息的统一管理和监控方面有着绝对优势。对 In-house 公司，在营销传播领域一直存在着批评和争议，但近年来，In-house 广告公司在全球悄然兴起，其中不乏大型跨国公司如 Apple（苹果公司）等。

Apple 的每一次新品上市之前，为了确保全球网络的信息同步和保密，往往聚集数百人的内部营销传播队伍将全球数十种语言的不同传播素材在公司总部统一出台。除了美国总部以外，Apple 在欧洲和亚洲的很多国家也拥有自己的 In-house 广告公司，全权打理 Apple 所需的任何营销传播工作。

除了在信息控制方面的优势，当企业要更多地参与创意传播管理的过程时，其实企业自身的传播管理部门，更像是一个 In-house 公司。到底传播管理部门是成为企业管理架构中的一个部门，还是独立出来成为专门的 In-house 公司，是值得探讨和关注的问题。数字生活空间的竞争特点，在某种意义上应该更有利于企业的 In-house 公司的发展。日常性的传播管理和沟通，甚至创意传播，都要求与企业高度的配合和快速反应，而企业所拥有的生活者数据库，对企业更是核心的战略资源，利用生活者数据库进行的沟通，更适合企业内部来完成。由此得出的一个判断是，面对复杂的数字生活空间，In-house 公司对于某些大型的企业来说，有可能是一个很好的选择。在各种创意传播管理类公司中，In-house 的再度兴起，有可能成为未来营销传播领域变化的一道风景。

（三）细分化创意传播管理服务公司

在数字生活空间，创意传播管理公司的类型除了主流的综合服务公司和企业内部的 In-house 公司之外，还表现出极其复杂的专业化细分，这些公司是顺应新传播环境的需求而生的，其发展符合客户实现产品销售和建立品牌过程中各种环节的特殊需求。另外，任何一家创意传播管理公司都不可能掌握所有传播应用技术，随着各种新技术在营销传播中的不断应用，便出现一些专门的以技术支持为中心的公司，将技术应用到传播执行层面。由于背景和目的完全不同，盘点各种细分的创意传播管理公司的难度极大，根据笔者的研究，目前应该主要关注以下几种类型：

1. 研究与监测技术公司

适应数字生活空间需要的研究与监测专业公司，必须利用独特的网络技术，开发

---

① 笔者 2010 年 9 月对韩国 Cheil 全球策略总监 Jason Choi 的访谈。

出精准测量生活者消费心理和监测其行为的专业系统。在创意传播管理的推进过程中,新技术的研发始终是发展的动力。企业实现自身品牌的实时监控、发现品牌危机动态、挖掘沟通元、实现与生活者的协同创意等各个环节,都离不开研究公司提供的专业研究和监测系统。这类公司的价值首先在于技术研发和应用能力,拥有了一项有价值的新的技术,一定会形成相应的优势和门槛。而在此基础上,强化策略分析的专业性,将会使这类公司在市场上形成突出的竞争力。目前国内外许多公司都在致力于这方面的深入研究。近年来,北京远景联动网络传播公司一直致力于基于语义分析的传播管理系统的研发,已开始进行市场应用,成为这个领域的领先者。

2. 终端营销传播公司

终端营销传播公司是随着大型购物中心(Big Shopping Mall)和大型超市(Super Market)的兴起而发展起来的,针对售点进行特殊的营销传播,非常专业化。数字生活空间终端营销传播,将传统意义上售点为终端的营销传播,扩展到电子商务(E-business)。美国的 Crossmark 是一家专门提供终端销售解决方案的专业公司,它创新地利用网络资源将店内服务、零售商服务、家庭服务与网上服务相结合,成为美国拥有数十家连锁公司的集团化终端营销传播公司,于 2010 年 9 月被美国 InformationWeek 评为科技应用创新经营 500 强。终端营销传播的数字化可能带来客户关系的深度建立,品牌形象可以通过数字生活空间与生活者的终端购买建立关系,形成消费购买与品牌接触的新型亲密关系。

3. 售后服务公司

售后服务近年来被认为是在数字生活空间企业生态化的服务体系管理中不可或缺的环节,数字生活空间的出现使得客户需要多元化环节实现与目标消费者的沟通以建立品牌。在执行层面,企业更需要以多种方式了解消费者的品牌体验,售后服务便显得尤为重要。日本电信服务公司(Japan Telecom Service)就是一个很好的代表,该公司立足于挖掘固定电话网,为客户提供完善的售后服务支持。他们根据目标消费人群和他们的生活习惯,专门针对电话沟通为客户制定售后服务的传播策略并负责执行。这种专业的利用单一媒体制定传播策略并执行的公司是企业在数字生活空间竞争中必不可少的元素。虽然这种专业服务形式较为单一,但前景不可小视。比如,目前日本电信服务公司的这项专业服务每年拥有 16 亿日元的营业额。

4. 传播资源购买策略服务公司

现代广告是从媒体代理开始的,自 20 世纪 60 年代以来,媒介购买逐渐成为在广告业中营业额最大的单项的服务。数字生活空间对媒介购买公司的发展也带来冲击。在这个时代,一方面是在对传统媒体的利用上,还是媒介购买仍然占据主流;另一方面,在数字生活空间,传统媒介购买公司的服务中,传播资源购买的服务有可能被替代,传播资源策略服务的价值有可能会进一步提升。

在创意传播管理时代,企业利用生活者数据库进行的沟通,对媒介购买公司来说是没有任何机会的。在精准类的传播中,由于很多的传播是按效果计费的,所以传统媒介购买公司所拥有的媒介购买服务的价值基本丧失。但同时,依据精准传播分析的相关技术为企业提供的传播资源购买策略的服务会获得广阔的发展前景。这种新的模式是这样的,传播资源购买策略服务公司提供精准传播的策略,然后由广告主企业根据效果直接同精准传播的互联网平台进行交易,传播资源策略服务公司向广告主企业收取服务费。而在企业所进行的创意传播中,传统的媒介购买公司还具有一定的空间。在创意传播的触发过程中,必须要利用多种传播资源发布,其中需要专业的策略服务,并会产生传播资源谈判购买的需求。但数字生活空间的传播资源非常复杂,比如利用名人效应传播资源等,在这个过程中所产生的策略和购买同传统媒体相比是非常不同的。对传统的媒介购买公司在数字生活空间的发展,笔者总体的看法是,这些公司将以传播资源购买的策略服务为主,直接的媒介购买的价值会下降。

5. 创意服务公司

创意服务公司与专业广告公司是并行成立与发展的,他们常以工作室的形态出现,公司人员不多,为客户提供相对单一的创意服务。在大众传播时代这些公司的任务是创意、设计和制作,而在数字生活空间,他们提供的创意服务则更多指向创意形态、内容呈现以及网络传播执行。比如,创意服务公司常常利用互动网络上的论坛、SNS、博客、微博等媒体,根据这些媒体的特点,进行一些与品牌传播相关联的内容创意。与综合服务公司相比,他们更了解操作层面的具体要求,能够挖掘出不同传播资源特有的传播亮点。目前流行的"水军"操作是属于这类公司的最原始的形态。这类公司的市场占有量越来越大,内容提供是他们的优势,他们与综合服务公司或客户合作,将内容创意与品牌的传播理念紧密结合,走的是剑走偏锋的品牌传播之路。

6. 移动终端营销

随着新型的互动传播平台的兴起,一些侧重于技术层面的传播公司也得到了大力发展,尤其是移动终端营销传播公司,由于移动技术的应用和创意执行有其特殊性,现阶段服务于手机等移动终端的互动网络营销传播公司纷纷兴起。他们会专门针对不同产品提供各类服务,以专业的技术对消费者信息进行筛选,在特殊时间提供特殊信息给特殊的人。其专业性突出表现在对地点、时间和人群的筛选,比如可以将某商场打折的信息在周五下班前夕发到该商场附近的一些写字楼里的25—35岁女性目标人群。

移动终端营销传播涉及移动平台的特殊策略、技术操作要求和消费者需求等等,属于新型的发展中的营销传播形式,目前市场还不够成熟。从长远看,移动终端营销传播可能形成大规模的整合,也有机会转化成综合服务公司。

随着 IP 电视的发展,在不远的将来也会出现专门利用 IP 电视进行营销传播的公司,起初可能是提供小型细分的服务,然后形成整体网络传播平台下的完善服务模式。三网融合后,创意传播管理将互联网、电视和手机等移动终端整合,最终将形成更加完善的综合服务的新型营销传播公司。

7. 渠道服务公司

在大众传播环境下,渠道服务与传统的营销创意传播服务关系相对较远,与广告以建立品牌为最终目标相比,渠道服务公司的主要任务是为客户建立产品销售的通路,与销售有直接的关系。在数字生活空间,渠道服务公司的服务将适应数字生活空间生态化服务的需要,扩展到帮助客户建立数字化销售和沟通渠道,除了提供渠道策略外,对技术也有一定的要求。因此渠道服务公司也将成为创意传播管理细分市场的一个部分。

除了以上这些细分的营销传播服务外,还会不断有新型的为客户提供量身定制服务的创意传播管理公司诞生,他们构成创意传播管理体系下营销传播服务和经营模式的共同体,形成立体化的全新体系。而这些细分的创意传播管理公司也将在数字生活空间,历经优胜劣汰的过程而变革,最终确立适合数字生活空间生存和发展的服务模式,他们的类型划分也将随着市场竞争重新整合,呈现出更为清晰的脉络。

三、创意传播管理类公司的核心价值

通过上述的总结分析,笔者认为,技术能力、策略能力、创意能力和服务能力,将成为适应创意传播管理变化的新型营销传播服务公司的四个核心价值。

第一,技术能力。

传播管理是技术支持的新型管理体系。目前,配合传播管理的各种技术系统虽然初步成型,但还需要不断完善和创新。随着传播管理的推进,将会继续带动技术研发的跟进,出现各种新的配合传播管理的新技术。在这种技术驱动的背景下,会形成两种类型的技术型公司,一种是专为传播管理提供技术支持的公司。传播管理的对技术的需求和技术的不断创新发展,将会为这些类型的公司打开市场需求的大门,不断地成长、发展、壮大。另一种是在技术研发的基础上,配合企业创意传播管理的需要,有可能形成新的以技术带动为核心的服务公司,这些类型的公司会利用自己独特的技术价值,结合配套的服务体系,在市场上脱颖而出。

第二,策略能力。

　　虽然通过传播管理系统智能化的处理,企业可以获得大量的数据和信息内容,并提供相应的策略方向,但是真正可执行策略的确立,必须要由受过专业训练和具备市场经验的人对数据和信息内容进行分析、判断,提炼而成。技术虽然能够提供更多的原材料甚至思考的方向,但需要具有策略思维能力的专业公司进行加工和表达,最终形成适合企业营销传播活动的各种策略。以搜索引擎营销和搜索引擎优化为例,企业可以通过传播管理的数据监测系统获得大量关于产品和品牌的信息,对投放关键词提供选择的方向,但是具体的选择投放策略还是要由专门的服务公司进行。因为专门的搜索引擎营销策略服务公司可以利用其实际的操作经验和专业的判断分析能力,使搜索引擎营销传播产生更好的效果。

　　可以说,在创意传播管理的框架里,策略的提炼是非常重要的环节,具体策略的形成需要专业的策略服务公司来配合,随着竞争的激烈,专门帮助企业的创意传播管理进行策略服务的公司将会有更多的机会。

　　第三,创意能力。

　　在创意传播管理的框架下,"创意"一词的内涵和外延都发生了变化,从创意传播策略的制定、内容的设置到提炼生活者关注点、信息如何到达生活者、如何吸引生活者的参与等等,创意在如何建立品牌与生活者之间的亲密关系、寻找"沟通元"、在引导生活者协同创意等方面都起到非常重要的作用。也就是说创意在未来整个创意传播中,其内涵不再是具体的广告的制作,而是泛化到内容层面和话题决策等层面的创意,成为决定数字生活空间中品牌营销传播成败的关键因素。

　　在创意传播的执行层面,创意涉及的层级也越来越多,首先是将传播策略与目标生活者进行链接,接着就是找到核心的"沟通元",让"沟通元"成为生活者再次参与传播的种子,让数字生活空间的传播平台成为生活者协同创意、进行品牌建构的舞台。

　　因此,在这种情况下,适合数字生活空间的创意传播公司则更加有价值,其核心在于挖掘沟通元,更好地让创意传播的信息产生关注,更好地表现创意传播的诉求,实现品牌营销传播的效果。

　　第四,服务能力。

　　在创意传播管理的时代,企业将会有大量的人力服务型的需求。虽然在这个过程中企业进行主导,但也必须有很多具有专业能力的服务公司配合才能辅助完成。营销传播类公司可以深入研究企业创意传播管理的特点,挖掘其中隐含的需求,提供专项服务。比如有些企业把微博的内容生产外包给专门的服务公司来完成,这方面做的比较成功比较典型的是杜蕾斯的微博运营公司博圣云峰。

　　博圣云峰的杜蕾斯微博运营团队大约有 20 人左右,除了新浪微博之外,还要负责腾讯微博、豆瓣(微博)等网络平台的运营工作。根据各个平台的特点,风格会有所不同。"腾讯需要更直接,豆瓣则要带点文艺范儿。"团队人员最重要的特质是"会聊天",机智,富有幽默感。大部分成员来自豆瓣、天涯、猫扑、微博,他们熟悉互联网语言,擅长制造话题,并拥有一定数量的粉丝。当他们成为杜蕾斯微博营销中的一员,能够起到助推助转的作用。2011年6月23日暴雨当天的"杜蕾斯鞋套",前六次人为转发均由博圣云峰成员完成。

团队分工细致,光涉及内容部分,就分为内容、文案和回复几个工种。内容人员负责主要的微博信息发布,文案人员策划主题,两名回复人员则需要在所有@杜蕾斯官方微博的信息里筛选有趣内容,以及回复部分网友评论。

每天早晨,微博团队召开例会,讨论当日热点,确定主题。杜蕾斯微博每天大概发布十条信息,其中,原创需要占6到8条,其余则来自网友微博和@里的内容,仅@杜蕾斯的信息,每天就达到2万多条。"网民也成为我们创意的一分子。"著名的"杜蕾斯大楼"、功夫熊猫等内容,都来自网友的发现。

每一条发布在杜蕾斯官方微博上的内容,都会在运营团队的资料库中归类。五天之后会统计每条内容的评论数和转发数,月底进行深入分析,可得知哪些内容有吸引力,哪些内容欠佳。这种分析比传统广告的消费者回馈更及时、更真实,对后续调整的指导意义也更精确。因此,微博营销所带来的不仅是品牌提升,甚至包括改变企业运营方式。

"现在客服是企业的后台,将来也许会变成前台,与技术部门链接,发挥主导性作用。"褚文说。传统的企业销售模型主要依靠扩大覆盖面,提高转换率:广告一旦播出,对于广告主而言就算结束。但在互动情景里,信息播出可能才刚开始30%,之后的70%倚赖于受众的反应和互动。①

随着企业创意传播管理需求的不断变化和发展,还会出现更多的服务型公司,而这其中决定其市场表现的关键在于提供的服务,比如服务是否迎合企业的需求,是否为企业带来更多的附加价值等。

同时,需要注意的是上述新型营销传播公司的四个核心价值并非一定要同时具备。新型营销传播公司可以以一种能力为核心,构建自己的独特的竞争力,也可以综合几种能力,使自己成为全面的营销传播公司。所以,在具体的新型营销传播公司的发展规划中,要根据其自身的定位,进行核心价值的调整。通常所具备的核心价值要素越多就越有市场竞争力。

在北京互联网产业的发展过程中,必须关注营销传播领域的新变化。通过政策

---

① 《杜蕾斯微博引爆销售诱惑:背后团队严谨运营》,《环球企业家杂志》2011年11月。

和资源的支持,不断推动这一创新的过程,大力扶持具有技术能力、策略能力、创意能力、服务能力的新型创意传播管理公司的发展,力争使北京成为中国乃至全球适合互联网时代营销传播需求的新理论、新模式、新技术的研发中心,引领趋势,战略产业的制高点。

北京市互联网价值与运营模式研究

周鸿铎[①]

摘　要:目前在我国互联网传媒快速发展的同时还存在一些亟待解决的问题,其中最突出的就是互联网的安全问题和互联网价值的实现问题。本文根据理论与实际相结合的原则,概括地分析了互联网价值和运营模式理论,并在此基础上系统地分析了互联网的宏观运营模式和微观运营模式,目的是为了促进互联网传媒的健康发展,充分发挥互联网传媒在建设和谐社会中的作用,不断提高互联网传媒的社会影响力。

关键词:互联网价值　互联网运营模式　互联网超市

一、序　言

1969 年,互联网传媒起源于美国,1994 年我国正式接入互联网。我国的互联网传媒虽然起步较晚,但是发展很快。截至 2011 年 6 月底,我国有网站 183 万个,域名总数为 786 万个,IPv4 地址数量为 3.32 亿,较 2010 年年底增长 19.4%,IPv6 地址数量列全球第十五位;网民 4.85 亿,其中家庭宽带网民 3.90 亿,手机网民 3.18 亿,农村网民为 1.31 亿,占网民总数的 27%。北京市网民 1218 万(2010 年),普及率为 69.4%,全国排名第一,增长率为 10.5%。

在我国互联网传媒大发展的同时还存在一些急需要解决的问题,其中有两个影响互联网传媒发展的突出问题,即互联网的安全问题和互联网价值的实现问题。

中国互联网络信息中心发布的第 28 次"中国互联网络发展状况统计报告"显示:2011 年上半年,遇到过病毒或木马攻击的网民达到 2.17 亿,比例为 44.7%;有过账号或密码被盗经历的网民达到 1.21 亿人,占 24.9%,较 2010 年增加 3.1 个百分

---

①　周鸿铎,中国传媒大学网络经济研究所所长,教授。

点;有8%的网民在网上遇到过消费欺诈,该群体网民规模达到3880万。现在,互联网的安全问题已引起了社会和国家的重视,并在科技、管理、法制等多方面做出了相应的努力,为实现互联网的安全创造了一定的社会环境。

自我国正式接入互联网以来,特别是2005年以来,一方面是互联网快速发展,另一方面是传统媒介的运营者"担心"、"害怕"互联网传媒抢他们的饭碗,于是把传统媒介的广告投放额下降的原因归咎于互联网传媒的发展,把传统媒介出现的宣传失误归罪于微博传媒的出现和快速发展,把传统媒介受众的减少归罪于互联网传媒拉走了他们的受众等等。面对这样的社会环境,互联网传媒的价值如何实现? 互联网传媒应该如何运营? 互联网传媒应采取什么样的运营模式? 这些都是关系到互联网传媒健康发展的大问题。可是,现在关注这些问题的人还很少,或者根本上还没有提到议事议程。本文意图从理论与实践的结合就互联网价值与运营模式进行分析。

二、互联网现状分析

目前,关于北京互联网现状分析的文章、资料很多,但是多是一些常规性的分析和行政区划性的分析。所谓常规性的分析是指从网民规模(总体网民规模、家庭宽带网民规模、手机网民规模),接入方式(上网设备、上网地点、上网时长),网民属性(性别结构、年龄结构、学历结构、职业结构、收入结构、城乡结构)等三个方面分析互联网现状。这种互联网现状分析模式,宏观的分析可以使用,微观的分析也可以使用。这就是说,这种互联网现状分析模式,北京市互联网现状分析可采用,全国任何一个省、市、县的互联网现状分析都可以采用。人们采用这种常规性的分析模式是有意义的:一是便于使用;二是便于宏观统计的一致性;三是有利于宏观把握互联网传媒的发展走势和运营规律;四是有利于对互联网传媒实施宏观政策管理;五是便于对不同地区、不同国家的互联网传媒进行比较研究。一句话,有利于准确地把握我国互联网市场的需求变化和发展规律。所谓行政区划性的分析是指对北京市管辖范围内的互联网传媒的分析。这种互联网现状分析模式虽然能够把握作为一个直辖市的北京互联网传媒发展的"现状",但是它并不能全面反映作为首都的北京或北京地区的互联网传媒的实际情况,甚至会把最能代表中国互联网传媒发展水平的首都经验、首都模式丢掉,影响我国互联网传媒的发展。

在我国,由于地域广阔,各地区的条件不同,互联网传媒的发展也不平衡,因此,应该在对互联网传媒进行常规性分析的基础上,同时采用个性分析法弄清楚不同地区的互联网传媒的个性特点,以便采用有区别的政策和管理办法促进不同地区的互联网传媒的有效发展。

　　北京是我国的首都,在这互联网传媒既有互联网传媒的共性特点,又有北京(注:这里所说的北京是"首都"、"北京地区"、"北京市"三个概念的总称,下同)互联网传媒的个性特点。那么,北京互联网传媒的个性特点是什么呢? 可从以下几个方面分析。

　　第一,具有首都特点的政府互联网传媒平台已经形成。互联网传媒与传统传媒一样都具有两重性和两种功能,它的经济属性、政治属性以及产业功能、事业功能多是通过提供服务的形式实现的。北京是我国的首都,是全国的政治和文化中心,不仅中央各级政府机构设在北京,而且全国各省市自治区政府、许多大型经济管理机构都在北京设有自己的办事机构,仅国务院系统大约就有 70 余家机构,如果再加上各类政党组织,其机构就更多了。这么多的不同层次的党政机构在北京,他们为了提高工作效率,更好地了解人民、服务人民,各级政府部门都建立起了自己的政府网站。这些政府网站与北京市的政府网站一起构成了北京地区的跨部门的、综合性的为民众、为企业、为社会服务的网络系统。政府互联网传媒平台的形成,一方面表明互联网传媒已在我国传媒体系中具有重要的地位,发挥着传统传媒所不能够发挥的作用;另一方面表明我国各级政府在向全国、全社会、全世界宣传和展示中国政府形象的手段已由过去的单一利用传统传媒宣传和展示的做法改变成为互联网传媒与传统传媒并用的做法,有效地提高了互联网传媒的地位,同时利用政府的实际行动协调了传统传媒与互联网传媒的关系,为我国整体传媒作用的发挥起着重大的推动作用。

　　第二,北京"网络超市"的中心地位已经确立。所谓"网络超市",即人们所说的门户网站,是指那些具有综合性互联网资源并能向受众提供信息服务的应用系统。由于门户网站能够快速的向受众提供包罗万象的信息和各种各样的新的业务服务,就好像一般市场上的超市,于是网民们就把它称为"网络超市"。现在,我国的门户网站究竟有几个,说法不一,有说四个的,也有说六个的,但是比较一致的意见是四大门户网站,即新浪、搜狐、网易、腾讯。在四大门户网站中,新浪网、搜狐网、网易的总部都设在北京,唯独腾讯总部设在深圳。还有几家大网站,比如百度的总部也设在北京;即使是一些外国的大网站,虽然它们的总部不在北京,但是它们在中国总部基本上都设在北京,比如中国雅虎总部的办公地址就设在北京市的朝阳区。

　　"网络超市"并不是在任何地方和任何条件下都能形成的,它是有条件的。北京"网络超市"起步于搜狐网站的成立。早在 1995 年 11 月,张朝阳从美国麻省理工学院回国后,借助风险投资创办了"爱特信信息技术有限公司"。1998 年 2 月,"爱特信信息技术有限公司"推出搜狐,中国首家大型的互联网站由此诞生了。最初的搜狐网仅仅是一个提供搜索引擎、目录服务的网站。尽管如此,搜狐网站的组建和发展,不仅打造一个具有中国特色的搜狐品牌,而且打开了中国人通向互联网世界的大门,创造了一个中国式的门户网站——北京"网络超市"的雏形。随着我国改革开放的不断深化和市场经济的发展,大大拓宽了门户网站的服务范围。为了满足经济社会发展的需要,门户网站不得不在更广泛的领域内向网民提供业务服务,逐渐使门户网站成为我国互联网世界的大型"网络超市"。

北京"网络超市"的中心地位在我国互联网市场中的确立,首先,意味着网络和网络经济不仅进入了我国经济社会生活,而且已成为我国经济社会发展的一个重要的支柱性产业和一种经济形式;其次,意味着北京的互联网传媒产业不仅对互联网技术资源的开发利用走在了前列,而且在内容传播上满足了首都乃至全国更多网民对信息的需求,有效地促进了首都经济社会的发展;再次,意味着首都经济已有了相当的发展。互联网传媒的发展是同经济社会发展相联系的,据统计,2010年北京地区生产总值已达13777.94亿元,北京"网络超市"的中心地位的确立是从网络经济的角度对北京经济社会发展状况的一种反映;最后,意味着北京的互联网市场已开始走向成熟。

第三,两重互联网传媒模式的实践成功。2002年,党的十六大明确提出了大力发展文化事业和文化产业的文化发展战略。2009年7月22日,我国第一部文化产业专项规划——《文化产业振兴规划》由国务院常务会议审议通过。这是继钢铁、汽车、纺织等十大产业振兴规划后出台的又一个重要的产业振兴规划,标志着文化产业已经上升为国家的战略性产业。互联网传媒文化是传媒文化的一个分支,同样区分为文化事业和文化产业,其文化产业已是国家重点推进的文化产业之一。

根据我国大力发展文化事业和文化产业的文化发展战略的要求,目前我国的互联网传媒出现了三种类型:第一类是新闻门户网站,它包括国家大型新闻门户网站,如中国网、新华网、人民网等,地方新闻门户网站,如南方网、长江网、大江网、大洋网等;第二类是商业门户网站,如网易、新浪等;第三类是行业门户网站,如中国行业门户交易网、中国物流产品网、中国环保网等。无论是国家大型的和地方新闻门户网站,还是商业门户网站、行业门户网站,它们都自觉地执行着两种功能,即宣传功能和经营功能,并取得了理想的效益。二重互联网传媒模式的实践成功为我国文化体制改革提供了可借鉴的经验。

第四,互联网与传统传媒融合的走势已初露端倪。互联网传媒与传统传媒之间不是谁吃掉谁、谁排斥谁的问题,而是走相互支持、相互合作,进而走向融合的道路。互联网传媒与传统传媒的融合走势已被北京乃至全国互联网传媒的发展路径所证明。就北京的新闻网站来说,他们基本上都是由传统的新闻机构投资建立起来的。现在北京报纸有260余家、期刊有3030余家、电台有30余家(不含企事业组织的内部电台)、电视台有30余家(不含企事业组织的内部电视台)。这么多的报社、期刊社、电台、电视台,它们中间的绝大多数都建立了自己的网站。还有我国国家级的通讯社——新华社,他们已建立了几百家网络电视台,在这些网络电视台中间,虽然绝大部分并不是建在北京,但是它们的总部——新华社在北京,而且它们都是由新华社投资建立起来的。实践是检验真理的唯一标准。现在在我国,传统媒介与互联网媒介的融合已经不是一个能不能融合的问题,而是一个观念问题。

对于传统媒介来说,有一些传统媒介的运营者总是把互联网传媒的出现当做一块心病,总感到互联网传媒不顺眼。其实互联网传媒的诞生同 2000 多年前我国西汉初期邸报的诞生、同 102 年前广播传媒的诞生、同 85 年前电视传媒的诞生一样,是客观的,是社会生产力发展必然,是不可抗拒的,只能适应其发展,否则将会受到规律的惩罚。

互联网传媒与传统传媒相比较的一个突出特点就是全面利用网络技术,这是互联网传媒优越于传统传媒的地方,也是互联网传媒先进的地方,更是互联网传媒具有旺盛生命力的根本所在。正因为这样,人们把互联网传媒称为新传媒。但是,网络技术并不是新传媒的专利,互联网传媒由于以网络技术为支撑被称为新传媒,那么,传统传媒如果也以网络技术为支撑,传统传媒也就变成了"新传媒"。传统传媒与网络传媒界限的这种模糊性,决定了传媒融合的客观性,表明传媒融合时代的到来。

第五,互联网运营商强势发展。互联网传媒是一个系统工程,它的作用的发挥是互联网运营商、互联网传媒、互联网终端产业三方有效合作的成果,离开其中的任何一方,互联网传媒的作用都不可能发挥出来。因此,在分析互联网传媒发展现状时一定要重视对互联网运营商的现状、作用及其发挥程度的分析。我国的互联网传媒之所以能够高速、健康的发展,一方面是国家正确政策的支持,另一方面是我国有一个完整的、强有力的互联网运营体系。

当前,我国互联网运营商体系主要是由六大运营商构成,即由中国移动、中国联通、中国电信、中国网通(2008 年 10 月 15 日与中国联通正式合并,并更名为中国联通)、中国铁通和中国卫通六家规模最大、实力最强的特大型企业。中国联通品牌在世界品牌价值实验室(World Brand Value Lab)编制的 2010 年度《中国品牌 500 强》排行榜中排名第 18 位,品牌价值已达 665.76 亿元。中国移动已连续 10 年入选美国《财富》杂志的世界 500 强,最新排名列第 77 位;已连续第 3 年进入《金融时报》全球最强势品牌排名,品牌价值达 572 亿美元,排行榜中排名第 5 位;2008 年再次入选世界品牌价值实验室编制的《中国购买者第一品牌》,排名第一。2010 年,中国电信被《巴菲特杂志》评为"中国 25 家最受尊敬上市公司",排名第 7 位;中国电信品牌在世界品牌价值实验室编制的 2010 年度《中国品牌 500 强》排行榜中排名第 16 位,品牌价值已达 676.33 亿元。

　　我国的互联网运营商不仅规模最大、实力最强,而且业务分工明细,相互配合默契,有效地保证了互联网传媒的健康发展。中国移动主要运营 GSM 网络;中国联通在承担全业务运营的同时,还运营 GSM、CDMA、固网业务;中国电信主要运营固定网络业务;铁通主要运营全国铁路网沿线的通信;卫通主要经营通信、广播及其他领域的卫星空间段业务。我国互联网运营商体系的科学性,一方面保证了互联网传媒的健康发展,另一方面有效地节约了互联网资源,为我国互联网传媒作用的发挥打好了物质技术基础。

三、互联网的价值

　　在信息社会,互联网传媒已成为人们社会生活中不可或缺的一种重要的生产要素和生活工具,它对于物质生产活动和非物质生产活动都具有重要意义。要科学地把握和运用互联网传媒的作用,就必须从理论和实践的结合上弄清楚互联网的价值。对于互联网传媒的价值可以从不同的角度去分析,这里主要从三个方面去分析已经表现出来的互联网传媒的价值,即互联网传媒的内在价值、互联网传媒的外在价值和互联网传媒市场价值。

(一)互联网传媒的内在价值

1. 互联网站价值

　　所谓互联网站价值,是互联网传媒的品牌价值,它包括互联网传媒的市场价值和社会价值。2010 年"品牌中国 1000 强"排行榜前 500 强的互联网传媒的品牌平均价值为 30.26 亿元;而进入 500 强的前 15 家互联网传媒的品牌平均值为 91.99 亿元。互联网传媒的品牌平均价值虽然很高,但是我国还有不少互联网传媒机构进入了500 强和 1000 强。2010 年,品牌中国产业联盟发布的"2010 品牌中国 1000 强"中,中国移动以 1349.88 亿元的品牌价值荣获本年度互联网品牌的榜首;腾讯以 522.37亿元的品牌价值荣获本年度互联网品牌的第 4 名;百度以 375.04 亿元的品牌价值荣获本年度互联网品牌的第 6 名。进入"2010 品牌中国 1000 强"前 500 名的北京互联网传媒还有新浪、搜狐和中关村在线等,它们的品牌价值分别为 126.56 亿元、49.91亿元和 4.49 亿元。

2. 搜索引擎价值

　　搜索引擎是基于互联网的一种信息检索方法及检索系统。具体来说,搜索引擎就是根据特定的计算机程序从互联网上搜集信息,并能对信息进行组织和处理,进而将信息展示给用户的系统。目前,互联网世界能够为用户提供的搜索引擎很多,比如谷歌搜索引擎、百度搜索引擎、狗狗搜索引擎、迅雷搜索引擎、雅虎搜索引擎以及网页搜索引擎、mp3 搜索引擎、电影搜索引擎、图片搜索引擎、音乐搜索引擎、新闻搜索引擎,等等。搜索引擎既然是一种信息检索方法及检索系统,那么,网络时代的搜索引擎已成为互联网用户必需的工具,可见搜索引擎的价值是同互联网用户紧密联系在一起的。

(1)需求价值。在网络时代,互联网传媒是人们获取信息的重要渠道之一。截至 2011 年 6 月底,我国的 4.85 亿网民每天都在利用搜索引擎去检索各种各样的信息,以满足他们的工作和生活的需求。同时,由于需求的差异性,还会有数以亿计的信息需求者利用搜索引擎去检索他们所需要的特定信息。搜索引擎的经营者必然会根据用户使用搜索引擎的方式,利用用户检索信息的机会尽可能将信息传递给用户,使用户产生投资或购买的欲望,进而变成行动。可见搜索引擎的需求价值是由用户的需求数量和差异性形成的。

(2)检索价值。检索是一种动态概念,它同劳动、捕获是一样的,只是一种过程,并不具有实际意义,它的真正意义在于通过搜索引擎这种工具检索到的信息。检索到的信息有两类,即有用信息和无用信息。所谓有用信息是指对用户有价值的信息,这种检索称为有用检索;所谓无用信息是指那些已被搜索到的,仅具有浏览价值的信息,这种检索称为无用检索。检索价值是指那些有用检索所获得的价值。目前,我国互联网传媒的检索价值并没有单独统计,一般都是同互联网传媒的经营收入混在一起统计,表面上看,检索价值还不错,其实是很低的。也正因为这样,许多小型互联网传媒要么经营效益不理想,要么倒闭。互联网传媒检索价值低下的实质就是向用户提供的有用信息较少或质量较低,甚至提供的是无用信息,于是就出现了入不敷出、盈不抵债的现象,无法经营下去,只能宣布破产。可见,检索价值是影响互联网传媒运营的关键。因此,互联网传媒的经营者一定要牢牢抓住提高检索价值这个关键性问题,一定要牢牢抓住互联网传媒信息的质量,一定要牢牢抓住互联网传媒信息传递的主动权,这是互联网传媒在激烈的传媒市场竞争中立于不败之地的根本。

3. 网页价值

互联网的网页同报纸、期刊的版面、广播电视的频道一样,都是刊载信息的平台或空间。互联网的网页价值取决于三个条件,即网页及其容量、信息及其有用性和网页点击率。网页及其容量体现网络产品的总量,信息及其有用性体现网络产品内容的可信度、创新性和时效性,网页点击率体现对网络市场的占有率和规模。这三者的有效结合所产生的有用效益就是互联网的网页价值。

我国互联网发展很快,人们对于网页价值也很重视,但是如何科学的测定网页价值,如何扩大网页价值和实现网页价值的增值,现在还没有提到议事日程,有些网站,特别是那些小型网站目前还处在盲目状态,糊里糊涂地运营网站。

对于互联网传媒来说,网页价值具有重要意义。网页价值的实现和增值是互联网传媒生存和发展的基础,因此,要实现网页价值并保证网页价值的增值,必须提高网页的质量,必须对网页进行科学的定位,必须保证网页内容的科学性,必须与时俱进,对网页设计进行适时的改革和创新。

4. 互联网资源价值

我国的互联网资源相当丰富,它包括互联网传媒的软资源和硬资源。互联网传媒的软资源主要是指网民、IP 地址、域名、网站、网页、带宽等资源,它们是互联网传媒的基础性资源,是互联网传媒的本质特征决定的必备资源,是互联网传媒独有的资源;互联网传媒的硬资源主要是指基础设施、网络设备、光缆线路等资源,它们是由网络技术装备起来的再造资源,不仅互联网传媒可以开发利用,而且传统传媒也可以开发利用,是一种共享资源。不管是互联网传媒的软资源,还是互联网传媒的硬资源,其价值的大小取决于人们对其开发利用的深度和广度。目前在我国,由于人们对于互联网传媒的认知度还存在着差异,在管理上限制的较多,按照互联网传媒发展规律放的力度还不大,因此,科学的互联网传媒资源开发利用的环境还未形成,影响着互联网运营商和服务提供商开发利用互联网传媒资源积极性的发挥,许多可以投资的项目有待进一步开发。

(二)互联网外在价值

1. 网民价值

网民是指网络的使用者,它是一个宽概念,可以从年龄、性别、职业、学历、收入、爱好等角度对网民进行细分。可见,网民既是一个宽概念,又是一个很复杂的概念。网民的宽泛性和复杂性决定了网民价值的多层次性和多面性。不管怎样对网民进行细分,网民价值基本上表现在两个方面,即经济价值和社会价值。网民的经济价值多是通过其网上购买实现的,网民的社会价值多是通过博客、微博以及其他言论、行为等形式实现的。网络传媒的运营者应加强对网民的需求形式和网民价值实现形式的研究,以便采取有效措施保证网民需求形式和网民价值形式的实现。目前在我国,网民需求和网民价值多是在一些被扭曲的市场作用下自发实现的,缺乏一种规范化的引导,因此形成了网民需求和网民价值的不稳定性。网络传媒同其他传媒一样,它既具有对网民的服务性,又具有对网民的引导性。根据网络传媒的特点和我国市场的特点,网络传媒的运营者要促进网民价值的实现,现在应做好以下几项工作:(1)从理论与实践的结合上弄清楚网民的价值在哪里、网民怎样创造价值、网络运营者怎样实现网民的商业价值等关于提升网民价值的关键性问题,以便采取有效措施最大限度地提升网民价值;(2)认真研究网络传媒市场及其运营规律,科学引导网民消费,不断扩大网络传媒的影响力;(3)充分发挥网络资源优势,最大限度满足网民对网络信息的需求;(4)确定网民价值标准,引导网民树立诚实、公平、公正、和谐的价值观;(5)尊重意见领袖,发挥意见领袖对网民的影响作用;(6)适时调整对网络传媒发展的相关政策,营造网络传媒发展创新的良好环境。

2. 互联网广告价值

广告是商品经济的产物,是市场营销的一种手段,同时也是一种文化产业;广告是依附于传媒经济的一种经济形式,是人们获取信息的一个渠道;广告是传媒经济的一种形态,它的发展既具有广告产业的特点,又是传媒经济发展的一种体现。互联网传媒的出现把现代传媒推向了一个新阶段,所以要发展互网传媒必须重视互联网广告的作用,必须重视互联网广告价值的实现。那么,互联网的广告价值体现在哪里呢?在传媒社会,广告价值体现在互联网站的品牌中、体现在互联网广告产品的质量中、体现在互联网传媒市场的健康发展中,体现在互联网传媒政策体系的完善过程中,体现在互联网传媒人的素质提高的过程中。一句话,互联网广告价值是同互联网传媒的成熟程度成正比的,因此,要提升互联网广告价值,首要的任务是促进互联网传媒的发展,稳定互联网传媒的主体传媒地位,保证其健康发展。

现在,我国的互联网广告已经走过了 15 个年头,据尼尔森 2009 年度中国互联网广告市场报告显示,2009 年我国互联网广告市场价值达 180 亿元,比 2008 年增长 36.9%。但是到了 2010 年,我国互联网广告投放总量却下降到了 140 亿元。不管是 180 亿元,还是 140 亿元,对于年轻的互联网传媒来说,都是一个了不起的成绩,但是还有许多遗憾,值得我们反思。

就传媒竞争环境来说,自互联网广告运营以来一直都是在传统传媒的强势压力之下运营的。我国的传统传媒一方面大讲新传媒占领了他们的广告阵地,造成了传统传媒广告收入的下降,另一方面又在快速发展。传统传媒的快速发展主要表现在两个方面,即规模的快速扩大和广告经营效益不断提高。在规模上,到 2010 年,我国的广告经营单位与从业人员继续稳步增长,全国共有广告经营单位 24.4 万家,比 2009 年增长 18.76%,广告从业人员已有 148.5 万人,比 2009 年增长 10.91%。在经营效益上,到 2010 年我国广告经营额已达 2341 亿元,比 2009 年增长 300 多亿元,增长率为 14.67%,高于国内生产总值 10.3% 的增速,比 2009 年 7.45% 的增长率大幅上扬 7.22 个百分点。其中电视广告经营收入 679.8 亿元,同比 2009 年 536.2 亿元实现 26.79% 的收入增长,远高于 2009 年的 6.92%;报纸广告经营收入达 381.5 亿元,同比增长 2.98%;期刊广告收入达 32.2 亿元,同比增长 6%;报刊广告经营收入合计达 413.7 亿元,在全国广告营业额 2341 亿元的总额中占 17.68%;有线电视广告经营收入达 742.3 亿元,比 2009 年同期增长 13.5%;广播广告经营收入达 96.3 亿元,比 2009 年同期增长 34%。在传统传媒强势发展的环境条件下,互联网传媒广告经营收入的增长速度不断加快,应该说是获得了了不起的成绩。

就互联网广告的特点来说,现在还是一个盲区,不仅互联网传媒人没有弄清楚,传统传媒人也没有弄清楚,否则传统传媒人也就用不着担心互联网传媒广告占领传统传媒广告市场了。那么,互联网传媒广告的特点是什么呢? 与传统传媒广告相比较,除了在广告策划、广告制作、广告传播等理论方面与传统传媒广告基本相同外,互联网广告还具有散、多、小、精、活、广等特点。散,是指广告用户散、点击的时间散;多,是指广告内容涉及的品种的种类多;小,是指广告涉及的内容多是与人们的工作、生活息息相关的小产品、小事情,不易做大型广告;精,是指广告的语言、画面精,能让用户在随意点击过程中了解广告的全部内容;活,是指广告传播方式要灵活多样;广,是指广告内容涉及的面广、用户量广等。

从对互联网传媒广告特点的分析可看出,互联网广告并没有什么神秘之处,那么,互联网广告为什么还不尽如人意呢? 其关键在于互联网传媒人的观念问题。所以,要提升互联网广告价值,必须转变观念。具体来说,当前应转变三种观念和营造一种互联网传媒广告增值的运营模式。所谓转变三种观念是指:其一,转变互联网传媒产业就是企业的观念。互联网既然是一种传媒产业,它必须按照传媒产业的运营规律性开展经营活动,这样才能真正发挥互联网传媒的优势。其二,转变互联网经营就是互联网广告经营的观念,因为广告经营只是互联网经营的一种形式。其三,转变按照传统传媒广告经营模式去经营互联网广告的观念,要充分体现互联网广告的特点。营造一种互联网传媒广告增值的运营模式,是指改变目前的通过服务的形式实现价值转移的单一广告产业结构升级为实现价值转移和直接创造新价值的双重广告产业结构。不管是互联网传媒的广告经营者,还是传统传媒的广告经营者,他们在提升广告产业的经营效益时,在观念上有一个关键性的误区,即认为以广告经营收入的形式表现出来的"广告价值"是由广告人创造出来的。由于这一关键性误区的长期存在,广告人为了获取更多的广告收入,报刊传媒无限扩大广告版面,广播电视传媒无限延长播出时间,网络传媒是见缝插针、无孔不入,造成了大量的虚假广告泛滥,影响了广告的声誉,影响了传播媒介的权威性。那么,广告价值是谁创造出来的呢? 它是由社会生产部门的劳动者在剩余劳动时间创造出来的以广告投放的方式转移给广告经营者的那部分剩余价值。可见,现在我国广告部门的劳动者是不创造新价值的,他们的劳动(服务)只是实现价值的转移。所以,要保证我国广告产业持续、快速、有序的发展,一定要在有效开发利用现有广告资源的同时,采取有效措施,促进广告产业职能转变,推进广告产业升级。

3. 互联网运营模式价值

运营模式是企业或文化产业运营者十分关注的一个重要问题,它对于企业或文化产业的兴衰具有重要意义,许多企业或文化产业由于对运营模式的选用不当而造成倒闭的案例很多,因此互联网传媒作为一种新型的文化产业,要发展就必须选择科学的运营模式。

运营通常解释为企业或文化产业运营者对其经营过程的计划、组织、实施和控制;模式是对解决问题方法的归纳或理论的概括,它具有高度的指导性,有助于任务的完成,有助于提高企业或文化产业的经营效益。可见,运营模式是企业或文化产业运营者在经营过程中应遵循的规范和准则,是经营实体价值判断的依据和理论概括。互联网传媒是一种传媒产业实体,选择适当的运营模式对于判断互联网传媒的价值就有了依据和理论评判标准。

那么,衡量互联网运营模式价值的标准是什么呢? 主要有三项标准:一是互联网传媒价值的实现度,二是互联网传媒的可信度,三是网站品牌的知名度。互联网运营模式价值的"三度"标准,既是衡量互联网运营模式价值的标准,又是选择互联网运营模式的标准,同时也是衡量网站运营效益的标准。

4. 互联网市场价值

市场价值是一个传统的概念,是马克思在 100 多年曾使用过的概念。马克思说:"市场价值,一方面,应看做是一个部门所生产的商品的平均价值,另一方面,又应看做是在这个部门的平均条件下生产的、构成该部门的产品很大数量的那种商品的个别价值。"[1]具体来说,市场价值就是指某类资产在交易市场上买卖双方都能接受的价格。在一个成熟的市场经济社会里,市场价值与某类资产的内在价值基本上是相等的,即使在一段时间里不相等,由于价值规律作用的结果,最终还是会使市场价值与某类资产的内在价值处于基本平衡的状态。

从理论意义上讲,互联网市场价值也就是互联网传媒产业在"平均条件下生产的、构成该部门的产品很大数量的那种商品的个别价值",或者说是把互联网传媒产业"看做是一个部门所生产的商品的平均价值"。现在,我国互联网预期价值与互联网传媒已实现的价值很不一致。就中国移动互联网传媒来说,2011 年第一季度它的市场规模已达 64.4 亿元,同比增长 43.4%,环比增长 23.0%,但是移动互联网市场价值的开发还不足 1%。一个市场格局基本稳定的移动互联网传媒市场价值的开发还不足 1%,那么,那些市场格局尚未稳定的互联网传媒市场价值的开发率就更低了。可见,我国互联网市场的潜力很大,有待于进行科学开发。

---

① 《马克思恩格斯全集》第 25 卷,人民出版社 2008 年版,第 199 页。

四、互联网宏观运营模式

目前,在我国互联网传媒界对于互联网宏观运营模式的认知基本上还处在一个盲区或者说是一个混沌阶段,常常自觉或不自觉地把互联网传媒业务和采取的某些手段视为互联网运营模式。如果这样界定互联网运营模式,我国的互联网运营模式不知有多少个,现在仅有文字记载的或在互联网上能检索到的所谓互联网运营模式大致有:在线广告、彩信、网站销售、网络游戏、搜索竞排、产品招商、分类网址、信息整合、付费推荐、抽成盈利、广告中介、信息服务、网站收购、增值服务、会员费制、交易提成、在线教育、交友服务、电子商务、软件外包等,另外,甚至有人还把一些非法骗人的手段视为一种运营模式,并说:这样的运营模式很简单,在家、在办公,只要轻松点击就可以赚钱等等。这样的认知互联网运营模式,并把它们作为互联网运营模式进行实施是很危险的,这是造成我国互联网价值低下的网内原因,必须从理论上和实践上彻底纠正,正本清源,真正弄清楚什么才是我国真正地互联网运营模式。

根据互联网传媒的属性和功能的基本要求以及互联网传媒运营模式的基本原则,在总结互联网传媒多年运营经验的基础上,当前我国互联网传媒的宏观运营模式主要有三种类型,即产业化运营模式、"四化"结构运营模式和其他运营模式。

(一)产业化运营模式

互联网产业化运营模式就是指互联网传媒运营者按照产业运营的原则和标准对互联网传媒产业运营过程实施计划、组织和控制的一种完整体系。互联网产业化运营模式的确立需要三个条件:(1)在思想上、理论上、政策上明确互联网传媒是一种文化产业;(2)市场经济必须得到充分的发展,市场机制必须对互联网传媒活动起着有效的调节作用;(3)在实践上互联网传媒能够开展文化产业运营。只有具备了这三个条件,并能实现三个条件的有机结合,互联网产业化运营模式的作用才能真正地得到发挥。

1. 互联网传媒产业的思想、理论和政策

产业是一种具有经济力(即生产力、市场力、服务力、协作力、衍生力的合力)的联合性经营实体。具体来说,产业是指生产具有同性质产品的生产单位所组成的生产群体,或是具有同类社会经济职能的社会经济单位所组成的群体。它的内涵与外延具有很强的弹性,可区分为三类,即第一产业、第二产业和第三产业。产业是一个动态的生产群体或经济群体,在社会发展的不同阶段上,各类产业在产业群体中所占的比重是发生着变化的。有些产业部门,随着社会生产力水平的提高,科学技术的发展和广泛应用,将会在产业群体中所占的比重下降或消失;有些产业部门由于社会分工的深化,将会产生、发展和壮大。文化产业群是随着信息社会的到来而逐渐形成的新兴产业。

互联网传媒产业是传媒产业群众中的分支产业,在传媒产业的总体上它们是我国文化产业的主体产业。根据我国的文化产业政策和文化产业标准,互联网传媒产业是指那些从事文化产品生产和提供文化服务的经营性行业。我国的文化产业可区分为三个层次:(1)文化产业核心层,包括新闻、书报刊、音像制品、电子出版物、广播、电视、电影、文艺表演、文化演出场馆、文物及文化保护、博物馆、图书馆、档案馆、群众文化服务、文化研究、文化社团、其他文化等;(2)文化产业外围层,包括互联网、旅行社服务、游览景区、文化服务、室内娱乐、游乐园、休闲健身娱乐、网吧、文化中介代理、文化产品租赁和拍卖、广告、会展服务等;(3)文化产业相关层,包括文具、照相器材、乐器、玩具、游艺器材、纸张、胶片胶带、磁带、光盘、印刷设备、广播电视设备、家用视听设备、工艺品的生产和销售等。

互联网产业是文化产业群中的新军,是文化创意产业的主体,是依靠创意人的智慧、技能和天赋,借助于高科技对文化资源进行创造与提升,通过对知识产权的开发和运用,产生出高附加值产品,具有创造财富和就业潜力的产业,主要包含文化产品、文化服务与智能产权三项内容。

互联网传媒同传统传媒一样都具有两重性和两种功能,即经济属性、社会属性(或政治属性)和产业功能、宣传功能。自 1996 年起,我们党和政府从文化产业的角度制定了许多指导互联网传媒发展的政策。2010 年 1 月 13 日,国务院总理温家宝主持召开国务院常务会议,决定推动电信网、广电网、互联网互联互通,2012 年前推广广电和电信双向进入试点,2015 年全面实现三网融合发展。2010 年 10 月 15—18日胡锦涛总书记在党的十七届五中全会上强调指出:要提升国家文化软实力,满足人民群众不断增长的精神文化需求,就要"基本建成公共文化服务体系,推动文化产业成为国民经济支柱性产业。"党和国家的这一系列政策为互联网传媒的发展指明了方向。

2. 市场经济必须得到充分的发展,市场机制必须对互联网传媒活动起着有效地调节作用

随着我国市场经济的不断成熟,我国传媒人对于市场机制调节作用的认识不断提高,除新闻产品以外的其他传媒产品逐步走上了市场,市场机制开始对传媒产业发挥作用。市场机制作用的发挥,一方面打破了我国传媒只宣传市场不利用市场的局面,另一方面有效地提高了我国传媒产业的运营效益。

对于互联网传媒来说,由于他的起步与传统传媒不同,市场机制对于互联网的调

节作用相对于传统传媒来说要宽泛得多，直接得多。但是，由于我国互联网传媒起步于我国市场经济发展的初期，彼时计划经济的思想和行为都还严重地影响着互联网传媒的管理者，正因为这样，直到现在互联网传媒都还没有摆脱传统观念的影响和束缚，这是我国互联网传媒发展速度快而效益不能同步提高的一个重要原因。

市场机制对互联网传媒运营的调节作用是同我国传媒市场的成熟程度成正比的。从历史的角度分析，我国的传媒市场在新中国成立以前就有一定的发展，不过那时的传媒经济是私有制经济。尽管如此，市场机制对于当时的传播媒介还起着调节作用。新中国成立以后也曾对传媒的市场机制问题进行了探索。由于历史的原因，我国曾一度取消了市场经济，市场机制的调节作用也就不存在了。1978年党的十一届三中全会以后，我国的市场经济又得到发展，市场机制又开始在经济社会各部门开始发挥一定的作用，特别是在传媒经济部门，市场机制的作用也得到了相应的发挥。市场机制对传媒发挥调节作用的历史告诉人们：市场机制作用的发挥是同市场经济的发达程度相联系的，现在我国已经是市场经济，而且已有了相当程度的发展，市场机制必然对经济社会各部门起着调节作用，当然对于互联网传媒也起着调节作用，这是市场经济发展的必然规律，只能顺应其发展，任何违背规律的行为，都要受到规律的惩罚，对事业的发展是有害的。互联网传媒要实现发展速度与效益的一致性，就必须充分发挥市场机制对互联网传媒的调节作用。

3. 在实践上互联网传媒已开始了文化产业运营

我国传媒产业的兴起与发展是从1979年春由传媒广告产业开始起步的，经过三十多年的探索，现在已基本上寻觅到了具有中国特色的传媒产业发展模式。目前我国的传媒产业开始了由单一的广告经营向综合性的传媒产业经营过渡。

对与互联网传媒来说，虽然它的起步是以产业化的身份出现在传媒市场上。我国互联网传媒产业与我国的传统传媒产业一样都是从经营广告产业开始起步的。1997年3月我国的第一条商业性的互联网传媒广告出现在Chinabyte网站上，互联网传媒从那时起开始了产业经营。同年，由于信息技术（IT）的进步和市场经济的发展，"技术拉动型"的我国的电子商务开始了运营，到2010年电子商务的经营收入突破了4.5万亿人民币，相当于传统传媒产业经营收入的四倍。现在，互联网传媒产业正朝着多种经营的方向发展，为在文化产业群中树立互联网传媒的品牌形象做出努力。不过需要指出的是，现在互联网传媒所做的这些产业化运营的努力都是一种不自觉的行为，带有很大的盲目性。今后按照产业化运营模式实施互联网传媒产业化运营的首要任务就是变盲目性为自觉性，这是保证互联网传媒产业健康发展的关键。

（二）"四化"结构运营模式

我国的传媒"四化"结构运营模式既是对九十年来我们党的传媒实践的总结，又是改革开放三十多年来对于我国传媒作用全面发挥的科学概括。我国互联网传媒从它诞生那天开始就是在传媒"四化"结构运营模式的框架下运营的,不过这种运营模式不仅不是自觉地,而且常常自觉或不自觉地摆脱传媒"四化"结构运营模式框架的要求,严重的影响了互联网传媒的健康发展。

传媒服务化是互联网传媒乃至我国整体传媒发展的一种趋势,主要是从文化产业或信息产业的角度对传媒产业的走势所作的判断或预测。传媒产业是一种文化产业,而且是文化产业群中的支柱性产业和主体产业,是提供公共文化服务的核心产业,是国民经济支柱性产业群中的重要文化产业,它的核心任务就是为建设中华民族共有的精神家园、增强民族凝聚力和创造力提供更好的优质服务。传媒产业通过提供服务的形式,保证传媒文化引导社会、教育人民、推动发展功能的实现。传媒产业是一个重要的信息产业部门,它的一项重要任务就是向社会各部门、各行业提供有效的信息服务。随着信息社会的发展,传媒产业的服务化走势将会更鲜明地表现出来,而且服务的内容和形式将会更加丰富多彩。

传媒产业化是互联网传媒乃至我国整体传媒发展的一种趋势,现在在传媒界已基本形成共识,但是这种共识还仅仅停留在对传播媒介自身资源的开发利用的层面,这是传媒产业化的初级阶段,我们已在观念上得到了初步解决。传媒产业化作为我国传媒发展的一种趋势,就不能把传媒产业化停留在初级阶段,应该把传媒产业化推向一个更高的阶段。传媒产业化高级阶段是指在传媒产业化初级阶段的基础上,传媒产业应实施跨部门、跨行业、跨区域运营,充分发挥传媒产业的在文化产业群中的支柱性作用和主体作用。

传媒融合化是互联网传媒乃至我国整体传媒发展的一种趋势,可以从两个角度去分析:一是传媒产业群内部的融合,二是传媒产业群外部的融合。对于传媒产业群内部的融合,现在虽然传媒人的认识还存在着差异,但是在融合的总体上认识还是一致的,并且已有了行动。对于传媒产业群外部的融合,这还是一个新问题,可能还没有思想准备。事物的发展规律就是这样,当人们还没有思想准备的时候,它已经悄悄地来到了人们的面前,迫使人们去认识它、理解它,然后按照它的要求去行动。我国传媒产业发展的历史已清楚地告诉了人们这一事实。

传媒文化与经济社会发展一体化是互联网传媒乃至我国整体传媒发展的总趋势,同样也是在人们还没有思想准备的情况下出现的一种传媒经济现象,而且来势很猛,发展速度很快。比如传媒与城市发展、传媒与企业振兴,就是这种传媒现象的一种表现。那么,如何科学解读这种传媒现象呢?传媒文化与经济社会发展一体化就是指在经济社会发展过程中传媒文化起着重要作用,从文化产业是国民经济的支柱性产业的角度体现着传媒文化对经济社会发展所起的作用。也就是说,传媒文化已渗透经济社会发展,使传媒文化成为社会生产力的重要组成部分,把传媒的经济属性充分地体现出来。

根据我国传媒发展走势的要求,互联网传媒发展的总体战略应同我国的文化产业发展的总体战略保持一致,即应同我国推动文化产业成为国民经济支柱性产业的发展战略保持一致。

五、互联网微观运营模式

我国的互联网站很多,但是大型的互联网站很少,这样就决定了很多小型网站不可能照抄照搬互联网宏观运营模式的整体架构,只能在宏观运营模式的架构下创造新兴的、适应小型网站特点的运营模式。比如微博网,如果从 2009 年 9 月新浪购买的第一个微博域名 weibo.com.cn 算起,微博也只有两岁;如果从 2011 年 4 月 6 日新浪正式启用 weibo.com 作为新浪微博业务的独立域名算起,微博才只有半岁;如果从 2007 年 5 月到 2008 年年初我国微博发展的引入期算起,微博也不过 3—4 岁。可是,就在这短短的时间内,我国的微博发展速度却是惊人的。据中国互联网络信息中心(CNNIC)发布《第 28 次中国互联网络发展状况统计报告》显示,2011 年上半年我国微博用户数量从 6311 万增长到 1.95 亿,半年增幅达 208.9%,在网民中的使用率从 13.8% 提升到 40.2%。手机网民使用微博的比例也从 15.5% 上升至 34%。互联网传媒的高速发展,对运营模式的要求必然是多样化的,企图用一种运营模式是不利于互联网传媒发展的。但是应该明白:不管采用何种运营模式,都必须同产业化运营模式相适应,必须同“四化”结构运营模式相适应,因为这些宏观运营模式都是根据传媒的发展规律和我国传媒运营实践总结出来的科学的运营模式。

我国的互联网传媒不仅发展速度快,而且数量多、经营的内容差异性很大,为了分析的方便,拟以当前我国出现的“客文化”为例进行分析。

(一)“客文化”现象

“客文化”是随着网络传媒的形成和发展而出现的一种虚拟文化,是一种具有个性、即时性、开放性、交互性、合作性的文化,是民生文化的一种形式,是网络传媒时代出现的一种新兴文化。“客文化”的形成,一方面说明了民主社会的到来,另一方面说明了提高社会人素质、强化社会人自律意识已提到了议事日程。为了有效地提高人们的自律意识,必须加强对“客文化”的研究,为引导“客文化”的健康发展提供理论上的支撑。

目前在我国网络传媒领域出现的“客文化”现象是由博客、播客、微博客、维客、黑客、红客、换客、试客、晒客、"调客"、印客、帖客、威客等"客文化"元素组成的整体。根据不同的"客文化"概念构成的特点,目前我国的"客文化"大致可区分为六类:(1)共享型"客文化";(2)合作型"客文化";(3)技术型"客文化";(4)智慧型"客文化";(5)商务型"客文化";(6)服务型"客文化"。

共享型"客文化",主要是指博客文化和播客文化(其他"客文化"也都具有一定的共享性特征)。博客是一种网络传播媒介,它可以为任何一个网民提供信息发布、知识交流的平台,博客使用者可以很方便地获取自己所需要的信息;播客也是一种网络传播媒介,它可以先把数字声音文件或影像文件上传到互联网,用户可以点击下载或在线试听。播客网站可区分为音频播客网站、视频播客网站、综合性门户网站的播客频道等。不管是博客网站,还是播客网站,所提供的信息都具有共享性,这既是博客文化和播客文化的共性特征,也是博客传媒和播客传媒经营者尚未认知网络传媒分众化特性的表现,把分众化传媒当做大众化传媒去经营,这是博客传媒和播客传媒长期不能够快速发展的一个重要原因。

合作型"客文化",主要是指维客文化。维客是一种多人协作、合作的"客文化"系统,因此,维客网的每一个页面都是由网友共同编纂,正因为这样,维客是一个处在不断更新、不断完善过程中的网站。

技术型"客文化",主要是指黑客文化和红客文化。黑客是指那些具有精通计算机技术,并利用这种技术在未经同意的情况下进入计算机信息系统的人。主要有两类人,即经典黑客(指那些对神秘而深奥操作系统由衷感兴趣的人)和骇客(指恶意的黑客或那些强行闯入终端系统、干扰终端系统完整性的人)。黑客大都是握有高技术的专业人士,而且对技术的痴迷达到了令常人难以理解的程度。在国家存在的条件下,国家之间、民族之间的冲突是经常发生的,那么,在网络时代,黑客为了本国、本民族的利益而攻击对立的国家、民族就成了一种常见现象。出于这种为实现政治目的而实施攻击的黑客在我国称为红客。

智慧型"客文化",主要是指威客文化。威客是指那些通过互联网把自己的智慧、知识、能力、经验转换成实际收益的人,他们在互联网上通过解决科学、技术、工作、生活、学习中的难题从而让知识、智慧、经验、技能转化为生产力,进而体现其经济价值。目前,威客主要有积分悬赏、现金悬赏、知识出售、威客地图等四个形式。

商务型"客文化",主要是指换客、试客、晒客、调客、印客、帖客等"客文化"。"换客"是指那些利用网络传媒进行以物易物或进行虚拟物品交换的人。在交换的过程中,"换客"们并不遵守"等价交换"的原则,他们遵循的是"需求决定价值"的理念和"个人需求为主"的交换原则。"试客"是指那些通过互联网平台免费索取商家试用赠品的网民。"试客"的这种行为事实上是厂商营销所需要的。从这个角度来分析,

"试客"的行为是一种参与产品的营销活动。"调客"是那些在专门网站上以电子调查问卷赢取积分为业的人。在我国,随着市场经济的发展,经营者十分重视市场调查,但是,由于专业调查机构的高昂费用使许多经营者越来越多地选择了网络调查,为"调客"的发展创造了条件并且提供了机会。印客是指那些以互联网为渠道,把网民所写的、画的、摘录的文字和图片变成具有永久保存价值的个性化印刷品的人。帖客是指那些根据悬赏发布者的要求到各大论坛发帖,并对其商品进行宣传,进而获取一定报酬的人。

目前在我国,商务型"客文化"还是一种新兴文化,正处在发展期,有很多不成熟的地方,有待于在实践中去丰富它、发展它、完善它。

服务型"客文化",主要是指博客、播客、微博客、晒客等,它们把属于自己的信息发在网络上供网民们分享。比如晒客,它们在网络上展示自己的私人用品、私人生活、经历、心情等供大家分享。

"客文化"是一种发展中的文化,随着网络传媒的发展,一方面会不断地产生着新的"客文化"元素,另一方面还会淘汰一些过时的"客文化"元素,于是就决定了"客文化"类型的变化。可见,"客文化"是一个动态性概念,所谓对"客文化"的分类仅仅是根据已显现的"客文化"元素而得出的结论。

(二)"客文化"运营模式

"客文化"虽然是一种网络文化、是一种新文化,但是,它既然是一种文化,就必然具有两重性,即经济属性和政治属性。前者决定"客文化"是一种产业,后者决定"客文化"是一种事业。在我国,人们对于文化事业的特点、功能的认知度是比较高的,对于文化产业的特点、功能的认知度还比较低,特别是对"客文化"产业的认知度就更低,这是我国"客文化"不能快速发展的一个重要的思想认识上的原因。为了促进我国"客文化"的健康、快速发展,必须加强对"客文化"产业运营模式的研究,以便依据"客文化"的不同特点选择能适应"客文化"产业特点的最佳运营模式。

目前,我国"客文化"产业的运营模式很多,概括起来主要有三种运营模式,即广告营销运营模式、商品销售运营模式、"智库开门"运营模式等。

1. 广告营销运营模式

实施广告营销模式的主要有博客网站、播客网站和微博客网站等。比如博客网站,他们在总体上虽然采用了博客产业链各环节(即内容创作、加入广告、整合打包、博客服务商发布博客、博客搜索引擎、RSS 阅读器阅读、最终读者等七个环节)整合运营模式,但是真正使博客网站盈利的还是广告营销模式。播客网站常用的广告形式主要有:显性广告、隐性广告、名人开博效应、博客广告联盟等。还比如播客网站采用的贴片视频广告、微博客网站采用的明星微博等都属于广告营销模式。

广告运营模式是传媒产业运营的一种重要模式,但是,它不是传媒产业盈利的唯一模式,也不是任何一种传播媒介都可以充分利用的模式。广告即广而告之,它是适合于大众传媒运营所采用的经营模式,对于分众传媒来说,传统广告的广而告之的优势地位已基本丧失,企图用分众传媒去承担大众传媒所承担的广告传播的任务是很难取得理想效益的。如果不去分析分众传媒与广告的关系,坚持穿新鞋走老路,"客文化"产业是很难发展的。

2. 商品销售运营模式

商品销售模式是自商品社会产生以来人们一直都采用的一种模式。由于社会生产力的发展,人们再实施商品销售模式的具体手段虽然有一定的变化,但是商品销售模式的本质并没有改变。就目前我国"客文化"产业的商品销售模式来说,大致有以下几种具体运营模式:协作营销模式、知识出售模式、易物交换模式、品牌推广模式、劳务出售模式等。(1)协作营销模式是维客网站采用的一种模式,它的基本做法是:维客网站与电子商务运营商合作,借助网站协作模式设立的相关品牌条目同购物网站合作,为需要的人提供购物指导,并提供购物网网址链接。对于这样的运营方式有人并不认为它是商品销售模式,而认为是一种广告营销模式,这其实是一种错觉,维客网站的行为已不是单一的广告宣传,而是直接销售商品。(2)知识出售模式是黑客采用的一种模式,他们通过出售黑客工具、出售盗取的信息、出售技术、开办黑客培训班等方式来获取盈利。(3)易物交换模式是换客采用的一种模式,他们通过物物交换、物务交换、务务交换等方式来获取盈利。(4)品牌推广模式是试客网站采用的一种营销模式,他们的基本做法是通过试客网站中的虚拟社区,对试用者反馈的信息进行分析、加工,进而整理出对产品销售有意义的信息,使产品更贴近市场需求,提高品牌的影响力,进一步扩大试客族市场和社会消费市场。(5)劳务出售模式是一种普遍被使用的模式,从网络传媒的角度来分析,劳务出售模式是调客网站使用的一种模式。在市场经济条件下,市场调查是经营决策的一个重要环节,许多部门都需要市场调查,都需要获取最直接的第一手材料。调客网站采用这一模式,一方面满足了市场的需要,另一方面又创立了一个新职业——调客,既解决了一部分人的就业,又使调客网站获得了盈利,是一举多得的创新模式。

3. "智库开门"运营模式

目前在我国,智库是人们关注的一个重要概念。那么,如何建立智库,如何管理智库,如何运用智库,如何有效地开发利用智库资源,还是新课题。不过,猪八戒网(威客网站)的经营者用他们的"客文化"运营模式科学地回答了这个问题。威客网站的用户有两类:一类是向网站提出需求(简称为"一类用户");另一类是向网站提供能够满足"一类用户"需求的实施方案(简称为"智囊团"),而网站就是"一类用户"与"智囊团"的"中介"。"一类用户"、"智囊团"、"中介"三方组成了猪八戒网站的"团队","中介"的任务就是向"一类用户"寻求需求,向"智囊团"招标能够满足"一类用户"需求的实施方案。如果"智囊团"提供的方案得到了"一类用户"的认可,"智囊团"便可获得约定的报酬,网站也可获得一定的盈利。由于这种运营模式的实质是出售"智囊团"的点子,把属于"智囊团"内部的智慧资源推向了社会,使其公开化,故称为"智库开门"运营模式。

(三)"客文化"运营模式创新

新文化产业、文化创意产业本身要求"客文化"产业运营必须创新,否则,不仅对"客文化"发展不利,而且也不符合文化创意产业发展规律的要求。文化创意产业具有三种功能:一是具有很强的发展能力;二是能够促进经济社会的发展,提高 GDP 的增长速度;三是提高社会就业率。据统计,我国文化创意产业增加值占全国 GDP 的比重每提高一个百分点,就可以多提供 453.3 万人就业,在某些国家甚至可以多提供 1000 万人的就业。在发展"客文化"的过程中,应以文化创意产业三种功能的实现度为标准来衡量"客文化"产业的影响力。在文化创意产业三种功能中提高文化创意产业增加值占全国 GDP 的比重是强化"客文化"产业影响力的基础。因此,各种类型的"客文化"产业机构都必须重视经营活动的回报率(包括社会效益回报率和经济效益回报率),这也是"客文化"产业运营模式创新的重点。

目前,我国的"客文化"产业发展很快,各种类型的"客文化"产业机构大约有 20 多种,但是真正实现"客文化"产业运营模式创新的并不多,大部分"客文化"网站基本上还是采用传统传媒产业的运营模式,或者是变相地采用传统传媒产业的运营模式,很少创新,或者基本没有创新,也正因为这样,在我国"客文化"网站出现了大量的"烧钱"现象,有的网站已连续烧了五六年甚至七八年,还要烧多久呢? 网站经营者也说不清楚。既然这样,投资商为什么还不断地投资呢? 原因很简单,作为投资商来说,他们已经清楚地看到"客文化"产业是一个很有发展前途的新兴文化产业;作为直接运营商来说,还没有弄明白如何经营"客文化"产业,自觉或不自觉地用老办法去经营新兴的文化产业,吃了亏还不知道是什么原因造成的。怎样解决这个问题呢? 最好的办法就是提高"客文化"产业运营模式的创新能力,不断提高"客文化"产业运营者的素质。

"客文化"产业运营模式创新要求"客文化"网站的经营者应根据不同网站的不同特点创造性的经营。比如猪八戒网的经营者,他们根据威客网站的特点,创造性地归纳出一套经营智慧的方略,即"智库开门"运营模式。智库是当前人们谈论的一个热门话题,智库经营更是一个热门话题,也是一个前沿问题。智库可区分为两类,即内库和外库。所谓内库是指决策者的头脑库和决策者团队的头脑库;所谓外库是指由国家各级研究机构所组成的智库和各类民间研究机构及个人所构成的智库。目前在我国,对于智库资源的开发利用基本上还是停留在对内库资源开发利用的范围内,特别是对决策者的头脑库资源的开发利用上,对于其他智库资源利用的很少,有一些智库资源还没有得到开发。猪八戒网站的经营者从对民间智库资源开发入手,创造了一个新的"客文化"产业运营模式,并取得了理想的效益。

(四)"客文化"产业发展走势

"客文化"是网络文化体系的重要组成部分,其发展走势是同网络文化产业的发展相联系的,并受网络文化产业发展的制约。

在我国,网络文化还处在形成过程中,但是作为网络文化产业的经营者必须在把握其现状的基础上准确地判断其走势,只有这样,才能建设有中国特色的网络文化,才能更好地弘扬中华民族的传统文化。

从人类社会发展的角度来分析,作为一种文化,大致区分为三个时期,即单一行业文化时期、多行业并存的文化时期和综合文化时期。所谓单一行业文化时期主要是指猿人文化时期和一字型大农业文化时期;所谓多行业并存的文化时期主要是指十字型大农业文化时期和整个大工业文化时期;所谓综合文化时期主要是指信息文化时期。网络文化就是在综合文化时期形成的一种文化形态。根据综合文化时期的特点,任何一种文化形态的存在和发展,在自己的机体内不仅具有能反映自身特点的文化要素,而且还必须拥有与其相关的文化要素。就网络文化来说,它是一种知识文化、信息文化、传媒文化,这就意味着网络文化形态既具有网络文化要素,这是根本,否则,所谓网络文化也就不可能存在;同时还意味着这种网络文化形态体内还拥有一定的知识文化、信息文化、传媒文化。网络文化的这种特点要求网络文化必须同知识文化、信息文化、传媒文化相融合,进而形成有中国特色的网络文化。

那么,怎样建设有中国特色的网络文化呢?当前人们所探索的三网融合就是建设有中国特色的网络文化的重要一步。电信、电视、互联网的融合是我国网络文化发展的一种趋势,是三网在技术、业务、管理、服务、市场等诸多方面的融合,对网络文化的物态层、制度层、行为层都产生着重要影响。

历史经验证明,任何一次技术革命必然对文化产生着重要影响。三网融合的实质也就是一场网络革命,必然会引起网络文化的变革,所以在建设具有中国特色网络文化的过程中认真探索网络革命是十分必要的。

实施三网融合并不是建设有中国特色网络文化的唯一方式,根据网络文化是一种综合文化的特点,它同其他文化形态具有密切的关系,因此要建设具有中国特色的网络文化还要实施网络文化同中国的传统文化的融合,还要实施网络传媒同传统传媒的融合,建立全国一体化的传媒网络,这是实现具有中国特色网络文化的关键。

根据对网络文化的分析,作为网络文化体系重要组成部分的"客文化"必须同网络文化的发展保持一致。在此前提下,有计划地规划"客文化"的发展,既要保证"客文化"作用的发挥,又要保证"客文化"的健康发展。根据我国"客文化"的现状,要保证"客文化"的健康发展,当前应注意抓好以下几项工作:一是在理论上科学认知"客文化"的性质、地位和作用以及"客文化"与社会主流文化的关系;二是在实践上努力探索"客文化"的发展规律,以便采用具有创新性的运营模式,有效发挥"客文化"在经济社会发展中的作用;三是强化人才培养,不断提高"客文化"产业的经营与管理水平。

总之,目前我国的"客文化"发展还处于萌芽状态,有许多问题需要研究和解决,这里所分析的仅仅是从文化产业运营的角度做了一点研究,如果把"客文化"纳入宏观的文化体系去研究,它会涉及很多新的深层次的问题。为了保障"客文化"的健康发展,应该从现在起加强对"客文化"的管理和引导,用先进文化引领"客文化"发展,以便在全国范围内营造和谐健康的"客文化"氛围。

六、结束语

目前,互联网传媒虽然已得到社会各界的关注,但是由于我国互联网传媒发展得太快,有许多问题急需要解决而又没有得到解决。究其原因,其一,有些问题虽然已经显露出来了,但是我们还尚未认识;其二,有些问题本应该发生,但是由于人为的原因,被掩盖了起来;其三,有些问题本来就是互联网传媒发展过程中的一种必然现象,但是由于我们对这种现象尚未认识,人为地把它作为一种非正常现象用行政手段把它压回去;其四;由于互联网传媒发展太快,许多问题提前出现或集中出现,再加上我们没有充分的思想准备,缺乏对这些问题的认知,往往自觉或不自觉地把它当成错误的东西,由此产生了对互联网传媒的一些错误看法;其五,由于互联网传媒发展太快,我们还缺乏管理互联网传媒的经验。鉴于这种状况,当前要实现互联网传媒的价值,充分发挥互联网传媒运营模式的作用,促进互联网传媒的健康发展,重点要解决两个问题:一是提高对互联网传媒的地位和作用的认知度,加强互联网传媒建设;二是强化对互联网传媒的科学管理。

（一）转变观念，提高理论水平，加强互联网传媒建设

2007 年 4 月 23 日，胡锦涛同志指出：要"大力发展中国特色网络文化，加强网络文化建设和管理，推动中国特色网络文化繁荣发展。"2008 年 6 月 20 日，胡锦涛同志视察人民网时又指出："互联网已成为思想文化信息的集散地和社会舆论的放大器，我们要充分认识以互联网为代表的新兴媒介的社会影响力。"那么，如何加强对我国互联网传媒的建设呢？如何科学认识以互联网为代表的新兴媒介的社会影响力呢？根据我国的实际，要加强对我国互联网传媒的建设，一定要从普及网络文化的基础理论入手，使每一个互联网传媒的运营者知晓互联网文化，知晓互联网传媒，这是根本、是前提，否则，很难有针对性地建设和管理我国的网络文化。

网络文化属于传媒文化，而传媒文化又属于信息文化，而信息文化又是现代人类文化的一种新文化。从这个逻辑推理，所谓网络文化是人类社会发展到信息时代而出现的新文化，是人类文化在网络技术条件下的衍生。网络文化既然是一种衍生文化，表明它是同人类文化既保持着紧密的"血缘"关系而又具有独有特点。"血缘"关系表明网络文化具有很强的继承性，不是从天上掉下来的，是在传统文化的根基上衍生出来的；独有特点表明网络文化有很强的独立性，可以成为一种独立的文化形态存在于人类文化世界。

网络文化既然是一种新文化，必然会在文化继承的基础上又具有自己的特点，这是加强互联网传媒建设过程中必须给予关注的一个重要问题。

由于网络文化的动态性特征，决定了网络文化体系是一种动态体系，它随着网络技术的发展以及人们对网络技术利用程度的提高，网络文化体系还将会发生相应的变化。现在我们所分析的网络文化体系的构成可概括为搜索引擎、网络论坛、网络游戏、即时通讯、博（播）客、手机短信等网络文化元素，仅仅依据现在的网络技术及其开发利用程度而得出来的结论，并不是最终的网络文化体系。加强互联网传媒建设一定要关注网络文化体系的变化。

（二）强化对互联网传媒的科学管理

强化对互联网传媒的科学管理应从两个角度看入手：一是从网络文化体系的角度实施管理，二是从互联网传媒自身的角度入手实施管理，并把二者科学地结合起来。

目前在我国，对于网络文化管理还是一个薄弱环节，严格来说，还不知道如何管理网络文化，其表现是：在网络文化领域内所采用的管理手段只有一个，即行政管理。其管理模式不仅在一些网络文化管理的文献中可以看到，就是在一些理论性、学术性

的文章或著作中也可以找到运用单一的行政手段对网络文化管理的提法、建议。为什么会出现这种现象呢？其中的一个根本原因就是不了解网络文化，不认识网络文化，因此，也就拿不出具体的管理办法，只好采用最省力的手段——行政管理，指令性地让网络文化运营者这样做或那样做。从表面上看，对网络文化在实施管理，实际上并不能发挥管理对网络文化活动的指导作用。

　　网络文化是一种正在形成过程中的新文化，对其进行管理还应注意指导性管理与制度化管理的科学结合。指导性管理是一种建立在网民高素质和高自律能力基础上的管理，它强调网民的自觉性。现在，我国网民多是年轻人，要提高指导性管理效果，一项重要工作是提高网民的素质，强化对网民的培训。在信息社会，对网民的培训不仅是加强网络文化管理所必需的，而且是信息社会提高信息利用率所必需的。现在所出现的网络文化现象，基本上都是自发形成的，如果能够加强对网络文化活动的指导，一定会提高网络文化的质量。制度化管理是网络文化管理的一种重要形式，是网络文化活动规范化的保证。目前我国的网络文化管理还缺乏制度化，多是一些条例性的规定，这些规定常常出现在某种网络文化现象之后，它只能起到限制某种网络文化现象的作用，很难规范网络文化行为。强调制度化管理，其目的是保证网络文化健康的发展，从制度上起到促使指导性管理效用的实现。

　　现在，我们从大文化的角度对传媒文化提出了许多科学的管理措施和办法，这些管理措施和办法对于互联网传媒基本上都是可以使用的，但是要加强对互联网传媒的管理，还要有针对性地建立相应的管理制度和制定相应的管理办法，以便适应互联网传媒快速发展的要求。

　　总之，要促进互联网传媒快速健康的发展，充分发挥互联网传媒在建设和谐社会中的作用，当前和今后一个时期的重要任务是要在探索和建立中国式互联网传媒运营模式上下工夫。一种互联网传媒运营模式的建立并不是凭借人们的主观意志，而是要从互联网传媒的实际出发，把互联网传媒运营模式建立在科学的基础之上，只有这样，才能真正发挥互联网传媒运营模式的作用，才能真正实现互联网传媒的价值。

网络经济边际效应与网络产业模式研究

李文明[①]　　吕福玉[②]

摘　要: 网络经济是以边际成本递减、边际收益递增规律为主导的新经济业态,其边际效用则呈现出增减并存的二元趋势。网络文化产业的发展,离不开商业化的经营与管理,需要进行内容的深度整合,力争技术创新与文化创意的双重突破,并实现价值发现、价值匹配和价值管理"三步走",构建赖以盈利的商务结构和业务结构,不断优化资源配置效率。

关键词: 网络文化产业　边际效用　盈利模式

分析网络经济的边际成本与边际收益,是理解网络文化产业,尤其是探索网络文化产业发展模式的关键所在。对于网络经济的边际成本与边际收益,存在着两种截然不同的观点[③]:一种观点认为,网络经济的边际成本随网络规模的扩大呈递减现象,从而网络经济的边际收益递增;另一种观点则认为,在网络经济中,传统的边际成本递增、边际收益递减现象仍然存在。本文试图在深入分析这两种不同观点的基础上,探析网络文化产业的商业模式尤其是盈利模式。

一、"边际三杰"与"边际效应"

作为现代经济学原理,"边际效应"最早由德国经济学家赫尔曼·海因里希·戈森(Hermann Heinrich Gossen)在其1854年出版的《人类交换规律与人类行为准则的发展》一书中正式提出。"但由于当时人们还普遍沉浸在对李嘉图的劳动价值论的

---

①　李文明,浙江大学宁波理工学院教授。
②　吕福玉,四川理工学院经济与管理学院教授。
③　刘宁、熊焰:《试论网络经济的经济本质》,《北京工商大学学报》(社会科学版)2003年第4期。

崇拜之中,所以这一现代经济学原理被埋没。"①直到 30 年后,戈森的边际效应原理,才为英国经济学家威廉·坦利·杰文斯(William Stanley Jevons)重新发现和研究:随着一个人所消费的任一商品数量的增加,得自所用的最后一部分商品的效用或福利在程度上是减少的。一般来说,效用的比例,是商品数量的某种连续的函数。为此,杰文斯从边际效应角度,对经济学给出了一个经典性的描述:经济学是快乐与痛苦的微积分学,即以最小的努力获得最大的满足,以最小厌恶的代价获取最大欲望的快乐;使快乐增至最大,就是经济学的任务。

边际效应原理,是经济行为的普遍规律。几乎与被杰文斯重新发现同时,这一原理也被奥地利经济学家门格尔和法国经济学家瓦尔拉斯所分别发现。正因为如此,在现代经济学史上,杰文斯、门格尔、瓦尔拉斯被誉为"边际三杰"。不过,三人所分别建构的边际效应理论却各有侧重:杰文斯确立了理论与实际相结合的边际效应研究方法,门格尔所努力捍卫的是边际效应价值理论,而瓦尔拉斯搭建的则主要是边际效应的一般均衡体系。

由此可见,19 世纪末,西方经济学在研究方法上显著的创新,是利用当时的数学研究成果,在经济学研究中采用边际分析,亦即增量分析法。所谓"边际革命"、"边际主义经济学",即由此得名②。当时的西方经济学家运用边际分析法,在生产理论中研究边际成本和边际收益,在消费理论中研究边际效用,从而标志着现代西方微观经济学的开端。

二、边际成本递减与边际收益递增

如果说工业经济的经济学基础是边际成本递增和边际收益递减的话,那么,网络经济的经济学基础,则是相反的边际成本递减和边际收益递增法则。

(一)边际成本与边际收益的基本概念

1. 边际与边际分析

边际,是"额外的"、"追加"的意思,即处在边缘上的"已经追加上的最后一个单位",或"可能追加的下一个单位",属于导数和微分的概念,指在函数关系中,自变量发生微量变动时,在边际上因变量的变化。边际值,则表现为两个微增量的比。

"边际"也可以理解为"增加的","边际量"也就是"增量"的意思。确切地说,自

---

① 唐代兴:《试论道德成本原理》,《玉溪师范学院学报》2010 年第 2 期。
② 毛洪涛、刘恒:《西方经济学成本基本范畴研究》,《会计研究》2000 年第 10 期。

变量增加一单位,因变量所增加的量就是边际量。比如说,生产要素(自变量)增加 1 个单位,产量(因变量)增加 2 个单位,这因变量增加的两个单位,就是边际产量。

在西方经济学中,把研究一种可变因素的数量变动会对其他可变因素的变动产生多大影响的方法,称为边际分析法。换句话说,边际分析法就是运用导数和微分方法研究经济运行中微增量的变化,用以分析各经济变量之间的相互关系及变化过程的一种方法。这种分析方法,广泛运用于经济行为和经济变量的分析过程,如对成本、产量、收益、利润、消费、储蓄、投资、效用、要素效率等的分析,多有边际概念。

应用边际分析法,隐含着这样一个思想:促进信息资源的开发与利用[1]。而这正是推进网络文化产业发展的基本动因。

2. 网络经济的边际成本

边际成本,指每增加一个单位的产品所引起的成本增量。

网络的成本主要包括三个方面:一是网络建设成本,表现为折旧,记为 C1;二是信息传递成本,记为 C2;三是信息的收集、处理和制作成本,记为 C3。在一定的网络基础设施条件下,只要进入网络的单位个数在一定的范围内不会影响网络的传递速度,那么,在这个范围内的任何一点的边际成本,都随接入个数的增加而呈边际成本下降趋势。但是,超过一定的范围,就必须加大基础设施的投入,从而在临界点上表现为边际成本突增(详见图 2-1)[2]:

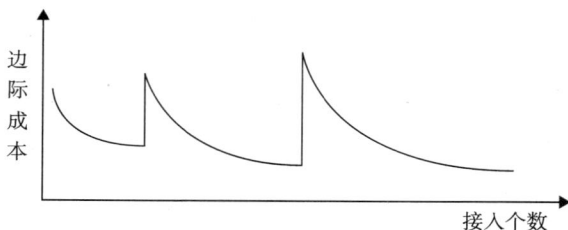

图 2-1　网络经济的边际成本

对于 C3,它与人数正相关,也就是意味着边际成本递增。但是,由于摩尔法则("集成电路的集成度每 18 个月翻一番",或者说"三年翻两番"。尽管表述并不完全一致,但是它表明:半导体技术是按一个较高的指数规律发展的;在先进技术竞争的环境下,一般高新技术产业的技术水平按指数规律发展,是一个不争的事实)的存在,从长期看,处理信息的费用在不断下降。由此可知,C3 的边际成本增加趋势,受

① 《什么是边际分析法》,《阿里巴巴生意经》2009 年 8 月 16 日。
② 刘宁、熊焰:《试论网络经济的经济本质》,《北京工商大学学报》(社会科学版)2003 年第 4 期。

到摩尔法则的抵消或部分抵消。

3. 网络经济的边际收益

边际收益,指每增加一个单位的产品所带来的收益增量。

梅特卡夫定律指出,对于一个连接 N 台机器的通信网络来说,其潜在的价值以 N 的平方数增长。也就是说,网络的边际收益是递增的,并呈现指数增长的态势。值得强调的是,网络条件下的边际收益递增,是网络经济区别于传统经济的最主要的特征。

4. 边际成本递减

中国社会科学院信息化研究中心姜奇平指出,工业社会的经济学基础,是边际成本递增法则。这一法则是工业社会高成本社会化的反映。它的实质,是成本随社会化范围的扩大而增加。网络经济的经济学基础,则是相反的边际成本递减法则。它是信息社会低成本社会化的反映。它的实质,是成本随社会化范围的扩大而减小①。

按照姜奇平的观点,边际成本递增转变为边际成本递减的关键环节,是两种文明的经济在迂回路径上的成本,具有正好相反的特征。这是因为,工业时代的全部经济学,均建立在迂回路径上,大量耗费物质成本,而不可能考虑知识替代、零成本拷贝这些低物耗现象的出现。正是这一点,造成了整个传统经济学的崩溃。IT 商家常说的"低成本扩张",就是边际成本递减这一根本的信息经济规律在商务实践上的应用。

作为数字内容产业的网络文化产业,具有网络经济的基本特征。对于网络经济来说,由于时空距离的"消失"和比特替代,其所消耗的物质成本几乎可以忽略不计。正因为如此,相对于一个不变的初始投入,网络文化产业的边际成本呈递减态势。

5. 边际收益递增

如前所述,传统经济学认为,在技术水平不变的情况下,当把一种可变的生产要素投入到一种或几种不变的生产要素中时,最初这种生产要素的增加会使产量增加,但当它的增加超过一定限度时,增加的产量将要递减,最终还会使产量绝对减少。这便是所谓的"边际收益递减"。但是,由于信息等高科技产业以知识为基础,而知识具有可共享、可重复使用、可低成本复制、可发展等特点,对其使用和改进越多,其创造的价值越大。而且,知识作为资本要素投入,通过与其他要素的有机配比和使用,提高了投入要素的边际效用,最终导致边际收益递增。著名经济学家克拉克较早发现这一规律。他曾指出:"知识是唯一不遵守效益递减规律的工具。"②

继而,许多专家、学者对这一现象进行深入研究,提出了边际收益递增

---

① 姜奇平:《21 世纪的网络经济》,《互联网周刊》1999 年第 21 期。

② 金吾伦:《西方创新理论新词典》,吉林人民出版社 2001 年版。

（increasing marginal revenue）规律。这一规律的主要思想是：随着某一可变生产要素的等量递增，其所带来的边际产量会一直递增下去，而不会呈现递减[1]。这一规律在网络经济中相当普遍。美国"进步政策学院"（PPI）与哈佛商学院出版部研究总结的"网络经济定律"，将其视为"良性循环（Avirtous Circle）定律"，并明确指出，互联网的发展，带来了许多新兴行业的"收益递增"。其实例便是做网上书店的亚马逊（Amazon）和做网上拍卖的易拍（eBay）。互联网本身的发展，是一个"收益递增"的过程，并且是在良性循环下形成的。由于有不断增长的互联网用户群，才造成足够的经济理由去开创更多的网上内容和服务；由于有不断增加的内容和网上服务，才造成足够的经济理由去投资建设基础设施，使得带宽更大、速度更快；因为有了更多的带宽，所以才有了更多的上网设备。

实际上，所谓的边际收益，确切地说，应该称为"边际利润"（marginal profit），即厂商每增加一个单位产出所带来的纯利的增量。边际利润取决于边际收入和边际成本。

综上所述，网络经济下边际成本随网络规模的扩张而呈递减趋势；网络外部性的存在，使传统供给方收益递增为中心，转变为以需求方收益递增为中心，从而使网络经济下边际收益呈现出递增趋势。

（二）边际收益递减与边际收益递增的不同适用性

边际收益递增规律与边际收益递减规律所适用的产品或服务，存在着以下区别[2]：

1. 质量和性能上的区别

边际收益递减涉及的产品或服务，在质量和性能上没有变化。简单重复性的消费，很容易达到饱和状态。这对于大批量生产、技术变化速度比较小的传统经济来说，是一件难以避免的事情。

边际收益递增涉及的产品或服务，则在质量和性能上不断改进，在消费数量增加的同时，不断给人们带来新的刺激，从而能不断提高人们的满足程度。例如，微软公司每隔 6 个月就发行文字处理系统的一个新版本，使用户始终拥有浓郁的新鲜感。

2. 需要层次上的区别

边际收益递减所涉及的满足，一般是针对人们的生理需要或物质生活需要，如食

---

[1] 宋德昌：《网络经济的边际收益递增律刍议》，《武汉理工大学学报》2004 年第 12 期。
[2] 盛晓白：《网络经济与边际效用递增》，《商业时代》2003 年第 10 期。

欲等。这种需要具有一个限度。因此,消费的商品或服务达到一定数量后,它带给人们的满足程度就会下降。

边际收益递增所涉及的满足,则主要针对人们的社会需要或精神生活需要,这种需要几乎是无限的。因此,人们的满足程度,不会随着商品或服务数量的增加而下降,而是恰恰相反。

3. 知识含量上的区别

边际收益递减涉及的,多是比较简单的物质产品;边际效用递增涉及的,则多是知识含量较高的产品。消费者拥有的食品越多,他对食品的需要就越小,因为已有的食品对增加的食品起着排斥作用。反之,消费者拥有的知识越多,他对知识、信息的需要就越多。因为接受新知识需要一定的知识作为基础。而拥有一定的知识后,就会对掌握更多的知识产生更加迫切的需求,形成知识的累积效应。

"当然,我们不能否认边际收益递减规律仍在网络经济中发挥作用,毕竟网络经济不是空中楼阁,它要以传统经济为基础。"[1]但无论如何,在网络经济中,边际收益递减规律已不再是"金科玉律"了,它也有失灵的时候,失灵的原因,正是边际收益递增规律已经并且正在继续发挥着越来越大的作用。

(三)收益递增的迷思

收益递增背后的正反馈,可谓以知识为基础的新经济的第一"铁律"。在这个规律主宰下的世界,是一个失衡的世界,是一个没有妥帖秩序的世界,是一个在伦理上难以让人接受的世界。数千年的人类文明史,让我们这个物种习惯了负反馈带来的制衡感、秩序感,无论今天谁强谁弱,终归有一天会出现"旧时王谢堂前燕,飞入寻常百姓家"的情形。但在新经济世界中,强者恒强,弱者恒弱,总没有收敛的时候,这不禁让人忧心忡忡。其忧有三[2]:

1. 垄断的必然性

在收益递增规律的主宰下,成熟的新经济必然是近似于"完全垄断"的经济。这种垄断的形成是规律使然,非人力、计谋所能改变,"不以人的意志为转移"。现在的反垄断法,对这种情况无能为力,微软垄断案即是明证。

2. 悬殊的必然性

可以料想,由于正反馈的作用,在成熟的新经济世界中,人与人之间的贫富悬殊、国与国之间的强弱悬殊将更加显著,不平等与两极分化将成为常态。

---

[1]　宋德昌:《网络经济的边际收益递增律刍议》,《武汉理工大学学报》2004 年第 12 期。

[2]　石晓军:《收益递增与新经济》,锐思管理网,2005 年 6 月 26 日。

3. 理论上的茫然

新经济是没有均衡的、不收敛的、不稳定的。也就是说，亚当·斯密的那双"看不见的手"不再起作用了，这对现在的经济学而言，犹如大殿无基、大树无根，岂不茫然？

当然，收益递增并未消除竞争，相反，却使竞争变得更加激烈①。网络使经济在某种程度上更接近于完全竞争，即信息极其丰富、零交易成本、无进入壁垒、技术革新更快，任何开始毫不引人注目的小小改变，均可能产生"蝴蝶效应"，引发异常市场波动。这样的市场突变，会在很短的时间内使某些企业消失，而使另一些企业壮大。

三、边际效用的递增与递减

如果说在网络经济生产中以边际成本递减和边际收益递增为主的话，那么，在网络经济消费中，则边际效用增减并存。

（一）边际效用的增减及其启示

简单地说，效用（utility）就是满足。较准确地说，效用指一个人从消费一种物品或劳务中得到的主观上的享受或有用性。边际效用（marginal utility），则是指消费的某种物品增加一个单位时所获得的效用的增加量。在经济学中，边际效用用于描述消费者在不同消费可能性之间的选择方式，并进一步推导出需求曲线。

中国信息经济学会理事长乌家培指出："认为在传统的工农业经济中只有边际效益递减的规律性而在信息经济或网络经济中只有边际效益递增的规律性的那种观点，是与现实相悖的。"②不难发现，在物质产品生产达到一定的经济规模之前，也有边际效用递增的现象；而在信息产品生产中，当技术方向有问题时，也会出现边际效用递减甚至为零或负的现象。实际上，网络经济所改变的，仅仅是缩小了边际效用递减规律的作用范围，使它在经济活动中不再成为起主导作用的规律而已。

在网络经济中，并非所有的产品和服务，都服从边际效用递增规律。凡是缺少差别、仅仅满足人们的物质需要或知识含量较少的产品和服务，其消费仍然体现出边际效用递减规律。在网络经济中，无论多么新颖和实用的技术，一旦应用于产品，总是还没来得及产生规模效益，就已经落伍或被刷新了。"正是因为存在'边际效率递

---

① 洪涛：《流通产业经济学》，经济管理出版社 2007 年版。
② 乌家培：《关于网络经济的几个问题》，《山东经济战略研究》2000 年第 4 期。

减'，经济活动才始终需要合理配置资源和提高绩效。"①例如，关于电子信箱的收费问题，一直争论颇多。其实，问题并不在于互联网服务是否应该收费，而在于其中的哪些服务可以收费。有一些公司提供的互联网服务一直在收费，其用户数量不但没有减少，反而在不断增加，如网上金融服务、数字图书馆的读书卡、网络视频的收视费等。其秘诀在于，这些公司提供的服务是独特的、有差别的服务，在一定程度上具有垄断特点。随着质量和性能的不断提高，用户消费时的边际效用在上升。为了获得更大程度的满足，他们甚至愿意付出更高的费用。

（二）网络经济边际效用递减验证

对于网络经济边际效用的递减现象，可以从以下诸方面予以验证②：

1. 个人定制的必然结果

在网络经济中，梅特卡夫法则所带来的互联网爆炸性持续增长，必然造成收益递增现象，导致网络价值滚雪球般增大。伴随用户的大量增加，精细化网络经济应运而生，势必出现差异化需求下的"个人定制"。

按照马斯洛的需要层次理论，随着"个人定制"的发展，只要是作为现实存在的人，从心理上来说，就会出现效用递减现象。这种在网络经济中存在的心理现象足以证明：收益递增并不与效用递增对等，效用递减规律仍然有效。

2. "锁定"与"成瘾"的本质区别

网络经济的"马太效应"，与某些学者提到的网络经济由于其"锁定"特征而造成边际效用递增的说法似乎相吻合。但是，网络经济的这种锁定特征与效用递减规律中强调的特殊性，即"成瘾"，有着本质上的区别：成瘾更多地出现在毒品等人类无法摆脱的心理魔障上，而软件的锁定只能说是一种消费习惯，这种消费习惯是可以变化并更改的。

网页浏览器的竞争，可作为典型案例。创建于1994的网景（Netscape）公司，以其生产的同名网页浏览器而闻名。就市场占有率来说，网景的浏览器曾占据首位，但在"第一次浏览器大战"中被微软的Internet Explorer所击败。在马太效应的作用下，现在网景各版本的浏览器使用率总和不足1%，微软IE的市场占有率却为80%左右。但是，这并不意味着微软的IE就能保证使用者无法摆脱，使用者随时可以更换为Firefox或其他的浏览器。

3. 总效用和边际效用曲线

综合前文对梅特卡夫法则和马太效应的分析，参照西方经济学关于总效用和边

---

① 四毛：《新经济观念的批判排行榜》，新榜网，2008年6月16日。
② 林中燕：《网络经济的边际效用递减分析》，《闽江学院学报》2009年第2期。

际效用的函数关系,可以绘制出网络经济的总效用和边际效用曲线(详见图 2-2):

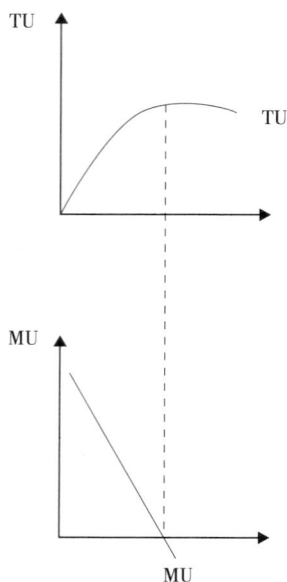

图 2-2　网络经济的总效用曲线 TU 和边际效用曲线 MU

从图 2-2 可以看出,网络经济的边际效用曲线 MU 向右下方倾斜,呈现下滑趋势;总效用曲线 TU 随着 MU 曲线正负值的变化而出现拐点;边际效用曲线 MU 实际上是网络消费者的需求曲线。MU 向右下方倾斜的原因,就是由边际效用递减规律和购买商品的效用最大化原则造成的;拐点意味着网络消费者的满足感开始下降,出现了负面效果。如果继续使用,将导致消费者总体满意度下降。

例如,早期的消费者在使用网络聊天工具 ICQ 的过程中,在没有可比性的前提下,仍然会继续使用。但随着微软 MSN 和腾讯 QQ 的出现,消费者开始感觉 ICQ 在使用上不如 MSN 和 QQ。作为替代品,MSN 和 QQ 提供了更多、更好的功能,ICQ 便逐渐退出市场。正因为网络产品的效用也是递减的,才使得主流产品,如 MSN、QQ 等,必须不断开发各种功能(包括网络游戏、E-mail 和空间等)来满足和刺激客户的新需求,提升客户的"黏性"即忠诚度,才能保证企业的不断发展。

四、网络文化产业的发展模式

作为网络经济与数字内容产业的组成部分,在网络文化产业中,即使网站硬件譬如服务器不变,如果内容要素的投入不断增加,甚至不断复制已有的产品,也不会引起边际成本的提高,甚至可以把边际成本视为零。"因为投入的可变生产要素是信息,而信息在网络上是共享的,理论上可以无限复制,而复制一个信息产品的成本几乎为零。"①这里所谓网络文化产业的发展模式,主要指其商业模式,核心是其盈利模式。

"商业模式"(Business Model)一词,出现于 20 世纪 50 年代,但直到 90 年代才开始广泛使用与传播②。拉里·博西迪、拉姆·查兰在《转型》一书中认为,商业模式是从整体角度考虑企业的一种工具,由外部现实情形、财务目标和企业内部活动三部分组成。对于作为网络经济或信息经济一部分的网络文化产业来说,商业模式主要是盈利模式,就是能给客户带来利益点或价值点,并与客户共赢的模式,反映企业资源配置的效益③。目前,在网络文化产业的发展进程中,商业模式的模糊,是困扰网络视频运营商的众多问题中最受关注的一个。可以说,商业模式的不成熟,严重困扰着网络视频产业的进一步发展。B2B 和 B2C 是网络视频产业的两种基本商业模式:B2B 模式对版权资源拥有程度要求高,适用的网络视频运营商较少,主要是各类拥有版权内容的公司,其把内容出售给视频网站利用互联网渠道进行视频内容分销;B2C模式目前使用的范围更广泛,是最期待创新的一类模式。它可以分为以版权内容为核心的基础模式和以"用户生成内容"(Users Generate Content,UGC)为核心的衍生模式。版权内容为核心的基础模式,可根据用户付费程度划分为付费模式(如用户付费点播)和免费模式(用户免费,吸引广告盈利)。目前,此模式运转情况并不十分顺利,运营商在用户端和企业端都没有获得很好的收入。盈利模式方面,除传统的广告外,包月收费、按次收费、版权营销、寄生模式、服务托管、线下活动等多种营销模式,在多种视听新媒体形态中均有出现,并形成一定的产业规模④。

(一)整合:网络文化产业发展的必由之路

发展网络文化产业,旨在促进信息资源的开发与利用。这就需要把握网络信息与知识传播的经济特征,特别是其"加速交互"(interactive acceleration)的特性。所谓加速交互,指互联网上每一结点处的陈述总量在与其他结点的陈述相互作用的基础上加速增长(未必不与其他结点的陈述重复)⑤。

在初期,网络信息与知识传播的收益是边际递减的。但发展到一定程度,从某一

① 王强东:《网络文化产业与网络消费研究》,《广东商学院学报》2009 年第 4 期。
② 昝胜峰、王书勤:《动漫产业:新兴业态与盈利模式》,山东大学出版社 2011 年版,第 146 页。
③ 叶利生:《信息经济与商业模式创新》,《中国网友报》2006 年 7 月 31 日。
④ 庞井君:《中国视听新媒体发展前景广阔——在〈中国视听新媒体发展报告(2011)〉发布会上的讲话》,《电视研究》2011 年第 4 期。
⑤ 萧敢:《网络知识传播的经济特征》,中国经济学教育科研网,2003 年 8 月 19 日。

个临界点起,会突然发生边际收益递增的情况,而且边际收益递增得非常快,呈几何级数速度上升。边际收益递增的原因在于以下两点:(1)分工与专业化的发展;(2)创新机会的扩张。这两个原因,都是亚当·斯密在《国富论》里讨论过的,即当分工与专业化的深度和广度增加时,劳动生产率(对斯密而言就是"平均收益")随之增长;而分工与专业化的发展,带来创新机会的增长,后者促进新工具的设计和推广,这导致进一步的分工与专业化。这一"收入与分工"共生演化的过程,后来被扬格(A. Young)叫做"经济进步"(economic progress)。罗默据此提出了"新增长理论",认为好的想法和技术发明是经济发展的推动力量,信息与知识的传播以及它可以几乎无止境地变化与提炼是经济增长的关键,而好的想法和知识有其自身的特性,即非常丰富且能以极低的成本复制,因而产生"边际收益递增"。

网络文化产业的信息内容,有传统的和现代的之分。所谓传统的信息内容,是指尚未数字化的,在网下脱线进行开发、传递和利用的信息产品或服务。所谓现代的信息内容,则指数字化的在线联网的信息产品或服务。其中,一部分是由传统信息内容通过数字化生成的,另一部分则直接产生于互联网平台。这两部分信息内容的发送和接收,处于一种互动状态。这样的信息内容企业或产业,通常还包括支持信息内容生产和营销的现代信息技术及其服务机构。

当前,发展网络文化产业,亟须进行内容产业的资源整合。其中包括产业链整合,即内容生产与网络运作的整合;部门整合,即管理机构重组;人才整合,即 IT 人才和营销人才的整合;文化内容整合,即重视内容产业的人文化特点。此外,还应当涉及资金整合以及市场整合。这些,均需新设立的"国家互联网信息办公室"认真履行职责,促进包括网络文化产业在内的整个互联网行业的大发展、大繁荣。

毋庸讳言,目前,我国网络文化产业存在一些相当突出的问题,尤其是缺乏统一规划和协调模式。此外,法律法规的欠缺,也在很大程度上阻碍了网络文化产业的发展。总之,网络文化产业的发展环境亟待改善。

针对上述问题,需要统一认识,把网络文化产业提升到战略性产业的高度,加强协调、统一规划、重点突破,建设有利于创新的产业发展环境,并为网络文化产业发展提供包括人才、金融与法律在内的有力支撑。

(二)创新:实现网络文化产业商业化经营的关键

互联网创新过程具有 S 曲线特征,符合著名的创新扩散"传染模型"(详见图2-3)[①]:

---

① 胡志伟、巫绍基、涂颖清:《网络经济基本竞争战略模型的演进》,《商业时代》2005 第 12 期。

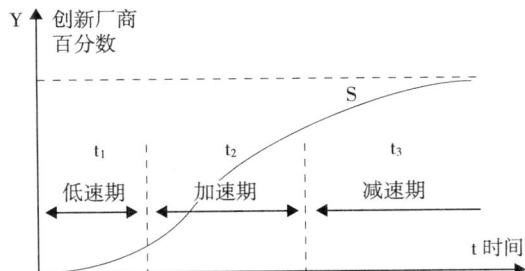

图 2-3 互联网创新扩散"传染模型"

该模型反映出互联网创新技术在"诞生—成熟—落伍"的变化过程中,使用创新技术的厂商百分数随时间呈 S 曲线变化的规律。即:$Y = 1/[1 + \exp(-d - bt)]$,其中,Y是加入互联网创新的厂商百分数,d、b 是常数,t 是扩散时间。

互联网创新扩散过程可以分成三个阶段:互联网创新低速扩散期(技术方向不稳定,极少企业投身其中,但成功的先发企业享有丰厚超额利润 P);互联网创新加速扩散期(技术日益完善但仍有较大创新空间,加入互联网创新的厂商数剧增,超额利润 P 趋减);互联网创新减速扩散期。

在互联网创新初期(低速扩散期与加速扩散期),当拥有第一行动优势的企业抓住了互联网创新的机遇时,便在市场竞争中处于有利地位,获得丰厚的超额利润。这种利润大到足以补偿兼用总成本领先型目标聚集战略与标新立异型目标聚集战略所需的总成本。这样,两种战略资源配置由零和博弈转型为正数和博弈。因此,企业具有在目标聚集前提下同时追求总成本领先与标新立异的愿望与可能。

互联网创新在推动经济发展方面,具有两大独特优势:一是互联网技术属于一种基础性技术,影响面广,继发创新绵延不绝,在图中表现为 S 曲线爬坡平缓,t_2 加速期很长,因此网络经济的发展初期必然是较长时期的经济增长和社会福利进步;二是互联网技术是革命性技术创新,可以明显提高生产率和管理水平,因此采用互联网技术的潜在超额利润空间很大,网络后发企业也还有很长一段时间可以采用"夹在中间战略",以建立竞争优势。

其实,网络文化产业的创新,不光体现在技术上,更重要的体现在创意方面。创意可以在任何产品上体现,但是它在精神和文化产品上,体现得最为充分。因此,应将创意经济与创意文化产业直接联系在一起,形成所谓"新创意经济"。"新创意经济,就是创意与消费方规模经济的结合。其中的创意,首先就体现在满足自我实现需求的精神和文化产品之中。"①这就需要构筑创意产品的生产链条。创意产品的生产链条是链接设计和销售的桥梁,处于创意产品价值链的中间层,也是创意元素转化为创意产品价值的具体表现形式。创意产品的生产不再仅仅依赖传统有限的自然资源等硬性资源,而是更多地加入了人类智慧、理念和灵感等创造性思维元素,而这种创造性思维元素是无限的。正是创意元素的无限性,为创意产品的生产突破传统的边际收益递减规律,提供了客观上的可能性。

(三)盈利:网络文化产业发展的经济目标

所谓盈利模式,是企业"特有的"赖以盈利的商务结构和业务结构,反映企业资源配置的效率②。

1. 构建网络文化产业盈利模式的三个步骤

构建网络文化产业盈利模式有三个步骤:一是价值发现,利润的来源(客户利益点);二是价值匹配,盈利水平的高低(企业在满足客户利益点过程中哪些关键环节拥有核心优势);三是价值管理,盈利的稳定性(动态维系核心优势、合理的利润结构)。

(1)价值发现

在价值发现方面,有很多成功的案例。如"超女"模式,凭借全方位互动来实现各方的价值。

首先,以"大众性"和"亲民性"策划,让大众参与和投票,满足公众与客户的价值诉求。

其次,多方共赢——蒙牛集团、湖南卫视、天娱公司、运营商分享利益大餐。

(2)价值匹配

在价值匹配方面,也有很多值得借鉴的例子。如谷歌(Google)模式。谷歌的成功,在客户的价值与企业资源的有效匹配方面,牢牢把握住了以下几点:

一是客户利益点:海量信息的"精确"匹配,简洁的页面,简易的方法,让所有人受益。

二是产品利润点:世界最大的搜索引擎,搜索逾80亿网页,109种界面语言,113个国际域名,实时更新的数据库。其核心产品(70%),是搜索与广告(Crawing,Rankind,Adwords,ImageSearch,Toolbar,Adsense等);其相关产品(20%),是拓展核心产品(News,Froogle,Desktop,Local,Gmail等);其探索产品(10%),是人与人之间的

---

① 姜奇平:《网络营销:新创意经济的两个规则》,《互联网周刊》2006年5月16日。
② 叶利生:《信息经济与商业模式创新》,《中国网友报》2006年7月31日。

链接(Picasa,Wire-less,Earth,orkut)。

三是员工策略:确保技术领先。4000多人,大部分为技术人员和工程师,但背景各异(运动员、猜字冠军、专业厨师、独立电影制片人),打造动手者的天堂;每个人都可以花20%的时间做自己喜欢的事,鼓励勤奋、愉悦地工作,鼓励自由发展、学习,鼓励实现自己的梦想。

四是资源聚合,合作共赢(广告、分成等):包括AOL、《纽约时报》、迪斯尼、网易、腾讯等上万家伙伴,全球拥有50万家广告商。

(3)价值管理

价值管理,是公司持续经营的关键。有些公司在这方面非常成功。如微软模式,建立行业标准,牢牢把握客户的价值提升:

一是先发制人的营销,先赢得客户再提供技术,尽管Visicorp公司提前推出了Vision,但微软的并行许可证、低价捆绑(如Office)等策略,尽可能扩大了客户基础。

二是适应市场需求的技术创新,从MS-DOS到Windows,瞄准Internet和Internet标准。

三是稳定利润源,"递增的边际收益+不断升级产品的收入+收取'入场费'(专利使用费)",排斥非标产品,有效控制市场。

四是借助外力维持既有地位(形成行业标准),依托IBM成长,同时开放系统,形成设备制造商和客户的"推拉"效应,扩大同盟军,取得软件开发商的广泛支持,构造事实性标准。

在国内,不少网络服务提供商(ISP)和网络内容提供商(ICP)也纷纷加大商业模式创新力度。号码百事通模式便是一个典型案例:前向经营传统电信客户,后向经营互联网信息服务收益,两者结合,形成新的服务模式和盈利模式。其关键点,一是价值发现——为众多客户提供方便的信息(衣食住用行)查询,市场潜力巨大;二是价值匹配——中国电信利用已有的信息平台和技术支撑能力,提供查询客户和企业客户之间的交流平台;三是价值管理——行业首查的竞拍收入、查询转接的收入分成、发布类的广告收入等,不断拓展市场。

2. 网络文化产业主要业态的盈利模式

(1)网络视听的赢利模式

按照艾瑞咨询公司的总结,"B2C模式",是网络视听商业模式创新的基础。网络视听商业模式的未来发展方向,是以B2C模式为基础,在付费和免费模式上的综合;新商业模式的出现,一定是对付费和免费模式综合上的创新。

值得注意的是,近期出现了以用户生成内容(UGC)为核心的衍生模式,内容以用户生成为主,基本是"免费服务+广告"的模式,虽然尚未受到广告主认可,但已经出现一些值得肯定和期待的细分创新模式,如网站和用户分享广告收入、网站与"股东"用户分红等①。

此外,类似电子商务的 C2C 模式也已出现。应用此模式,网络平台就是 UGC 类内容的网络销售渠道,用户可进行视频交易。可以说,将 C2C 引入网络视频商业模式,是一种非常重大的创新。类似这样的模式动向,电视媒体视频网站应当密切关注。

国家网络电视台(CNTV),便在网络电视盈利模式方面,进行了有益的探索②:首先,积极拓展广告投放渠道,通过内容品牌建设,吸引和培育一批市场客户,针对不同的专业台与特色产品进行精准投放,不断提升广告自主营销能力;其次,通过购买国内外优秀电影、电视剧、动画片、纪录片等版权,进行版权资源的深度开发,对其他网络媒体进行转售分销,实现市场增值;最后,与知名互联网公司创办汽车、房产、游戏、电子商务等专业台,建立合作共赢的商业分成模式。

实际上,在我国,除了传统的广告外,付费观看、寄生模式、版权分销、联合运营等多种营销模式,在多种视听新媒体形态中均有出现③。其中,付费观看模式有包月制、单片付费以及混合模式三种。此类收费模式有望在 IP 电视运营中率先实现突破,同时在以手机为主的移动终端服务中,直接付费模式被寄予厚望。寄生模式是指以视频内容提供商的角色,寄生于其他运营商的收费体系,再由运营商分账给内容提供商的运营模式。常见的有寄生电信运营商的包月接入费的模式、寄生移动数据业务的流量包月费模式和寄生网吧运营商的上网费方式。通过购买第三方内容的独家播映权和再销售权,之后转售给其他购买者的方式称为版权分销。联合运营模式主要是指媒体平台采用收入或利润分账的形式,在自身平台上运营其合作服务商收费业务的模式。

在国内,乐视网作为首家 A 股成功上市的视频网站,引入了一种全新的盈利模式——付费节目盈利,即网站购买正在流行的正版高清影视节目版权,再以收费形式提供给观众④。

至于互联网电视盈利模式的发展,则需要一个循序渐进的过程。而且,这一过程需要更多的开放与创新。"从传统的电视到互联网电视产业,中间涉及的产业链相对复杂,包括消费者、电视机生产厂商、内容生产商、内容集成与运营商、网络传输与

① 佚名:《网络电视和网络视频产业经营:借力政策杠杆》,CCTV.com,2009 年 7 月 13 日。
② 《三网融合时代下广电新媒体发展思考》,慧聪广电网,2011 年 6 月 16 日。
③ 庞井君:《当前中国视听新媒体产业发展的几点思考》,《电脑研究》2011 年第 5 期。
④ 《视频网站发展——拓宽盈利模式是关键》,《泛媒参考》2011 年第 55 期。

运营商等等,涉及内容与产业链的拓展与升级,互联网电视的盈利模式的建立必然要经历一个循序渐进的过程。"①一方面,可以在原有 IPTV 基础上,结合国内三网融合的最新政策来发展互联网电视业务;另一方面,随着电视机终端技术的发展,带有一定智能性的电视机将进入更多的家庭,相关厂商需要在当前的政策框架范围内,找到有效的发展定位。未来的互联网电视的盈利模式将更为丰富多样,可以完全改变原有的电视产业甚至互联网产业盈利模式单一的困境。但是,互联网电视产业需要整体设计、逐个突破,盈利模式的创新也不例外。

（2）网络动漫的盈利模式

网络动漫的盈利模式,则是描述动漫企业如何获得收入,实现利润最大化,即如何赚钱的问题,也就是具体动漫产品赖以盈利的基本思想与范式。

研究表明,网络动漫的利润源,是网络动漫运营组织提供的商品或服务的购买者和使用群体;网络动漫的利润杠杆,则是网络动漫运营组织提供动漫产品或服务以及吸引客户购买和使用动漫产品或服务的一系列业务活动。网络动漫的利润源,是网络动漫得以存在并赖以盈利的基础,因而必须突出利润源对网络动漫战略运营和组织运行的优先地位,强化动漫利润来源识别,包括利润分区,发生交易对象即利润提供者的特点、质量、数量、结构等以及费用发生者的性质、质量、数量、结构等,并在此基础上分析网络动漫的利润点和所能提供与满足利润需要的动漫产品和服务,借以促进和加强利润源和利润点。从这个意义上说,发生现实交易并拓展交易对象的动漫运营组织的产品、服务和技术方法等,就是网络动漫的盈利杠杆。

数据显示,网络动漫消费主体与网民主体高度融合且数量庞大,每年由 14—30 岁的城市青少年动漫主体消费群所完成的相关消费总额超过 13 亿元②。

目前,网络动漫的盈利点主要在网络广告、内容制作和无线增值业务三方面。但现实处境是:网络动漫网站流量较小,在靠流量支撑的网络广告方面没有太大优势;内容制作系产业链的低端,所赚取的只是小部分的辛苦钱;无线增值业务是网络动漫发展的希望,然而目前还只能静待市场条件的成熟。在这种情况下,当务之急,是优化网络动漫的生产方式,按照市场准确定位准则、需求权重设计准则、产品细节设计准则和品牌化设计准则,形成网络动漫企业生产网络,运用逆向发展模式,实施价值链战略盈利定位,探索网络动漫的产权策略。

（3）移动网络内容的盈利模式

目前,移动互联网的盈利模式,主要包括交叉补贴、内容付费、前向/后向收费、平

---

① 周逸:《贝叶思冒成印:互联网电视应放宽内容监管》,赛迪网,2010 年 9 月 9 日。
② 昝胜峰、王书勤:《动漫产业:新兴业态与盈利模式》,山东大学出版社 2011 年版,第 176 页。

台分成、广告模式等五大方向。李开复的观点是,移动互联网的盈利模式,会跟互联网很相似:第一,从用户方面收回,以娱乐虚拟道具支付方法为主;第二,种种不同入口的收费;第三,广告。"而且是针对性的广告,这点可能跟互联网不太一样,互联网上最有效广告是搜索广告,当然在手机上搜索广告是有价值,更多是如何推送地理位置和个人需求相关的。不见得是基于搜索词,而是基于现在需要的吃喝玩乐衣食住行的服务,这三个模式,在互联网都会往移动移植。"①

在"2011年全球移动互联网大会"上,新浪首席执行官兼总裁曹国伟首次透露了微博可能存在的六大盈利模式:互动精准广告、社交游戏、实时搜索、无线增值服务、电子商务平台以及数字内容收费。

(本文系教育部人文社会科学研究规划基金项目"网络文化产业发展对策研究"(10YJ860012)、浙江省哲学社会科学规划课题"浙江网络文化产业发展对策研究"(10CGYD69YB)成果之一)

---

① 《李开复:娱乐及视频将是移动互联网盈利方向》,新浪网,2011年8月23日。

第三部分　移动互联网

Part Ⅲ　Mobile Internet Industry

移动互联网发展现状及商业模式研究

赵子忠[①]　赵　敬

摘　要：移动互联网是近年来 IT、移动通信、互联网领域的热点概念，基本上反映了移动通信与互联网领域当前发展的主要特征和趋势，与此相关的创业与投资热潮不断涌现。本文通过探索研究移动互联网发展的市场参与者及其发展现状，从而思考在其发展过程中的重要问题，提出对其平台竞争及商业模式的思考。

关键词：移动互联网　参与者　发展中问题

一、移动互联网的提出

移动互联网的提法，是近两三年出现的，并迅速成为 IT 行业、移动通信、互联网领域的热点概念，与此相关的创业与投资热潮开始涌现。目前，业界从业人员提到"移动互联网"时一般有两个指向：第一，在业务方面，移动互联网指的是用户使用手机、平板电脑、笔记本电脑等移动终端，接入互联网浏览互联网站、手机网站，从而使用各类信息服务。第二，在网络层面，其指通过移动终端，以无线接入方式，利用各种网络接入互联网。因此，严格地说，移动互联网并不是一个明晰的学术概念，无明确的内涵和外延。其也不是一个新事物的称谓，不是可与此前的互联网并行发展的新网络。"移动互联网"提法的出现及其引发的持续关注，基本反映了移动通信与互联网领域当前发展的主要特征和趋势，而该特征和趋势被概括表述为"移动互联网"一词，具体则为网络发展互联网化、终端发展移动化。

（一）网络发展的互联网化

互联互通是所有网络发展的基本趋势，基于 TCP/IP 协议建立的互联网，成为电

---

①　赵子忠，中国传媒大学新媒体研究院院长。

信网和广电网数字化后的汇流之处。可以说,所有网络都在向互联网方向发展。此前,通过 WAP 通信协议,移动通信网络将互联网信息传送到移动电话和无线通讯终端上。当前,无线接入技术主要有 Wi-Fi①、WiMAX②、3G 技术。无线接入技术的发展,使得互联网接入更为便利。

(二)终端发展的移动化

摩根士丹利(2009)③的研究认为按照计算产品发展的周期互联网可以分为 5 个周期,分别是大型机(20 世纪 60 年代)、小型机(20 世纪 70 年代)、个人电脑(20 世纪 80 年代)、桌面互联网(20 世纪 90 年代)、移动互联网(本世纪最初 10 年),其中每个发展周期约十年。个人电脑曾是互联网的唯一接入终端。近年来,互联网接入终端明显朝着多样化发展,从固定终端向移动终端扩展普及。鲁帆(2011)④认为移动终端的性能正在极大提升,功能日益融合。目前手机基本具备了电话、多媒体设备、笔记本电脑、摄像机、数码相机、导航、对讲、PDA 等重要功能,今后移动终端的人机交互体验日趋改善,逐步走向宽频、高清、全触控;移动终端将走向智能化,操作系统更加强大;手机操作系统越发智能,应用提供趋向网络化。

在网络和终端之外,互联网内容从图文发展到视频,互联网应用从门户、搜索、即时通讯发展到 SNS、电子商务等,由于移动终端有望成为今后互联网的主要接入终端,因此,互联网内容和应用还面临着新一轮的大发展。

二、移动互联网的市场参与者

电信运营商、IT 厂商、互联网业务运营商是当前最积极参与移动互联网市场的角色,其战略和实践都反映出三方面力量在此领域进行积极的布局。此外,广电的有线网运营商也在试图谋求自己的位置,做出了探索和实践,然而还未成为此领域的主流。

(一)电信运营商

中国移动、中国联通和中国电信三大全业务电信运营商,由于掌握着基础网络,

---

① Wi-Fi(Wireless Fidelity):一种短距离无线传输技术,现在已经在很多场合得到了广泛的应用。
② WiMAX:一种城域网无线宽带接入技术,信号覆盖范围可达三十英里,这种技术可以在 50 公里以内的范围以非常快的速度进行数据通讯。目前,这种技术还有待继续完善,还没有大面积地应用。
③ 《2009 移动互联网研究报告》,Mary Meeker,摩根士丹利,2010,第 6 页。
④ 《移动智能终端发展趋势研究》,鲁帆,2011 年。

在移动互联网中处于举足轻重的地位。当前电信运营商正在网络建设和业务战略上积极布局。

在网络建设上,截至 2011 年 8 月,中国移动已与 26 个省份的 161 个城市签署了合作协议,建设无线城市;在上海等 7 个城市进行了 LTE 的实验网;大力增加 WLAN 覆盖,目前已建设 12 万个 Wi-Fi 的热点,并计划 3 年内新增 Wi-Fi 热点到一百万个。

在业务战略上,三大电信运营商调整了业务布局。中国移动以互联网模式为核心对业务进行设计和优化,推出了移动互联网计划 WiiSE。中国联通在 2008 年整合后,专门按照移动互联网业务进行布局,推出"沃"品牌。中国电信 2008 年发布"天翼"移动业务品牌,确立了"面向中高端、实施差异化竞争"的移动业务发展战略(见表 3–1)。

表 3–1　三大电信运营商的移动互联网战略

运营商	年　份	移动互联网战略
中国移动	2007	启动移动互联网计划 WiiSE
中国联通	2008	成立独立运营移动互联网业务部门并推出"沃"品牌
中国电信	2008	发布"天翼"移动业务品牌

在终端方面,电信运营商不断加强终端控制。中国移动推出 OMS 终端,中国联通推出了沃 Phone。在应用方面,电信运营商纷纷建立应用软件商店,建立基地运营中心,调整与内容提供者和合作伙伴的关系,形成以平台为基础的合作模式。

(二)广电运营商

面对移动互联网的发展趋势,广电的有线网运营商正在积极做出尝试。杭州有线网运营商华数从 2007 年开始无线宽带的建设,于 2008 年开通使用,主城区全面开通无线宽带网络,用户只需搜索到"WASU"无线信号即可进行无线上网。歌华有线在北京推出无线宽带电视业务"歌华飞视",采取了"有线网络+Wi-Fi"的方式,基于有线电视网,面向家庭与公共场所,以智能手机与平板电脑为终端,通过广电 Wi-Fi 热点提供高码流视频服务。如果未来很多有线运营商都进入此领域,可能会给电信带来一定的冲击。然而当前受限于广电条块分割的格局,华数和歌华的做法都难以形成统一的全国模式,因此对于整个格局来讲,还不构成影响。同时,在网络建设、运营服务能力提升方面,广电相比电信还需要花更大力气投入。

(三)IT 厂商

过去 30 年,IT 产业经历了三次大发展。第一次发展是硬件为王的时代,IBM 是当时突出的公司。第二次发展是软件为王的时代，成就了微软这样的公司。第三次发展是互联网为王的时代，成就了谷歌（Google）这样的公司。而移动互联网的发展趋势是 IT 厂商公认的第四次发展的机遇。

首先，移动终端的研发与销售使 IT 厂商有机会再次调整产业地位。三星、HTC 借助智能手机已经超越了诺基亚，Android 系统让华为、中兴、联想、魅族等中国企业快速切入市场，手机市场格局发生变化。其次，通过提供平台和服务，IT 厂商可以向产业链多方向涉及延伸，获得更大发展空间。国外手机企业诺基亚、三星，以及国内联想等企业通过终端平台部署应用程序商店。最后，还有平板电脑、手机阅读终端企业联合互联网企业提供服务，为终端硬件产品附加更多价值，正在努力从单一的终端提供者向平台和服务提供者发展。

（四）互联网业务运营商

借助在互联网时代积累的内容和运营优势，互联网企业正在快速把业务延伸到移动互联网。门户网站，如新浪、搜狐、腾讯，将其新闻、即时通讯、微博、音乐、视频等各个优秀的互联网产品都移植到了移动互联网。

从 SP 时代，互联网企业就是移动媒体的内容组成部分，如今从网页、WAP、应用等方方面面，互联网企业正在充分拓展，积极占领市场：一方面，互联网企业正在积极地为移动互联网积累生产力量。例如腾讯推出了"腾讯应用中心"，聚积开发者，提供一个软件发布、销售和推广平台。盛大 2012 校园招聘大批招聘开发人才，为移动互联网趋势下的游戏应用开发储备人才。另一方面，互联网企业延伸通过收购、研发等手段，建造自己的终端版图。例如谷歌以 125 亿美元收购摩托罗拉，研发 Google TV。

（五）传统媒体

报社、杂志社、广播、电视台、通讯社等传统媒体是重要的内容提供者。对传统媒体来说继互联网之后，移动互联网趋势成为第二次痛苦的浪潮，能够跟上就是一次发展的机遇，跟不上就是第二次的淘汰。

传统媒体出于被动或者主动的意愿，开始积极参与其中，以寻找自己合适的角色。很多传统媒体开始推出自己在 APP Store 和 Android Market 上的应用。新闻集团推出专为 iPad 和其他平板电脑设计的全球第一份网络收费报刊 The Daily。然而，传统媒体在互联网时代就饱受渠道压榨之苦，这个境况在移动互联网时代也没有太大好转。新闻集团的这份多达 100 页的报刊全年订阅费用 39.99 美元，但是按照苹果的分成政策，新闻集团只能保留 70% 的订阅营收以及 60% 的广告营收。尽管如此,出于让内容在多平台上得以展现的思路,国内许多传统媒体仍然在积极开发应用或与电信运营商、IT厂商合作,如《南方周末》推出南方周末客户端,凤凰卫视推出凤凰卫视客户端,提供其中文台和资讯台播出内容的视频服务。

(六)应用开发者

国外Facebook孕育了像Zynga这样的企业,App Store也孕育了像"愤怒的小鸟"这样成功的游戏。应用开发成为移动互联网趋势下创业和投资的热点。2009年1月国内3G牌照发放后,各种广告联盟、手机游戏、手机阅读、移动定位的公司纷纷获得千万级别的风险投资。目前,从事应用开发的主要包括个人和企业。2010年,在经历初期个人开发者的浪潮后,迅速进入团队和企业开发的时代。艾瑞咨询(2010)[1]通过调查发现,手机应用企业开发者多聚集于电信运营商的运营政策较为宽松的北京、广东、上海等发达省市。

三、移动互联网的现状

移动互联网基于各类移动终端,通过移动通信网络[2]或者局域网技术,如Wi-fi和WiMAX等接入互联网,提供给用户各类内容和应用服务。我们可以从网络、终端、内容、用户四个维度来梳理当前移动互联网发展的现状。

(一)网络发展现状

八横八纵的基础电信网络是主干网,超过了260万平方公里。中国移动在南北一张网有优势,中国电信是南边比较强,中国联通是北边比较强。目前,移动通信网发展到3G,主要的制式是WCDMA、CDMA2000和TD-SCDMA。3G带宽支持多媒体业务,是移动互联网内容获得爆发性发展的基础条件(见表3-2)。

表3-2　移动通信网络的发展历程

代　际	信　号	制　式	主要功能	典型应用
1G	模拟		语音	通话
2G	数字	GSM CDMA	数据	短信—彩信

---

① 《2010年中国手机应用商店研究报告简版》,艾瑞咨询,2011,第7页。
② 此处移动通信网络包括 GSM/CDMA(2G)、GPRS/EDGE/CMDA One(2.5G)、WCDMA/CDMA2000/TD-SCDMA(3G)。

续表

代 际	信 号	制 式	主要功能	典型应用
2.5G	数字	GPRS	窄带	蓝牙
3G	数字	WCDMA、CDMA2000、TD-SCDMA	宽带	多媒体
4G	数字	TD-LTE	广带	高清

然而,就目前条件所限,在网络接入上,大多数用户仍选择资费相对较低的2G网络。《百度移动互联网发展趋势报告(2011年Q2)》显示,2011年第二季度移动互联网93%的PV来自2G网络,只有6%的PV来自3G网络,1%的PV来自Wi-Fi。可见,虽然移动互联网的概念很火热,但是网络环境目前仍处于初级发展阶段,仍有许多问题亟待解决。

(二)终端发展现状

互联网接入终端从个人电脑扩大到了各种移动设备。移动互联网终端的主要特点是便于携带,可在移动状态使用,具有接入互联网的功能。如下表所示,当前移动互联网的主要接入终端包括四大类,分别是电脑类、手机类、阅读器类和便携多媒体类。其中,电脑类主要包括笔记本电脑、上网本和平板电脑,手机类主要以智能手机为主,阅读器类为电纸书,便携多媒体类包括MP4,PDA,GPS终端等(见表3-3)。

表3-3　移动互联网主要接入终端一览

类别	名称	说明	部分主要厂商
电脑类	笔记本电脑	笔记本电脑(Laptop)是一种小型的、可携带的个人电脑,能够无线接入互联网	惠普、联想、戴尔
	上网本	上网本(Notebook)是轻便和较低配置的笔记本电脑,具备上网、收发邮件、即时通讯、多媒体娱乐等基本功能	惠普、索尼
	平板电脑	平板电脑(Tablet PC)是一种更为小型的、便携的个人电脑,以触控屏作为基本的输入设备,以触控笔或手指触控代替键盘和鼠标操作,通常以Wi-Fi或3G方式接入互联网	苹果、三星
手机类	智能手机	智能手机(Smartphone)是指像个人电脑一样,具有独立的操作系统,可以由用户自行安装软件、游戏等第三方服务商提供的程序,通过此类程序来不断对手机的功能进行扩充	诺基亚、三星、苹果
阅读器类	电纸书	电纸书使用电子纸为显示屏幕、以电子墨水为显示技术,提供类似纸张阅读感受的电子阅读产品。耗电低、方便携带、能够无线接入网络	亚马逊、汉王

续表

类别	名称	说明	部分主要厂商
便携多媒体类	MP4	智能 MP4 除了实现传统 MP4 一系列影音播放功能以外,还搭载了独立操作系统,用户可自行安装第三方应用程序,并通过局域网技术无线接入互联网	苹果、台电
	PDA	PDA 称为掌上电脑,具备商务办公、多媒体娱乐等多种功能,采用手写或软键盘输入方式,具有独立操作系统,能够自行安装第三方应用程序,通过局域网技术无线接入互联网	惠普、戴尔、黑莓
	GPS 终端	GPS 为全球定位系统,GPS 终端则是通过无线网络发送、接收 GPS 定位信息、状态信息和控制信息的载体	麦哲伦、摩托罗拉

从已有规模来看,智能手机和笔记本电脑占有最大规模。预计截至 2011 年,全球智能手机的市场保有量将达到近 4.3 亿部,而笔记本电脑约为 2.6 亿台。摩根士丹利的研究①显示出全球 2010 年智能手机出货量已超越笔记本电脑和上网本市场,在 2012 年预计可以超越包括台式机在内的个人电脑市场。目前在国内人民币 1000 元左右就可以买到一个中低端的智能手机,随着产品的丰富和价格走低,智能手机必将显露出强势的增长势头。调查显示,大多数网民在选择接入移动互联网的终端时仍以手机为主。

从发展速度上来看,平板电脑发展迅速。IDC 调查数据显示 2010 年全球平板电脑总出货量接近 1800 万台,相较于 2009 年达到了 1600% 的增速。平板电脑市场的迅速打开得益于 2010 年 iPad 的问世。巨大的市场空间让各大厂商纷纷跟进,许多 PC 厂商与手机厂商在 2010 年下半年加速了平板电脑的开发与销售,2010 年新出现在中国市场的平板电脑品牌数量为 39 个,联想、三星、摩托罗拉、黑莓等国际 IT 厂商纷纷涉足这一领域。平板电脑冲击了包括电子阅读器、PDA 在内的其他移动终端市场,抢占了其份额。

(三)内容发展现状

按照目前移动互联网内容的特征,我们将其分类为内容服务和应用服务。其中,内容服务指提供文字、图片、音频、视频为主的服务,此类服务的特征是具有强烈的媒体特征,以内容消费为主要原则。应用服务主要是指通过信息整合和产品化,提供社交、商务、资讯、信息等专门服务。此类服务的特征是具有强烈的信息交换特征,以信

---

① 《2009 移动互联网研究报告》,Mary Meeker,摩根士丹利,2010,第 113 页。

息整合、消费为主要原则。

1. 内容服务

内容服务主要可分为阅读类、音乐类、图片类、视频类。

（1）阅读类

截至 2011 年 9 月，易观国际的最新数据表明，2011 年第二季度中国手机阅读市场活跃的用户达 2.69 亿。虽然易观的统计口径也包括阅读资讯，但是中国移动互联网阅读市场的规模可见一斑。中国移动于 2010 年 5 月正式开展商用手机阅读，至今中国移动手机阅读基地每月访问用户数已经超过 5000 万户，单月信息费收入再次超过 1 亿元。此外，传统的互联网企业也大举进入手机阅读领域。例如盛大文学凭借其在原创文学领域强大的内容资源，构建了云中图书馆，并与自有电子阅读器 Bambook 直接对接，黏着用户。

（2）音乐类

易观国际（2011）①的数据显示，2011 年上半年中国无线音乐市场收入达 165.39 亿元，环比增长 9.6%。艾瑞咨询（2011）的研究显示，2010 年 85.1% 的用户选择自己通过手机上网下载音乐，表示常常使用以及每天至少使用一次的用户，超过半数，证明手机音乐越来越被用户所接受。

（3）图片类

图片类主要指手机漫画等。手机漫画包括客户端阅读、WAP 阅读和彩信阅读等。我国手机动漫产业始于 2003 年，2008 年时就已有 30% 的手机用户阅读过手机漫画。如果按中国工信部公布的 2011 年上半年我国 9 亿手机用户的规模推算，仅手机漫画用户的规模有望发展到近 3 亿，而这还不算使用其他移动终端的用户。我国手机动漫市场还有很大的发展空间。

（4）视频类

网络运营商自 3G 牌照颁发后，更加加大力度投入手机视频业务。从市场收入规模上看，根据艾媒咨询集团最近发布的《2011 年度中国手机视频服务发展状况研究报告》，手机视频市场收入规模 2010 年为 6.67 亿元。2011 年 7 月 15 日，中国电信天翼视讯网站开始试运营。之前中国移动的互联网视频门户移动视频也已上线。2011 年 7 月 28 日中国联通与优酷共同推出联通视频分享平台。然而从整体的市场格局来看，优酷、土豆等视频网站在消费者中间已经形成了比较大的品牌影响力，网络运营商在手机视频业务领域的市场占有率并不理想。

_____

① 《易观数据：2011 年上半年中国无线音乐用户达 6.86 亿》。《易观数据：2011 年上半年中国无线音乐市场收入达 165.39 亿元》。

2. 应用服务

新网络、新平台、新终端带来新的商业机会,基于位置的服务、基于时间的服务、生活助手服务、多网络协作服务开始体现出很大的市场潜力。移动互联网应用服务按功能可分为:资讯类、电子商务类、社交沟通类、游戏娱乐类等。

(1)资讯类

此类应用主要包括新闻类、财经类、便民类、教育类、健康类资讯应用,手机导航、移动搜索、手机邮箱、位置签到服务等。其中,除了传统的各类新闻、娱乐、财经、健康等信息外,位置签到服务整合了用户位置信息与社交网络、移动营销、本地生活服务,是移动互联网应用领域的重要创新。

(2)电子商务类

此类应用主要包括手机购物(商店、移动拍卖、移动商贸中心平台)、手机钱包、信用卡、移动信用卡等。手机电子商务今年来增长很快,主要原因是手机支付近一两年来被大力推广,其次是淘宝等电子商务平台积极投入手机版网页及客户端产品布局,极大提升了用户移动交易量及活跃度。

(3)社交沟通类

社交内容不仅成为互联网领域的重要浪潮,更因为移动互联网便携、亲近、随时随地使用的终端特性,成为移动互联网重要的应用服务。根据摩根士丹利(2010)的统计,截至 2009 年 10 月,全球的社交网站已经拥有 8.3 亿的独立用户,在世界范围内,社交类服务都成为了移动互联网的重要应用。

(4)游戏娱乐类

此类应用主要包括除去内容服务以外的游戏、娱乐信息定制等。据摩根士丹利[1]统计,在 APP Store 中游戏类应用数量已经达到 2.26 万个,占总数百分比为 19.1%;娱乐类应用数量达到 1.72 万个,占总数比 14.6%,是所有应用中数量最多的应用。

(5)工具类

此类应用主要包括办公软件、财务软件、手机工具等,尤其是针对手机用户、电脑用户所需用的办公、学习、娱乐软件,大多是 PC 版本软件对应开发的手机版本,抑或是按照移动需求所创新的工具,例如名片识别、手电筒、录音、便签等。工具类应用服务的开发,是软件商的优势所在。

---

[1]　《2009 移动互联网研究报告》,Mary Meeker,摩根士丹利,2010,第 48 页。

（四）用户发展现状

移动互联网的用户,以通过移动终端使用移动互联网内容和应用为主要标志,主要包括手机上网网民,使用笔记本、平板电脑等终端上网的用户。据易观国际统计,2011 年第一季度中国移动互联网用户规模达 3.43 亿人,相比去年同期增长 66.5%。2011 年上半年,中国移动电话用户量按统计为 9.2 亿户①。可以推论,随着智能手机的普及,移动互联网用户有很大的发展空间。

总体看来,这群用户目前呈现出男性化、年轻化、低收入的特征,他们多为高中学历,职业大多为学生或公司一般职员。根据易观国际的《中国移动互联网市场用户研究报告 2010》②显示,目前移动互联网用户在用户性别构成上仍以男性为主,男性用户的占比高达 89.1%。在用户年龄构成上以年轻人为主。在用户学历构成上,高中学历用户的占比仍是最高的。在用户的职业构成上,学生和企业一般工作者构成了移动互联网用户的主体,两类用户将近占一半的比例。按收入构成来看,低收入者占了一大半。

总的来说,移动互联网用户规模庞大。如此庞大的市场,无论是对移动终端生产商、网络运营商,还是内容生产商、广告商都有着巨大的吸引力。另一方面,参考互联网的发展轨迹和创新扩散理论,移动互联网的用户将会从目前的特定人群向更多普通大众扩散。

四、移动互联网发展中的重要问题

（一）关于平台竞争

平台是移动互联网内容生产的标志性特征。移动互联网的产业特征是从传统的竖井式发展逐渐转型为平台式发展。目前的平台竞争,在终端方面主要体现为手机操作系统之争。在内容方面体现为内容和应用的销售平台(业界通常称之为应用商店)的竞争。

1. 手机操作系统的竞争

智能手机的主要操作系统为 Symbian、Android、Windows Phone、iOS、MeeGo、Web OS、BlackBerry OS、三星 Bada。Symbian 是老牌的操作系统,由于 Android、iOS、

---

① 中国工业和信息化部公布数据。
② 《易观发布:2009 年至 2010 年中国移动互联网用户结构对比》,易观国际,2010 年 7 月 31 日。

Windows Phone 的冲击,近年来已经逐渐势微。如下表所示,2011 年第二季度诺基亚占据市场的头把交椅,但是市场份额已经有了明显下降,这主要是由于其 Symbian 操作系统的老旧所致。三星借助其新上市的 Android 操作系统的 GALAXYS 系列稳坐第二位置。苹果得益于其新增的与 15 个国家 4 家运营商的合作,销售量超过 1960 万,升至第三的位置。国产终端生产商搭载 Android 操作系统,近几年销售量和市场占有率也有稳步增长(见表 3-4)。

表 3-4　2011 年第二季度全球智能手机销量(以千为单位)①

手机厂商	2011 年销售量	2011 年市场份额	2010 年销售量	2010 年市场份额
诺基亚	97869.3	22.8	111473.7	30.3
三星	69827.6	16.3	65328.2	17.8
LG	24420.8	5.7	29366.7	8.0
苹果	19628.8	4.6	8743.0	2.4
中兴	13070.2	3.0	6730.6	1.8
RIM	12652.3	3.0	11628.8	3.2
HTC	11016.1	2.6	5908.8	1.6
摩托罗拉	10221.4	2.4	9109.4	2.5
华为	9026.1	2.1	5276.4	1.4
索尼爱立信	7266.5	1.7	11008.5	3.0
其他	153662.1	35.8	103412.6	28.1
总计	428661.2	100.0	367986.7	100.0

2. 应用销售平台的竞争

除了操作系统以外,主要的竞争焦点在于内容和应用的销售平台,业界通常称之为应用商店。艾瑞咨询(2011)②认为应用销售平台的主要功能是:具备一套完整的技术和功能架构,整合海量应用提供商和第三方开发者,通过网络或客户端向客户展示、推销应用,通过内嵌广告系统为广告主提供手机广告发布、管理等服务,同时满足用户、开发者和广告主的需求。

(1)以电信运营商为主导的平台

在移动互联网战略中,建立自己的应用销售平台,是网络运营商从渠道运营转向综合服务提供商的重要工作。2009—2010 年,三大运营商都相继推出了自己的在线

---

①　数据来源:Gartner 高德纳咨询公司。

②　《2010 年中国手机应用商店研究报告简版》,艾瑞咨询,2011,第 10 页。

应用销售平台,运营模式相似,并且均采用相同的收入分成模式,即运营商进行核算与收费,获得收入的30%,再与合作商进行三七分成。网络运营商的应用销售平台上大部分为收费应用。目前,天翼空间的应用数量增幅最明显,但市场份额仍是中国移动最大。三大运营商的应用销售平台具有显著优势,如掌握庞大的通信用户资源,BOSS 系统使得平台不需面临支付上的难题,对产业链中各主体的整合能力较强(见表3-5)。

表3-5 中国三大运营商应用销售平台概况

	中国移动	中国联通	中国电信
应用销售平台名称	移动 Mobile Market	沃商店	天翼空间
上线时间	2009.8	2010.11	2010.3
创建方式	由广东移动和卓望科技共同建设;中国移动数据部负责运营	中国联通与上海联通共同建设	中国电信北京研究院开发
服务费分成	3:7 分成,运营商进行核算与收费,获得收入的30%,再与合作商进行分成		
支付方式	话费支付	沃账户(可绑定话费支付或使用第三方支付)	固网支付、第三方支付
运营模式	中国移动开发者社区负责引入应用和服务,UI/UE实验室及测试中心负责应用上线测试和验证,移动MM 负责门户的运营及应用的营销推广	中国联通是沃商店主要承建者,并负责其全面统一的营销推广。未来也许会考虑与 App Store 联合进行推广	引入第三方公司参与运营,中国电信主要负责门户的运营及应用的营销推广,第三方公司负责平台技术方面的支持工作和应用的审核
产品	手机客户端、Web 网页、Wap	手机客户端、Web 网页	手机客户端、Web 网页、Wap

(2)以 IT 厂商为主导的平台

在此背景下,终端厂商正在通过建设自己的平台渗透到内容和应用领域,并进一步借此绑定用户。苹果开创性地提出了 App Store。这是第一个以终端为主导的开放式应用销售平台,于 2008 年 8 月推出。上线之初仅有 500 个应用,在连续的高增长率之下,2011 年 6 月平台上已拥有 37 万应用,相比第一季度继续保持 7% 以上的增速,在所有类型的应用平台中一直保持应用数量第一。2009 年 5 月,诺基亚 OVI Store 正式上线,2010 年应用数量增至 4 万左右,以每周一千个的数量持续增长。在中国 OVI Store 是同类应用平台中访问率最高的,艾瑞调查数据显示其中国 2010 年访问率达到了 65.2%。之后不到一年的时间里,索尼爱立信 Playnow、Windows Phone Marketplace 等以终端厂商为主导的应用销售平台便如雨后春笋般涌入市场。据摩根士丹利(2010)①统计,在应用销售平台上,苹果的 App Store 目前处于领军地位。

终端提供商所主导的平台,其优势在于使用该终端的用户与平台自然产生捆绑关系,即终端的用户自然转化为其平台的用户。终端厂商可以利用其用户市场规模,推动自身平台的发展。

(3)以内容、应用提供商为主导的平台

传统的互联网企业在移动互联网上面积极打造自己的内容整合平台。其中,最令人瞩目的是谷歌。谷歌通过打造开源的 Android 手机操作系统,得到了与多个智能手机品牌商合作的机会。不仅如此,Android Market 于 2008 年 10 月上线后,截至 2011 年 6 月,Android Market 平台上的应用达到 33 万种,其应用增速高于 App Store。其次,Facebook 在全球范围内,也成为了一个强大的应用服务提供商。Facebook 上面具有大量活跃的发开商,提供超过 35 万的应用,其下载量达到了 5 亿多次。

以内容、应用服务提供商为主导的平台,其优势在于他们善于把握用户需求,前期已经积累了大量优秀的内容基础,具有良好的开发和产品化的能力,以及善于品牌推广和营销。对市场的敏锐和对产品的运营,使其在灵活度和用户活跃度上具有良好的发展前景。

(二)关于商业模式的思考

2011 年移动互联网市场迎来强劲增长,根据艾瑞咨询的乐观估计,2011 年中国移动互联网市场将达到 400 亿元的水平,2014 年将突破 3000 亿元。现实中,移动互联网领域的盈利模式,有的通过广告,有的通过向企业或者向用户收费,但整体都没有摸索出很好的道路。

目前主要的广告模式主要是,应用广告平台将广告发布到平台所覆盖的应用中,用户浏览、点击广告的数据反馈到广告平台数据库,平台按一定比例与应用开发者进行广告分成。然而,终端的屏幕小,网络的带宽不够,无法畅快展示广告图片和浏览广告网页,是现在广告形式上出现的主要问题。

此外,用户付费是移动互联网商业模式的又一重要形式。典型的形式是在应用销售平台,用户通过下载内容或应用,向内容、应用服务提供商以及运营商支付费用。同时由于使用网络,产生向运营商支付的流量费用。但是由于付费应用会减少用户下载的热情,降低用户的活跃度,这在初期容易成为阻碍内容、应用服务发展的重要因素。

---

① 《2009 移动互联网研究报告》,Mary Meeker,摩根士丹利,2010,第 44 页。

　　据 eMarketer 发布的数据预测①,2011 年中国市场的移动互联网广告规模将达到
4.5 亿美元,比 2010 年增长了一倍。此后这一数据还将以超过 50% 的比例继续增
长。预计到 2015 年,中国移动互联网广告市场将接近 13.9 亿美元。移动互联网的
广告市场必然比报纸、电视台的广告空间大,但其潜力还未发挥。广告运营的体系也
要建立。广告公司跟运营商、终端厂商的合作并不多,广告公司对此还未有过多的投
入和关心,主体仍为报纸和电视广告,而小部分做互联网广告。此外,还有广告的效
果监测,即做了广告之后必须告知客户有多少人看了该广告,到达率、覆盖率、成本,
这样的模型在移动互联网广告里也需要建设。商业模式的解决是一个长期的问题。
总的来说,按互联网广告发展的历史经验来看,在初期阶段应该主要依靠广告模式来
支撑移动互联网运营。

---

　　① 《2011 年中国移动互联网广告规模将达 4.5 亿美元》,中国广告网,2011 年 4 月 21 日,http://
www.cnad.com/html/Article/2011/0421/20110421092447885.shtml。

北京政府微博市场化策略研究

黄　河　王芳菲①

摘　要:现今,微博的兴起强化了民间舆论的作用和影响,并对政府的社会管理能力和公共服务水平提出了更高的要求,同时也提供了有利的条件。本文着眼于北京政府微博的发展状况,通过对相关样本的考察,较清晰地总结出目前北京政府微博的开办特点,从而探索研究可供政府微博参照的运作策略。

关键词:微博　北京政府微博　运营策略

微博,是微型博客的简称。因其与传统博客相比,发布字数受到很大限制(大多微博平台规定每条微博不得超过140个字)而得名。网友昵称其为"围脖",发微博也相应被称为"织围脖"。

通常,微博具有发布、关注、评论和转发四大基本功能。基于这些功能及其所处的媒介融合的大环境,微博的信息传播体现出两个显著特征:

第一,即时的信息发布及由此形成的"秒互动"。借助各类网络的支持,微博用户无论是使用相对固定的台式电脑,还是可移动运行的笔记本电脑、手机等终端,都能随时随地在微博平台上发布信息及"评论"或"回复",以往传播所受到的时间和空间上的局限被打破,这使得微博用户之间的互动更为直接和流畅,同时也保证了微博裂变式传播的顺利推进。

第二,基于社会网络的裂变式传播。微博属于社会化的媒体,用户的广泛参与和积极互动所编织起来的关系网络,是微博上信息传播的基础。因此,微博上的信息传播与大众媒体的自上而下、点对面的单级传播不同,在实际传播过程中,一条由网络"节点"发出的微博信息往往会呈现出类似"一传十、十传百、百传千"这样的多级裂

---

① 黄河,中国人民大学新媒体研究所副所长;王芳菲,中国人民大学新闻学院。

变式传播,在几次"裂变"之后,这条信息的传播效果就可能超乎想象。

微博的兴起进一步强化了以互联网为平台的"民间舆论场"的地位和作用,公众的利益诉求有了更迅捷、更广阔、更有影响力的表达空间。在微博业务井喷的 2009 年至 2011 年 6 月,我国的微博用户数量已骤增到 1.95 亿[①];在 2010 年下半年的舆情热点事件中,有 28.6% 的事件起源于微博、71.4% 的事件经由微博推动[②]。当前,微博已经迅速跻身主流网络媒体之列,并成为推动突发事件、公共议题乃至社会运动的重要力量。

微博对政府的社会管理能力和公共服务水平提出了更高的要求,同时也提供了有利的条件。对于政府部门而言,如能较好地掌握微博的传播特点并妥善利用微博,不仅利于政府及时公开信息、有效引导舆论、强化社会监督,还利于政府更加通畅地获知社情民意、加强民主和科学决策、改善和优化与群众之间的关系、有效展开社会动员,从而更好地做好社会管理和公共服务工作。在这一背景下,许多政府部门和官员积极开通微博账户,与广大微博用户一起尝试和摸索微博的新功能和新的传播规律。自 2009 年 11 月第一个政府微博诞生到 2011 年 3 月 20 日,全国范围内已有实名认证的政务机构微博 1708 个,其中政府系统微博 1671 个,占总比例的 97%;党委系统微博次之,为 35 个;政协、纪委微博各 1 个。总体而言,我国政府微博在平台选择上首选新浪微博;南方的政府微博数量远多于北方;公安系统微博数量最为庞大。[③]

本文着眼于北京市的政府微博发展状况,希望通过对相关样本的考察,能够较为清晰地总结出目前北京政府微博的开办特点,同时也尝试提炼出可供政府微博参照的运作策略。在研究对象选择上,本文选取新浪平台上开通的北京政府微博进行研究。这主要基于以下两方面考虑:其一,新浪微博是我国开通较早的微博平台,其发展相对较为成熟、用户规模较大、用户活跃程度较高;其二,就我国现今政府微博的发展情况而言,新浪微博是政府微博落户的首选,有 87% 的政府部门选择在新浪微博上注册微博账号。此外需要说明的是,本文按照行政区划和行政职能部门对研究对象进行分类统计。其中,职能部门分类指标包含两个层级:一级指标按照行政构成来做区分,分为党委、政府、人大、政协四类,即俗称的"四套班子";二级指标即按照部门职能加以划分,如党委分为党团机关、组织部、宣传部等部门,政府则包含政府机

① CNNIC:《第 28 次中国互联网络发展状况统计报告》,2011 年 7 月。
② 中国传媒大学网络舆情(口碑)研究所:《2011 上半年中国网络舆情指数年度报告》,2011 年 7 月。
③ 复旦大学舆情与传播研究实验室:《2011 中国政务微博研究报告》,2011 年 4 月。

关、公安、交通、司法、医疗卫生、旅游、市政、工商税务等类别。

一、北京政府微博的发展状况

经笔者统计,截至 2011 年 9 月 15 日,在新浪微博平台有实名认证的北京政府微博账号共计 107 个。

从行政区域分布情况上看,北京市 14 个市辖区、2 个县中,除石景山区、平谷区和密云县 3 地的政府机构并未开通新浪微博外,其他 15 个区县在新浪微博平台上共计开通了 77 个政府微博(市直属机构微博为 30 个)。

从职能部门分布情况来看,北京政府微博中,政府系统仍占大多数,注册数为 88 个,占总比例的 82.2%;党委系统有 18 个,占比为 16.8%;政协系统开通了 1 个微博,人大系统暂未开设微博。

具体而言,北京政府微博主要特点如下:

(一)政府微博在各区县普及率超过 80%,城区开办情况优于近郊区县

截至 2011 年 9 月 15 日,在新浪平台上开通政府微博的北京政府机构范围涉及市级机构及 15 个区县。政府微博在北京各区县普及率高达 83.3%,这体现出北京政府机构运用微博的积极性。

在具体的分布上,北京市属机构如公安、消防、卫生等各部门共计开通了 30 个微博,居于首位。紧随其后的是丰台区政府机构,共开通了 29 个政府微博(丰台区东铁匠营街道在新浪微博上开通了社区微博群,该微博群就包含了 26 个官方微博),数量上远领先于其他各区县。

此外,北京市城内地区政府机构开通微博的情况要好于近郊区域。在"城六区"中,除了石景山区没有开通政府微博之外,其他 5 个城区(东城区、西城区、朝阳区、海淀区、丰台区)的政府微博数量均位于排行榜前列。"城六区"共计开通微博 59 个,平均每个城区开通近 10 个微博;而其他 10 个近郊区县共计开通微博 18 个,平均至每个区县不足 2 个。北京市各行政区域政府微博的开办数量情况如图 3-1 所示。

(二)社区微博成为北京政府微博的一个亮点

在统计中发现,与其他省市政府微博开办情况类似,北京地区的政府微博亦多集中于公安、旅游、党政机关、工商税务等部门。在不同机构类别的政府微博开办数量中,排名前 5 位的见图 3-2。这与这些部门的工作性质有关,一方面,它们需要借助

（单位：个数）

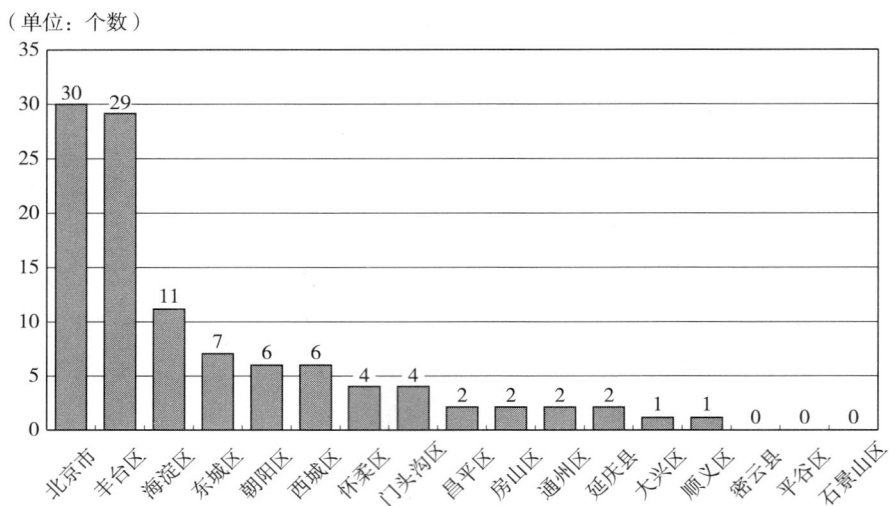

图3-1　北京各行政区域政府微博的开办数量

微博进行大规模、常态化的信息发布；另一方面，它们的工作内容也涉及到政府的社会公共服务层面，可借助于新媒体来塑造自身的人本和服务形象。在实际运营中，这些部门的微博信息发布较为及时，服务性、实用性、互动性都比较强。

（单位：个数）

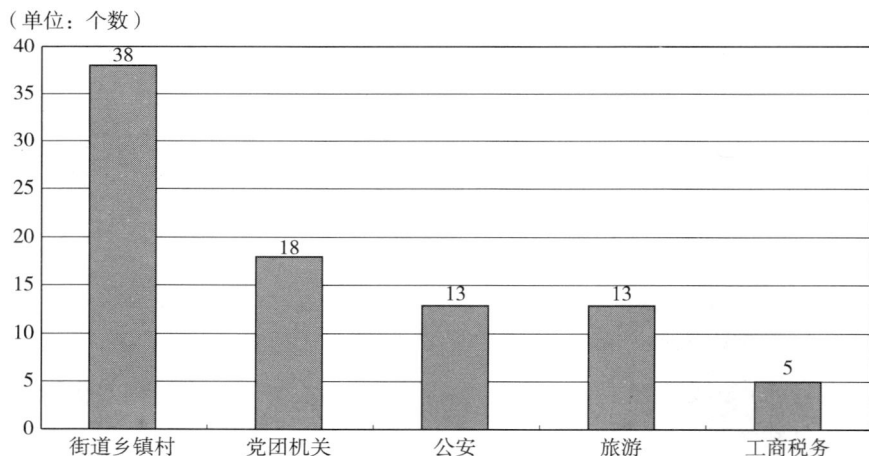

图3-2　不同机构类别的政府微博开办数量（前5位）

此外，随着近年来北京市政府创新社区管理体制、推进社区公共服务、壮大社区工作队伍等管理工作的推进，北京社区微博快速发展。社区微博以达到38的数量高居排行榜首位，并远远领先于党团机关、公安等职能部门；这形成了北京政府微博区别于全国其他省市区域的一大特色。比如丰台区东铁匠营街道开通了微博群，该街道内的同仁园、刘家窑、蒲黄榆、成仪路等社区的党委、办事处均在新浪微博上注册了官方账号,用以宣传社区内的各项活动,达到服务社区居民的根本目的。

(三)公安系统微博影响力领先于其他政府微博

基于微博活跃度和微博传播力两大指标①考察了北京政府微博的影响力。其中,微博活跃度是指相关政府微博进行信息发布和官民互动的频率,主要考察微博发布的信息数量、发布频率、原创率和评论数量。活跃度越高,表明该政府微博越能进行及时的信息发布和频繁的官民互动;这反映了政府微博运营管理者的实际工作态度。微博传播力则是指政府微博发布信息的传播能力和传播范围,统计时包括粉丝数量、关注数量、微博的转发数量等指标。一般而言,传播力越高表示该微博所发布的信息能到达的范围越广泛、造成的影响越大;故而该指标可用于衡量政府微博所能起到的传播效力。

根据上述两大类指标,我们分析得出北京十大政府微博排行榜,见表3-6。

表3-6　北京十大政府微博排行榜

排名	昵　称	认证信息	职能部门分类	关注数	粉丝数	微博数	活跃度排名	传播力排名
1	平安北京	北京市公安局官方微博	公安	561	1667567	4847	1	1
2	北京市旅游发展委员会	北京市旅游发展委员会	旅游	236	237685	2160	2	2
3	海淀公安分局	海淀公安分局官方微博	公安	220	165988	1094	4	3
4	科技北京官方微博	北京科学技术委员会官方微博	其他	92	88914	1027	6	5
5	门头沟禁毒	北京市门头沟区禁毒委员会办公室	公安	545	85473	949	7	6
6	北京消防	北京市公安局消防局官方微博	公安	319	128118	583	5	8
7	北京铁路	北京铁路局官方微博	交通	17	214733	152	3	10
8	怀柔区旅游局官方微博	北京市怀柔区旅游局	旅游	1032	50614	1045	10	4
9	通州警方在线	北京市公安局通州分局	公安	123	67874	705	8	7
10	北京西城	北京市西城区人民政府新闻办公室官方微博	政府机关	24	63085	188	9	9

由上表可见,在北京10大政府微博排名中,公安部门的政府微博占据一半席位,

---

① 该指标部分参考人民舆情监测室:《腾讯政务微博地图》,2011年8月。

在影响力层面上远远领先于其他职能部门微博。这主要由于该类微博开通得较早，现今已经发展得较为成熟，形成了信息公开和网络协助办案的相关机制。

（四）活动类微博较多被采用

在此次研究中，我们还关注到这样一个现象：有些政府部门除了为机构自身开通微博，还会为其正在进行的活动专门注册微博账号以加大宣传力度；有的政府部门可能出于试探运作的心理或对开博后传播管控的顾虑，并不直接开办官方微博，而是希望先借助组织的某项活动的微博判断开办官方微博的必要性及风险。以上这两种思路使得活动类微博被政府较多地采用。

比如，共青团北京市委员会企业工作部开通"百万青工岗位建功行动"的微博，通过发布青年团员在工作岗位上接受技能培训、开展技能比赛等活动信息，达到宣传由共青团北京市委、市人力社保局、市国资委、市总工会主办的市级技能实践活动的目的。

再如，首都文明办在举办"身边好人"活动时，专门开通了"身边好人"微博，来集中宣传北京地区内的好人好事和号召社会开展救援、捐助等活动。

又如，北京市统计局借第六次全国人口普查之际，开通了"北京人口普查"微博，专门用于通报人口普查工作的相关进度。

通过以上的统计分析，我们可以看出北京政府微博已具备一定规模并且发挥自身作用。但值得注意的是，由于没有现成的管理条例和模式可以依循，不少政府微博处于散乱的状态，在运营中出现了不少的问题：

有的政府机构在开通微博后没有把微博作为一项常态工作对待，使得信息更新不及时、无规律可循——许多政府微博会接连几天甚至几周都没有更新，而有的甚至开通后就再没有发出过声音，如某区城管监督指挥中心的官方微博，只在2011年3月11日开通时发布过两条信息；

有的政府微博在内容上把关不严格，或传播了虚假不实信息，或使得星座、笑话、娱乐等八卦信息占据了过大比重；

有的政府微博始终无法掌握微博的语言体系，延续了政府公文和新闻公关稿件上的表示方式，官话、套话连篇，既缺乏实际信息，也与微博的平民化环境格格不入；

有的政府微博不能很好地放下架子与网民展开互动与沟通，存在网民问得多、政府答得少，网民问得早、政府答得迟的情况；

有的政府微博虽然获悉了公众的困难，却缺乏有效解决问题的机制，网上表姿态多，网下办实事少。

诸如此类问题的存在，使得部分政府微博非但没能发挥其应有的作用，反而让政府形象大打折扣。

二、政府微博运营市场化社会化的探索

针对政府微博目前存在的这些问题,我们认为可以从管理机制、形象表现、关系管理、信息推送、手法创新这 5 个方面探索其对策或优化方案,详见表3-7。

表 3-7　政府微博运营需关注的 5 个方面

运营要点	关注层面	备　注
管理机制	领导支持、部门设置、运营团队、职责分配	主管领导的重视和支持是政府微博有效运营的根本;其次则是要有固定的部门及运营团队具体负责微博的维护,并且要有机制保证工作人员落实责任
形象表现	用户名、头像、信息标签、页面背景	政府微博在进行视觉形象设计时,要注重体现人性关怀,通过有个性的、妥当的形象设计,突出政府微博"人"的温度,增加用户的好感
关系管理	关注数、粉丝数、关注质量、粉丝质量、转发、评论	精心选择关注对象,建立合理的关注结构,提升社交圈的质量;尽可能扩大粉丝数量,扩大微博的影响范围;通过积极的转发与评论等互动行为,维系关系
信息发布	信息内容、发布技巧	微博运营内容是基础。要精心打造微博内容,掌握微博发布体例,用规律化的发布频率、多样化的发布形式等来吸引粉丝关注,巩固与粉丝间的关系,促进信息有效地传播
手法创新	策划事件、微访谈、微博直播	政府微博要不断扩大影响力,也需要努力创新,如策划事件,或采用微访谈、微博直播等信息传播方式

(一)管理机制

若要实现政府微博长期有效的运营,首先要保障微博拥有良好的管理机制。这主要包括:主管领导重视,在政策和资源配置等层面对微博的运营予以支持;设定微博运营的部门归属,有专门的机构及团队负责其日常运作;设立微博运作机制,如权责分工、与相关部门的协调制度、值班制度、处理规范与原则、绩效考核。

(二)形象表现

微博上的传播有利于关系圈的建立和拓展。对微博的用户名、头像、标签、页面背景等做出适当的设计,能有效提升政府微博在用户心目中的第一印象,从而更利于增进用户好感。这要求政府微博在进行形象(视觉)设计时,要注重体现人性关怀,突出政府微博"人"的温度。对此可以从以下 4 个层面入手:

首先，是用户名设计。对于政府机构而言，要摆脱以往留在公众心目中的过于严肃和刻板的印象，以全新的面貌出现在新媒体领域，选取合适的用户名和头像是至关重要的。在对政府微博命名时，除了可以用政府部门名称直接命名外，也可以适当做些变通；加入一些或体现部门职能特点、或带有人文色彩的创新元素，往往会取得出乎意料的好效果。例如公安系统微博在用户名中便融入了"平安"要素，如"平安北京"、"平安井庄"；以及北京市急救中心的"我在 120 上班"等。

其次，是头像设计。政府微博在选择头像时，可以进一步打开思路。比如，可以选用机构标识作为头像，明确告知政府机构的身份，如北京市急救中心，这样在粉丝看到头像时便知道该微博属于哪个部门。又如，可以设计卡通形象用作头像，给人以亲切可爱的印象，公安系统微博便多选用卡通警察作为头像以体现其亲民特征。此外还可以选地标象征、艺术设计、地图、宣传画等作为头像。

再次，是信息标签设计。通常微博有自我介绍及标签等能够进一步表明自身特点的功能，用户会根据这些信息进一步感知政府的形象，同时这样的信息也让特定的政府微博更容易被检索和关注，从而帮助其扩大自己的关系圈。比如北京急救中心在个人简介处做出了这样的介绍："我们在北京急救中心上班，就是在街上呼啸而过的 120 救护车～～～"，不仅简明扼要地点出了急救中心的主要工作，语气也生动活泼，网络聊天通用符号"～"的运用更是可圈可点，一个亲民、服务的部门形象跃然于微博之上。

最后，是页面背景的设计。如同人们的着装，不同的装扮会给他人以或干净、或可爱、或古板的印象。对于微博而言，其页面背景结构、色彩及修饰也会给微博用户传递类似干净、干练、亲和、严肃等不同的形象信息。

（三）关系管理

政府微博的关系圈决定了政府部门发布信息所能达到的影响范围和影响力度。微博上的关系圈由两方面决定——关注谁与被谁关注，各自的数量与质量决定了微博关系圈拓展的成效。

政府微博的关注对象对其运作有两大作用：其一是作为信息源，为政府部门提供源源不断的信息。这时，政府微博关注对象的质量，直接决定了政府部门所能从微博上获取信息的广度、深度与准确度。其二是作为交往过程的中间节点，可借助他们推动信息的传播，并帮助政府微博发展社会关系。值得一提的是，并非关注的微博越多，关系圈就越大、质量就越高。如果关注对象都局限在一个小圈子里，具有高度的同质性，那便会局限视野，同时也不利于社交圈向全社会扩展。因此，对于政府微博来说，在追求关注数量的同时，也要构筑合理的关注结构。

政府微博被谁关注,指的是政府微博的粉丝情况。虽然粉丝数量和粉丝质量并不能完全由微博管理者决定,但是微博管理者在实际的运营中,仍是要注重提升粉丝数量和粉丝质量两项指标。一般而言,粉丝数量越大,政府微博的直接受众群体就越广,信息所能产生的直接影响就越大。另一方面,优质粉丝,尤其是意见领袖对信息的评论和转发,将有助于信息的多级传播及扩散。

需要注意的是,尽管政府微博可以凭借政府自身的知名度、有针对性的关注等来吸引粉丝关注,但是若要进一步巩固和扩大关系圈,仍需要政府微博运营者坚持不懈地打造高质量的信息内容和通过评论、转发等方式加强与粉丝间的互动。

(四)信息发布

政府微博是政府与民众沟通的新窗口,既然是沟通,那么沟通的内容和方式就至关重要。政府微博究竟该说什么、怎么说呢? 接下来我们就以运作较为良好"平安北京"微博为例,从信息内容和发布技巧两个方面加以详细剖析。

1. 精心打造信息内容

一般说来,政府微博信息从内容上可分为形象塑造类信息、公共服务类信息、关系维护类信息这三种类型。其中,形象塑造类信息用于组织印象的建构;公共服务类信息与民生息息相关,利于增强用户对政府微博的好感;而关系维护类信息则着重从互动角度强化关系,可有效提高用户忠诚度。这三大类内容功能不同,却相辅相成,能否对其加以合理规划与挖掘,将从根本上决定政府微博运行的成败。

(1)以机构职责为基础的形象类内容

政府形象通常是指公众对政府行为及政府人员的总体评价,这一评价涉及政府执政理念、执政方式、决策方法、工作绩效等多个因素。在现代社会中,公众很难做到对以上所有涉及政府形象的因素都有直接经验,借助媒介提供的相关信息进行判断是其对政府形象形成综合认知的重要途径。政府微博对政府形象的塑造主要是通过本部门围绕自身职能定位,自主实时更新相关信息,展现工作理念与工作成果实现的。

"平安北京"是公安系统的官方微博。作为公安机关,维护社会秩序、保护公民的人身财产安全、制止和惩治违法犯罪活动是其主要职责。公安系统微博在形象塑造上,也要以这一基本职责为出发点,向公众及时通报近期治安情况以及公众关心的案件的侦破进展,汇报本单位的工作内容与成果,以塑造政府高效履职、不负人民卫士之名的积极形象。

此类形象塑造类内容可具体划分为政策类信息、社会治安类信息以及政府宣传类信息三类。

　　政策类信息主要着眼于政府机构出台或发布的政策、报告、通知等内容,发布目的在于将政府的最新决策及时下达。

　　社会治安类信息主要涉及特定周期内的警情分布,披露公安部门打击犯罪的成果,以及提供近期发生的或民众关注度较高的民事、刑事案件的最新信息等。这类主题为公安微博所特有,是公安部门职能的直接体现。像是"平安北京"在每周都会发布"一周治安播报",并经常对公安干警执勤活动进行微博直播,传播效果良好,多数用户在留言中认为北京公安工作负责,很多网友对其工作成果或"顶"或"赞",政府形象明显得到提升。

　　政府宣传类信息主要报道警界活动、展示警队风采以及发布警员访谈等,主要用于进一步增进公众对警方工作以及警队建设的了解,从而有助于公众对公安机构更全面、更深入的认知的形成。不过在微博平台上,宣传类信息亦需讲究方法。"平安北京"微博对北京市西城区义达里社区民警、全国第四届"我最喜爱的十大人民警察"候选人李国平的典型人物报道,可以为如何进行政府微博宣传提供借鉴。这则报道不同于一贯的以生硬赞扬为主要手法的树典型方式,而是通过实地考察李国平的管辖社区,讲述其与社区以及社区居民的集体记忆为主,展现李国平与片区居民的鱼水关系。这样的内容得到了微博用户比较高的关注,有的用户还留言发出"这个警察真好"之类的感叹,公安形象的提升自不必言。

　　(2)注重突发事件及生活辅助信息的公共服务类内容

　　如果微博用户对政府微博及其背后的政府有了良好的认知,他们就会更多地对政府微博加以关注。但这并不意味着用户会一如既往地对政府微博产生兴趣,接下来,如何提高他们对政府微博的黏性就变得关键。那么,何种信息利于持续吸引用户关注呢? 我们的研究发现,发布突发事件信息以及生活辅助信息等公共服务信息,分别可以达到主动吸引用户和长期维持用户关注的效果。

　　①有必要做好突发事件信息发布。公众对突发事件信息的需求源于突发事件导致的不确定性产生的认知不协调。为了使认知恢复平衡状态,公众需要获得大量信息,从中选取有价值的部分来调整既有认知。因此,关于突发事件进展、事件对公众影响、相关应对措施等方面的信息是用户的天然关注点。事件波及范围越广,带来的不确定性越大,用户的信息需求就越高。其中,与公众自身利益关联性越高的内容越能够吸引他们的关注。

　　政府作为社会最大的信息源,在制造、获取和传播应急信息上有着其他发布主体所不具备的权威优势。因此,突发事件中,政府微博进行的及时全面的信息发布,必然会吸引用户的目光。

　　在突发事件的信息发布上,政府微博要做到及时、动态和全面。在这一点上,

"平安北京"微博的处理方法值得借鉴。2011年3月11日14点46分日本突发9.0级地震。灾难发生仅1个多小时,平安北京就开始持续发布有关地震信息,从实时救援进展到使领馆电话,再到各类防震避震知识,不一而足。从3月11日至17日,"平安北京"共针对此事件发布了4条救援新闻、4条驻日使领馆联系方式以及29条相关防震避震知识,共计37条微博。这些微博共被转发与评论33000余次,平均一条微博891.9次,成为"平安北京"微博半年间被关注最多的内容。网友也对这次事件的信息发布表示赞扬,"速转"、"真快"、"有用"等成为网友评价中出现次数最多的字眼。

②可以多挖掘生活辅助类信息。

通过发布突发事件信息,政府微博能在一定时间段内增加用户关注;如果希望更加持久地让用户主动关注微博,就必须不断发布和他们日常生活息息相关的实用信息,在这里我们称之为生活辅助信息。"平安北京"的微博中,转发与评论数量最多的内容均集中在社会治安类信息通报、防范提示、便民贴士、警界活动报道以及交通信息服务等5类。其中,除警界活动报道外,其余4类均具有生活辅助性质。

政府微博在筛选生活辅助性信息时,应着眼于对方便大众生活具有实际借鉴和指导作用的信息。"平安北京"微博就曾发布过的诈骗防范提示、网购网银操作方法提示、防暑小知识等等。这类内容虽然时效性不强,但却是大众时时需要的信息。对这类内容的持续发布,会有效增强政府微博的"有用性",有助于维持用户对政府微博的日常关注。

(3)基于互动方式的关系维护类内容

要想让微博得到更多人的关注,便要积极与用户互动,借助良好的关系圈实现信息的扩散。政府微博可在以下3个方面进行设计:

第一,转发他人微博。对他人微博内容的参考和借用,可以丰富己方微博的内容,多元化的内容有助于吸引更多用户,扩大关系圈;此外,转发亦可以成为互动双方关系的润滑剂,能对已有关系实施加固。不过,在看到微博转发的优点时,同时也应警惕转发所能带来的风险。如果转发的是虚假信息,再加之政府微博所具有的影响力,那么这种转发便会扩大信息的负面影响并进而损害政府的公信力。因此,对转发内容加以筛选及求证也很必要。

第二,回复评论与私信。回复本身并不能够扩展关系,关键在于如何回复。只有以服务姿态出现的认真、诚恳的回复才有可能得到用户的肯定,提高其对政府的美誉度,进而巩固与扩展与微博用户的关系;反之,则会使政府的权威性和为民服务的形象受损。

第三,组织线下活动。政府微博的关系维护内容,不应仅仅局限于线上互动方式,通过组织线下活动,将线上的关系作用借助于公益活动、面对面交流等方式拓展到真实的情境之中,同样有助于关系的维护。例如 2011 年 5 月 23 日至 5 与 30 日,"平安北京"微博就组织了一个名为"微书柜"的线下活动,通过微博向粉丝征集闲置书籍用以捐赠给北京市某民工小学。此举得到了很多用户的响应,最终共募集图书 1000 余册。类似的互动还有招募粉丝参加北京特警粉丝见面会、参与京港警务交流足球赛等等。

2. 多样化微博信息的发布技巧

信息内容是政府微博影响力的基础,良好的发布技巧能够助推政府扩大微博影响的范围和程度。我们将发布技巧总结如下:

(1)学用"微博体"

每个信息传播渠道都具有自己的语言体例,微博也不例外。大多数微博业务 140 字的字数上限需要发布者要对内容进行高度浓缩,由此流行的"语录体"、"段子体"、"广告体"等微博体例也需政府微博掌握。此外,"微博体"还注重人文关怀,用人性表达赢得用户的情感共鸣是其重要特点。

(2)规律化信息的发布节奏

在现代传播技术之下,用户的信息期待方式逐渐转向"随时期待",即在其对某一媒介产生期待之后,就希望即时从中获取所需信息。为满足用户这种即刻信息期待,政府微博需要将信息发布的时间和间隔科学固定下来,让用户能够摸清规律。具体做法应是:对于日常信息发布,规划单日发布量,通常一天发布 3 条—5 条主干信息,可算作较为合适的频率;在特殊时期,如有重大事件发生或重要政策发布时,则应灵活改变信息发布速率,使得信息发布能及时满足用户的获取需求,必要的时候甚至可以采用同步直播的手段。

(3)巧用多媒体的发布形式

微博信息虽然以文字为主,但是清一色的文字不仅会让页面变得死气沉沉,也可能降低用户的关注意愿。网络本身就是一个多媒体集成的平台,在文字描述的同时,将图片、视频等多媒体手段加入其中,不仅会活跃页面氛围,也会提高用户对信息的兴趣,扩大信息的传播广度。

(4)适当运用话题功能

简单来说,微博话题就是微博搜索时的关键字。微博平台上往往充斥着大量的信息,如果微博管理者在信息发布时,能适当使用微博的话题功能,便可以将自身发布的信息与微博平台上的同类话题信息汇聚在一起,借助话题的规模扩大信息的影响力。

而在不同的微博平台上,话题的书写形式是不一样的。比如,在新浪微博上,其书写形式是将关键字放在两个#号之间,后面再加上用户想要发布的内容即可。"平安北京"就有知名话题#一周治安播报#、#出行提示#等。以前者为例,用户在搜索这一关键字时,便可看到包括"平安北京"在内的所有微博用户关于"一周治安播报"这一话题所发布的信息。用户如果对这一话题感兴趣,既可以继续发布话题相关信息,也可以选择收藏话题,以便日后查看。如果有关某一话题参与讨论的用户很多,微博编辑便会将其设置为"热门话题",在页面右侧导航栏的"热门话题"板块生成链接。

可见,如果政府微博能活用话题功能,这将利于用户对相关信息的搜索与捕捉,引起用户的持续关注与讨论,进而使其发布的信息达到事半功倍的传播效果。

(5)善用微博的"呼叫"功能

微博的"呼叫"功能是一种特殊的信息推送方式,主要是将信息通过私信转发、@某人或转发至微博群等特定手段,实现向特定用户的推送。如果政府微博能善用这种手法,可以让某条信息到达明确的受众群体,提升信息的针对性;同时,收到呼叫的用户也通常会对微博做出回应,这样便在微博平台上形成了互动,无形之中亦扩大了政府微博的关系圈。

(五)手法创新

政府微博要不断扩大影响力,也需要努力创新,如策划事件,或采用微访谈、微博直播等信息传播方式。

在策划事件方面,可以有两类方式。

其一是利用现成事件发起相关活动。比如针对微博中的关于偏远地区教育难题的求助信息,可开展"随手送书下乡"活动;基于网民微博打拐的热潮,开展"随手拍解救乞讨儿童"活动等等,这均有利于提升政府微博的形象。

其二便是主动策划与广大网民相关的事件。这类事件往往具有针对网民开办、参与成本低等特点,利于激起网民的广泛共鸣。

政府微博平台开展的事件活动,既打破了时空的限制,让各地网民在任何时候都能参与活动之中;又为网民参与社会建设提供了良好的途径,增强了其主动性;政府部门的形象在活动举办过程中亦得到了提升。

微访谈是在微博平台上呈现的访谈。与传统访谈不同,微访谈的所有问题都来自于普通微博用户,并且由访谈嘉宾通过回复微博直接作答,真正做到了嘉宾与网民之间的零距离交流。政府微博可以利用这种形式,实现政府部门、政府官员与网民的面对面沟通,树立政府亲民、服务的良好形象。

此外,由于微博本身具有的快捷的传播机制和庞大的用户基础,微直播现今已经成为活动信息最快速的传播方式。政府微博可利用这种方式,进行有关重大事件或活动的实时信息发布,以满足网民的"随时信息"获取需求。

三、结 语

通过统计分析,我们可以了解北京政府微博开办与运作的现状。基于目前政府微博运作中的经验和问题,笔者又从管理机制等 5 个方面梳理了一套可供借鉴的方法。需要指出的是,上述的技巧固然重要,但最为关键的还是各级政府人员工作思路和工作作风的转换及优化。只有如此,新媒体这样的"器"才能够和"全心全意为人民服务"的"道"真正地凝合,并充分发挥其应有的作用。

(注:本成果受到中国人民大学"985 工程"新闻传播研究哲学社会科学创新基地的支持)

新技术周期下移动互联网产业形势分析

罗晓娜①

摘 要:移动互联网开启了人类社会的新技术周期,移动互联网最终将成为重新定义和改变世界的力量,如同传统互联网对社会生活方式和商业规则的变革一样,这一切已经悄然发生,并将进一步呈爆发式增长。与早前桌面互联网经济所经历的大浪淘沙相比,新技术周期下,移动互联网的发展将更加公平、开放、理性,产业链各主体在多元竞争环境下,以"免费"赢得市场、以"平台"支撑经济、以"应用"创造价值。由此带来的商业模式创新与产业变革将成为未来拉动经济发展的关键。未来,在统一平台下,Web3.0创新应用将成为移动互联网时代最具潜力的投资方向。

关键词:移动互联网 新技术周期 Web3.0

自2009年至2011年,我国3G网络建设已初具规模,三大运营商覆盖全国的基本网络架构业已完成。据中国互联网络信息中心(CNNIC)最新发布的《中国互联网络发展状况统计报告》显示:截至2011年6月底,中国网民规模达到4.85亿,较2010年年底增加2770万人,互联网普及率攀升至36.2%,较2010年年底提高1.9个百分点(见图3-3)。②

尽管网民规模仍然保持增长,但是增长速度明显减缓。2011年上半年网民增长率为6.1%,是近年来最低水平。新增网民为2770万,网民增长的绝对数量也小于去年同期(2010年上半年)3600万的水平。网民规模增长放缓的原因是互联网应用普及缺乏新的促进因素。2009年3G手机上网带动了网民增长的新浪潮,随着技术与应用能量的逐步释放,易转化群体逐渐被渗透和纳入网民群体。

---

① 罗晓娜,中国联合网络通信有限公司研究院。
② CNNIC:《中国互联网络发展状况统计报告》,2011年7月。

（单位：万人）　　　　　　　　　　　　　　　　　　　　　　　（单位：%）

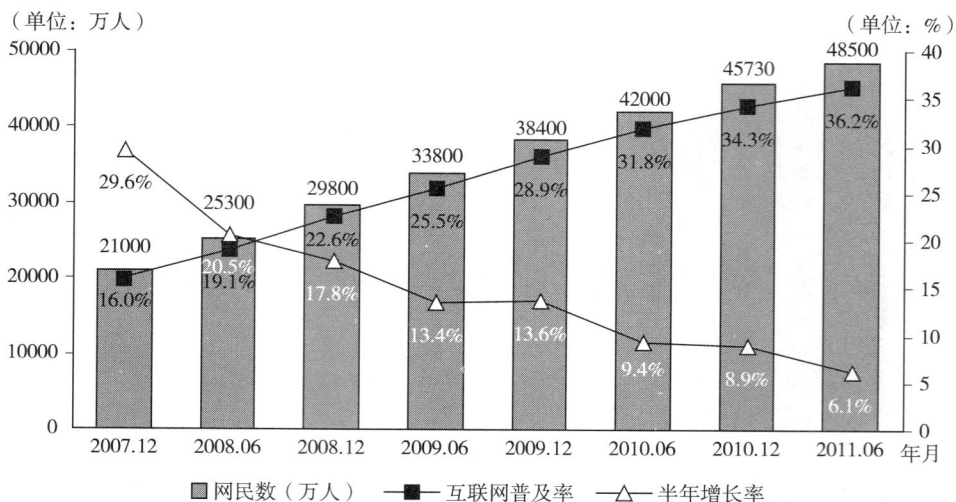

图3-3　中国网民规模、增长率及普及率

随着3G投资的持续注入、4G网络的试点布局,移动互联网的发展已成为未来互联网经济的核心增长力。截至2011年6月底,我国手机网民规模为3.18亿,较2010年年底增加1494万人。手机网民在总体网民中的比例占65.5%。① 诸多数据显示,移动互联网已经普及并成为网民日常上网行为的主流渠道(见图3-4)。

（单位：万人）　　　　　　　　　　　　　　　　　　　　　　　（单位：%）

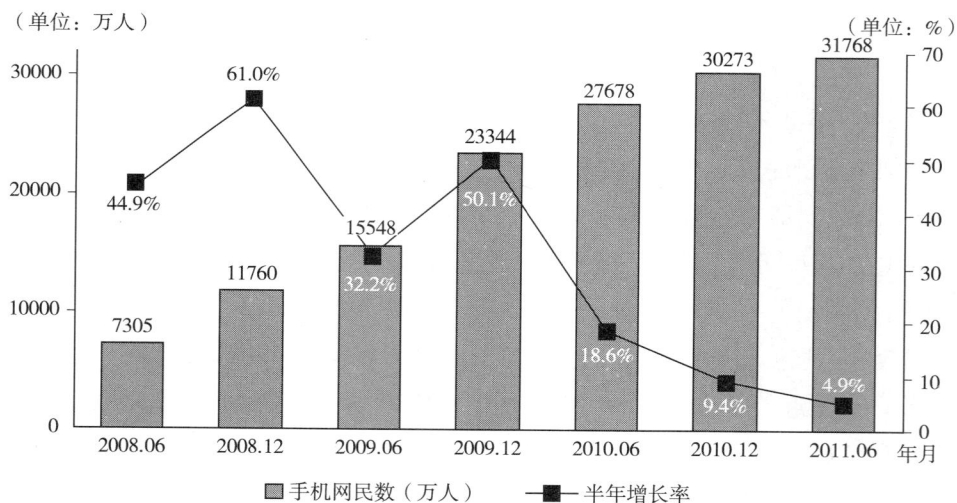

图3-4　手机上网网民规模

①　CNNIC:《中国互联网络发展状况统计报告》,2011年7月。

受益于移动互联网及智能终端的快速发展,互联网企业的多元化竞争以及三网融合政策的逐步推进,移动互联网产业将在 2012—2013 年迎来爆发式的增长:用户规模加速提升;各类平台级应用和业务也存在极大的市场空间;移动 SNS、移动支付、移动电子商务等新型细分领域将成为此轮增长的核心动力。

据艾瑞咨询数据显示,2011 年第二季度中国移动互联网市场规模已达 77.9 亿元。[①] 在中国互联网发展时间超过十余年的历史过程中,以传统 Web 式阅读的互联网模式被称为 Web1.0 时代;随着互联网的发展,以基于用户之间的互动关系为特征的互联网模式被称为 Web2.0 时代;在后续的互联网发展演变中,以基于智能判断的、具备初期人机交互形式的互联网模式则可称为 Web3.0 时代的雏形;未来,聚集用户行为需求与简化用户使用门槛的移动互联网,正是第三代互联网表现方式的典型特征之一。

与早前桌面互联网经济所经历的大浪淘沙相比,新技术周期下,移动互联网的发展将更加公平、开放、理性,产业链各主体在多元竞争环境下,以"免费"赢得市场、以"平台"支撑经济、以"应用"创造价值。

由此带来的商业模式创新与产业变革将成为未来拉动经济发展的关键。未来,在统一平台下,Web3.0 创新应用将成为移动互联网时代最具潜力的投资。

一、新技术周期下移动互联网产业的发展趋势

有关移动互联网的新技术周期论是美国著名的金融服务公司摩根士丹利在 2009 年 12 月发布的《移动互联网报告》中所提出的观点,报告认为"移动互联网周期是 50 年来的第 5 个新技术周期,手机上网的增长势头将超过电脑上网。新技术周期将带来巨大的财富,移动互联网周期正刚刚开始,这是过去半个世纪的第 5 个新技术周期,通常一个技术周期会持续 10 年时间"。[②]

需要明确指出的一点是:这不仅仅是一个技术时代的变革,技术只是诱因,更为关键的改变则在于由此带来的整个产业的成长与变迁,以及社会主流经济模式的转型。移动互联网市场未来的增长势头要超过桌面互联网市场,其增长速度将快于大多数人想象的程度。未来 5 年,手机上网用户将超过 PC 上网用户。这种深层的社会变革集中表现在以下两个方面:

---

① 《中国移动互联网行业年度监测报告简版 2010 — 2011 年》。

② 《移动互联网报告》:摩根士丹利,2009 年 12 月,http://news. iresearch. cn/0200/20091217/107238. shtml。

（一）基于 IP 的产品和服务支撑着移动互联网的爆发式增长

按照互联网技术发展阶段的周期来看,过去 50 年的 5 次新技术周期分别为:20 世纪 60 年代的第一代主机计算,20 世纪 70 年代的微型计算,20 世纪 80 年代的个人计算,20 世纪 90 年代的桌面网络计算以及现如今 21 世纪初的移动互联网计算。新计算周期的特征包括:"提升处理能力,降低使用摩擦;用户界面改进;更小的外形尺寸;更低的价格;扩展服务。"①值得注意的是,以苹果、Facebook、亚马逊和谷歌为首的美国公司正在成为移动互联网创新的领先者;在中国也有一批优秀的互联网公司,如阿里巴巴、腾讯、百度、新浪等,它们在桌面互联网竞争中脱颖而出并以移动互联网为公司未来的核心战略。

3G 技术是移动互联网的成功关键。但手机上网的选择正在不断扩大,这其中包括:GRRS、3G 技术、Wi-Fi 以及蓝牙技术。社交网站是消费者希望无线上网的推动力,也是拉动移动互联网规模化增长的核心驱动力。现阶段,社交网站已经成为了一种全球现象,Facebook 和 YouTube 是过去三年全球点击量增长最快的网站。消费者希望通过移动互联网寻找、选择和观看网络视频。网络视频推动移动互联网流量急剧增长。到 2013 年,移动数据流量或将增长 66 倍。Facebook 在这方面占据领先,但各个地区都有各自的领先公司。例如,美国有 Facebook、Myspace 和微型博客 Twitter。

现阶段,国内类似腾讯 QQ、开心网等社交网站的规模化增长已经逐渐趋缓,微博等社会化媒体正在成为刺激移动互联网增长的新动力。

根据艾瑞咨询对国内社交网站的研究资料显示:2010 年下半年以后,社交网络的月度覆盖人数基本维持在 2.7—2.8 亿之间,表明社交网络的活跃用户规模保持稳定,活跃用户数量增长乏力(见图 3-5)。

此外,2010 年以后,社会化媒体的月度覆盖人数稳步上升,2010 年下半年社交网络月度覆盖人数占社会化媒体的比例却呈现逐步下降的趋势。该数据表明,社交网络正面临着来自微博等其他社会化媒体的冲击,社会化媒体已经在某种程度上继承了社交网络的人际关系并呈病毒式传播模式扩散发展。

（二）"终端+平台"的服务模式成为产业发展的核心驱动力

在互联网领域,三大平台正显示着十分突出的作用,这三大平台分别是:Facebook 类型的平台,其正日益成为一个桌面与移动沟通枢纽;移动设备类型的平台,苹果的 iPhone(手机上网)和 iTunes 系统是典型的代表;运营商拥有的网络类型

---

① 《中国移动互联网行业年度监测报告简版 2010—2011 年》。

（单位：亿人）

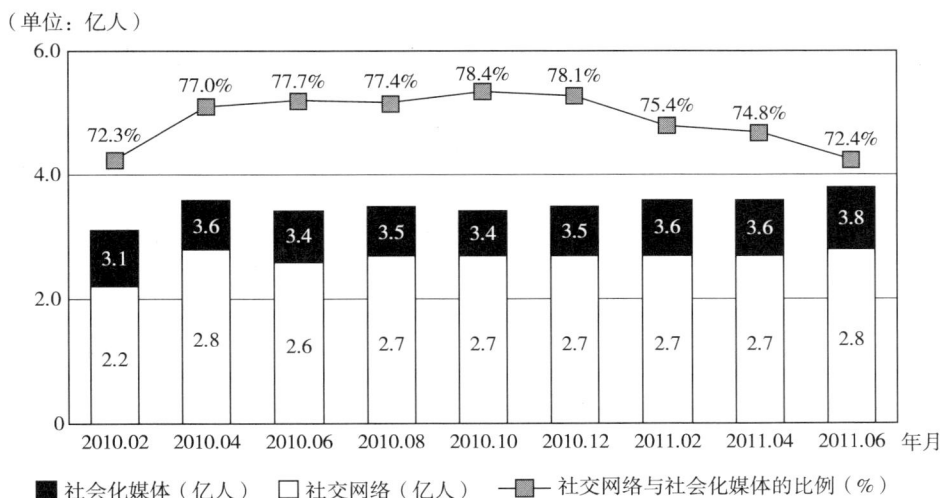

图3-5　2010年2月—2011年6月中国社交网络月度覆盖人数在社会化媒体中所占比重

的平台,基于互联网的产品和服务正在扩大,手机使用量的不断扩大也拓展了市场空间。

1. Facebook类型的交流型平台可能会成为移动互联网时期的通信平台

该网站已经成为数百万人的主要联络方式。随着更多消费者使用更加强劲的移动设备,Facebook提供更多的沟通方式选择,该类网站可能会延续领先优势。此外,腾讯和Skype等平台也占据了有利地位,能够把握移动互联网产业生态剧烈变革带来的机遇。

2. 未来2—3年,在移动设备类型的平台中,苹果有望成为移动互联网市场的领先平台

在世界范围内,至少在很多以英语为母语的国家中,苹果的地位类似于早期日本运营商DoCoMo的平台,其控制着硬件和软件,用户通过iPhone、iTouch、Macintosh以及未来平板电脑等诸多苹果设备,利用其iTunes系统渠道获得基于互联网的娱乐和应用服务。而此类型的其他公司,可能会在具体领域抢夺市场份额,如:RIM在企业市场,诺基亚和三星在中国和印度等新兴市场,谷歌利用Android平台的强势介入牵制苹果的竞争优势。在摩托罗拉、宏达电、谷歌等公司的大力推动下,基于Android平台的智能手机创新将继续壮大。

3. 网络类型平台中在网络定位、商业模式转型、平衡3G/4G网络架构的资本支出与投资收益等有所建树的运营商将在移动大力发展互联网业务的过程中胜出。

此外,应用、服务和内容业务领域依然存在许多机会,比如:专注于移动内容创

造的 Adobe；专注于游戏类内容的开发商 Zynga 和 Playfish（2009 年 11 月 9 日被 EA 收购）；专注于手机广告的公司 Admob（11 月 9 日被谷歌收购）；专注于搜索、广告和视频领域的谷歌；专注于电子商务的亚马逊与乐天；专注于移动社交网络服务的 Mixi。

每个周期的商业行为通常都会创造比之前更多的市值，一部分优秀的企业将继续繁荣，而绝大多数的企业将走向兼并与转型，新兴公司将被快速检验存亡。这是产业链条优胜劣汰的自然选择。

总而言之，移动互联网的新技术周期将为我们开启一个全新的互联网经济时代，其商业价值和市场空间更为巨大，并由此推动整个互联网产业朝向一个更为高级的阶段发展，并力求探索产业协同的有序机制。

二、"免费"成为移动互联网经济的核心商业价值

现阶段的互联网经济已然摆脱初期的盈利模式缺失状态，市场作用下行之有效的经济秩序业已形成，以比特经济为代表的新经济形式逐渐成为桌面互联网及移动互联网的核心商业价值所在。

（一）移动互联网对互联网"免费"经济模式的继承与发展

比特经济，即纯粹以信息流为核心产品（服务）的经济形态。这种经济形态猛烈地冲击着传统经济并带来翻天覆地的变化：传统销售渠道的重要性日益降低，传统传播渠道的重心逐渐偏离，它们都不断迁移到互联网上。① 通过互联网，产品（服务）与目标消费群的距离将近似于零。同时，理论上产品（服务）与目标消费群的接触概率为 100%，最重要的是，搭建这种渠道的边际成本几乎为零。在此过程中，呈现给用户的"免费"商品（服务）逐渐占据大众主流市场。"'免费'作为一种商业模式，它所代表的正是数字化网络时代的商业未来。"②

所谓"免费"，并不是单纯意义上的零付出与零获取。对于商家而言，"免费"的商业模式的核心在于：在免费服务上赔钱，但在溢价的付费服务上赚钱。同时，要把前者作为一种廉价的推广手段，获得用户的注意力。在网络社会的"免费经济"理论中，有一条重要的"5% 定律"——5% 的付费用户是商家所有收入来源。这种模式能

---

① ［美］尼葛洛庞蒂著，胡泳等译：《数字化生存》，海南出版社 1997 年版。
② ［美］克里斯·安德森著，蒋旭峰、冯斌、璩静译：《免费——商业的未来》，中信出版社 2009 年版。

够运转下去,是由于其余95%的用户提供服务的成本是相当低廉的,可以视之为零。① 这一定律不仅充分地解释了互联网经济运行至今的生存理念,更是移动互联网经济的精髓。

根据桌面互联网的发展经验,虽然生活、娱乐类型的移动互联网业务在移动互联网的发展初期占据免费经济的主流,但移动互联网在与传统行业的结合方面,将逐渐取得更多的突破。互联网经济时代的"免费"并不是针对单一产品和服务的"左口袋出、右口袋进"的营销策略,而是将多领域、多类型产品和服务整合起来,将其成本压低到零的新型卓越能力。这一经济理念的实现,正是得益于3G网络带来的高带宽网络效应与互联网带来的内容效应的相互叠加。

(二)"免费经济"理论下的移动互联网业务发展机遇

"免费"作为移动互联网经济的核心商业价值,决定了移动互联网业务的生存方式。现阶段,针对2G网络的业务已经基本成型并日趋饱和,市场在网络与终端的发展的推动下,高带宽业务成为主流的热点,如手机电视、视频电话等。同时,有效利用移动网络优势的业务也将有大规模的发展。3G网络环境下,以生活、娱乐、商务为核心的几类主流业务日渐成熟,未来成长空间巨大。

据《中国互联网络发展状况统计报告》统计显示②:2011年上半年,受众最广的前5大网络应用分别为:搜索引擎(79.6%),即时通信(79.4%),网络音乐(78.7%),网络新闻(74.7%)和博客/个人空间(65.5%)。增长最快的前三个应用分别是微博(208.9%),团购(125.0%)和网上支付(11.7%)(见表3-8)。

表3-8 2010年12月—2011年6月各类网络应用使用率

应　　用	2011年6月		2010年12月		半年增长率(%)
	用户规模(万)	使用率(%)	用户规模(万)	使用率(%)	
搜索引擎	38606	79.6	37453	81.9	3.1
即时通信	38509	79.4	35258	77.1	9.2
网络音乐	38170	78.7	36218	79.2	5.4
网络新闻	36230	74.7	35304	77.2	2.6
博客/个人空间	31768	65.5	29450	64.4	7.9
网络游戏	31137	64.2	30410	66.5	2.4

---

① [美]尼葛洛庞蒂著,胡泳等译:《数字化生存》,海南出版社1997年版。
② CNNIC:《中国互联网络发展状况统计报告》,2011年7月。

应　　用	2011 年 6 月		2010 年 12 月		
	用户规模（万）	使用率（%）	用户规模（万）	使用率（%）	半年增长率（%）
网络视频	30119	62.1	28398	62.1	6.1
电子邮件	25172	51.9	24969	54.6	0.8
社交网站	22989	47.4	23505	51.4	-2.2
网络文学	19497	40.2	19481	42.6	0.1
微博	19497	40.2	6311	13.8	208.9
网络购物	17266	35.6	16051	35.1	7.6
网上支付	15326	31.6	13719	30.0	11.7
网上银行	15035	31.0	13948	30.5	7.8
论坛/BBS	14405	29.7	14817	32.4	-2.8
网络炒股	5626	11.6	7088	15.5	-20.6
团购	4220	8.7	1875	4.1	125.0
旅行预订	3686	7.6	3613	7.9	2.0

从以上数据看，当前我国网民的互联网应用主要呈现出以下几个特点：

1. 即时通信使用率增加，提升为第二大应用

目前，即时通信用户已达 3.85 亿，应用使用率从 2010 年年底的 77.1% 提升到 79.4%，半年用户增长 9.2%。即时通信已经提升为用户规模第二大的应用类型，仅次于用户达到 3.86 亿的搜索引擎。

2. 微博应用爆发，用户数量增长率超 200%

2011 年上半年，我国微博用户数量从 6311 万暴涨到 1.95 亿，半年新增微博用户 1.32 亿人，增长率达 208.9%，在网民中的使用率从 13.8% 提升到 40.2%。手机微博的应用也成为亮点，手机网民使用微博的比例也从 2010 年年末的 15.5% 上升至 34.0%。

3. 商务应用稳步发展，团购使用率快速上升

在经历了 2009—2010 年的快速增长之后，商务类应用迎来了一段较为平缓的发展期。大部分商务类应用使用率都在增加，如网络购物使用率提升至 35.6%，半年新增用户 1215 万，增长率为 7.6%；团购应用发展势头迅猛，用户已达到 4220 万人，使用率从 4.1% 提升到 8.7%，增长率达到 125.0%；网上银行和网上支付的用户使用率也小幅上升，网上支付用户规模达到 1.53 亿，半年新增用户 11.7%。

4. 娱乐应用热度继续回落，用户规模依然庞大

娱乐类应用的使用率一直处于持平或下滑的状态。2011 年上半年,网络游戏和网络音乐的用户规模分别为 3.11 亿、3.82 亿,使用率较 2010 年年底分别下降 2.3 个和 0.5 个百分点。网络视频用户规模为 3.01 亿,使用率与 2010 年年底持平。娱乐应用的相对"衰落"和商务应用的稳步"兴起",表明了网民的网络应用水平的提升。

三、多元竞争构建开放的移动互联网产业环境

从 2010 年开始,在移动互联网发展的大趋势下,中国移动互联网企业已经开始探索区别于传统互联网的运营模式,产业链和产业格局均发生着深刻的变化,这些变化对于移动互联网的发展意味深远。诸多数据显示,中国移动互联网产业正在发生着令人激动的变化,而这些变化最终将推动移动互联网产业的健康、快速发展。与此同时,在移动互联网发展的大趋势下,各移动细分行业同样有了非常快速的发展,尤其是手机购物、手机广告、手机游戏等。

互联网"免费经济"所带来的产品和服务的交叉补贴,使得 3G 网络在 2G 业务相对低迷的情况下,顺利实现了商业化对接,由此带来的多元化竞争将催生移动互联网市场复杂多变的竞合格局。

长久以来,运营商、互联网企业、终端厂商和信息服务提供商都在进行此消彼长地市场博弈。运营商作为价值链的核心环节,经过多年的探索与积累,已经逐步拥有了网络、用户、技术和资金等多方面的优势,具备引领移动互联网发展的核心竞争力。然而,其他优秀的互联网企业、终端厂商及服务提供商的力量也不容忽视。"免费经济"时代,移动互联网产业价值链已经不是单一链条式的闭环结构,多元化、多节点的产业生态圈业已经形成,"开放"成为产业生态的必备要素。如何构建开放的移动互联网,如何应对多元竞争的挑战,是产业内各主体布局移动互联网战略的共同问题。

(一)中国移动互联网生态系统演化分析

2010 年,在网络带宽、智能终端、移动互联网应用、用户使用习惯培育、三网融合及云计算技术的多因素推动下,中国移动互联网行业出现了多重变局。其中,在产业链层面,以"电信运营商为中心"的产业链模式正逐渐被以"业务应用为中心"的产业链模式所蚕食。在 2010 年中国移动互联网的产业链中,虽然运营商仍处于核心地位,但是在多方因素的影响下,产业链生态系统日益交错,并正在向业务应用层面发生转变。

中国移动互联网行业产业链的参与主体众多,对此,以产业链各参与主体及其所承担的职责为标准进行分析。

运营商:运营商在移动互联网产业链中处于主导地位。电信重组之后,中国移动、中国电信和中国联通成为 3 家全业务运营商。除了语言服务和传统移动增值服务以外,移动互联网将是运营商战略发展的重心。

终端厂商:面向终端用户提供各种移动终端,包括智能手机(Smartphone)、移动互联网设备(MID)、超便携电脑(UMPC)、上网本(Netbook)和笔记本(Laptop)等。终端厂商根据运营商的定制方案,提供定制终端。为了适应新的市场竞争环境和实现可持续发展,诺基亚等终端厂商实施战略转型,即企业定位于互联网企业,面向终端用户提供互联网应用服务。

网络设备提供商:目前,网络设备提供商已经不满足于提供单一的网络设备,而逐步转向提供搭建网络平台架构、设计计费平台等系统集成解决方案服务。诺基亚、西门子、爱立信、华为、中兴等全球领先企业,都是承建 3G 网络的网络设备提供商。

信息服务提供商:面向用户提供手机搜索、手机即时通讯、手机社区、手机游戏和位置服务等信息服务。此外,通过移动互联网门户集成资讯、娱乐、查询数据库等内容服务,提供适配移动终端浏览和使用的信息服务。腾讯、百度、新浪等互联网企业实现了互联网服务向移动互联网延伸的无缝扩展。

内容服务提供商:提供影视、游戏和音乐等数字内容产品。通常,内容服务提供商将数字内容产品接入到运营商搭建的信息服务平台上,面向用户收取内容服务费用。未来,内容服务提供商在移动互联网产业链中的地位将逐步提升。

芯片提供商:处于产业链的上游,面向网络设备厂商和终端厂商提供芯片。在手机终端领域,除了高通、德州仪器和飞思卡尔等国际领先企业以外,联发科、展讯等手机系统集成企业发展迅速,龙旗、德信和希姆通等 Design House 也获得了较大的成长空间。在便携终端领域,英特尔提出基于 ATOM 芯片移动终端的产品理念,联合产业链合作伙伴进行 MID 产品的研发和推广。

软件提供商:基于 Symbian、Android、Linux 和 iPhone OS 等不同手机操作系统,开发能够适配于不同终端产品的应用软件,为用户提供商务办公、信息安全、多媒体、商务交易等多种应用服务,扩展硬件功能和满足用户需求。支撑服务提供商,主要是为运营商提供支撑服务的外围企业,其专业服务内容包括版权管理、广告代理和平台运营和测试等。

(二)移动互联网产业开放、协作和分享的核心价值理念

移动互联网产业发展的基础要素有三点:网络、终端和业务。[1]

---

[1] 雷源著:《构建战略终端》,人民邮电出版社 2008 年版。

其一,对于网络层面而言,应搭建一个具有管理、运营和拓展能力的开放式网络平台,有效整合产业价值链资源,将用户和服务提供者融合为有机的整体。

其二、在终端层面,增强终端价值链的控制力,与终端厂商深化定制合作,支撑业务发展和提升用户体验。

其三、在业务层面,加强与品牌内容服务提供商的合作,形成高效集成互联网和ICT应用服务的能力,为用户提供全方位的无缝服务。

Web2.0时代,互联网是完全的平台经济,是最易搭建平台的地方,因为互联网的核心理念就是开放和共享。[①] 未来移动互联网的竞争核心是平台领导力。产品服务的数量和质量决定了平台的价值,开放的平台架构体系、良好的营收分享机制将促使信息、内容服务提供商开发更多、更好的产品服务。丰富而高品质的服务是驱动用户规模增长的原动力。用户规模的增长又形成促进平台业务发展和创新的用户基础。以平台为中心的移动互联网价值链系统将进入良性循环。

开放、协作和分享是互联网的核心价值理念。面对移动互联网发展过程中的机遇和挑战,运营商需要借鉴互联网模式的最佳实践,充分发挥互联网在实现"免费经济"和"平台经济"过程中所积累的强大潜能,在此基础上引领移动互联网的发展。构建开放式平台、集成互联网应用服务、创新商业模式、提高产业链服务能力是运营商积极探索和思考的问题。

移动互联网开启了人类社会的新技术周期,它将为我们开启一个全新的互联网"免费"经济时代,移动互联网最终将成为重新定义和改变世界的力量,如同传统互联网对社会生活方式和商业规则的变革一样,这一切已然发生,并将进一步成爆发式增长。

四、未来新技术周期下的 Web3.0 创新应用

与早前桌面互联网经济所经历的大浪淘沙相比,新技术周期下,移动互联网的发展将更加公平、开放、理性。产业链各主体在多元竞争环境下,将以"免费"赢得市场、以"平台"支撑经济、以"应用"创造价值。

在最新发布的《财富》杂志评选的2011年"全球100家增长最快的公司"排行榜中,中国最大的搜索引擎企业百度公司首次入选便排名第4,在上榜的28家科技行业公司中排名最高,成为全球科技业增长冠军。百度首页做出了历史上最重大的改变,也意味着第三代互联网时代翻开了崭新的篇章。"一人一百度"的理念

---

① 高建华:《2.0时代的赢利模式》,京华出版社2007年版。

将互联网的共享与自由精神展露无疑,更印证了对于未来"人性化"Web3.0 时代的执著追求。

在百度的开放体系中,"开放"主要涉及了两个层面。首先是流量、用户和品牌的开放,以框计算技术为核心,以 Web 和 App 为展现形式,可以提升第三方的服务体验,大大提高成功机会;其次是技术的开放,百度是移动领域开放 API 接口最多的平台,其极大降低了开发者的接入门槛。①

从 Web1.0 到 Web2.0,产生质变的不仅仅是内容产生的方式。伴随 Ajax 技术的不断完善和发展,它同时也极大地改善了用户体验。但是在 Web3.0 的时代,前端的显示可能是颠覆性的。它将以 3D 的方式将内容呈现在用户的面前,这样飞跃式的进步已经不仅仅是改变用户体验了,更是从根本上改变了人机交互的形式。

可以预见到,3.0 的用户将拥有更强大的影响力,经济、政治等都将在 3.0 时代得到发展。过去,电子商务曾经遭遇过严重的打击,但是其发展到现在,已经成为人类生活中不可缺少的元素。在 3.0 时代,我们讨论的不是在淘宝网上开网店赚取利润,而是用户在发布信息的同时可以获取劳动的报酬,达到全民营销的新模式。

虽然 Web os 的概念已经不新,但是现时国内这样的产品并不多,应用程序屈指可数。所有的用户都只是在浏览器操作数据,而不是应用程序。Web3.0 允许用户定制自己的应用程序,而这些应用程序理所当然也是接入到上文所提到的泛型数据库和统一数据格式中的。

随着越来越多移动产品的发布,Web3.0 搭载着移动网络,信息的发布会变得更加快速,资讯的时效性会越来越强,经济活动会进行得更加得心应手和高效。移动互联网是将基础数据以及信息和支持结构化,开发出很多新的应用,是带有移动的一种功能,可以算是 Web3.0 的特征之一,也是未来新技术周期下,Web3.0 创新应用的核心。

---

① 《百度新首页引发的互联网革命,Web 3.0 时代已真正到来?》,http://www.cctime.com/html/2011-9-21/20119211214174831.htm。

北京市手机媒体发展趋势及未来展望

匡文波①

摘　要：北京市是我国新媒体最为发达和普及的地区，其手机媒体发展领先全国。本文以回顾手机发展为出发点，通过对手机硬件、软件两个方面的研究，深入了解手机功能的多样化、应用的普及化，并探索手机发展对人们生活、传媒业、社会稳定、国家安全各方面的影响，从而分析北京市手机媒体的发展趋势，并展望其未来。

关键词：北京市　手机媒体　展望

一、北京手机媒体发展领先全国

北京市是我国新媒体最为发达和普及的地区。根据工信部网站提供的数据，2011 年 1—8 月，基础电信企业互联网宽带接入用户净增 2033.2 万户，达到 14662.3 万户，而互联网拨号用户减少了 18.3 万户，达到 571.8 万户。2011 年 1—8 月，全国移动电话用户累计净增 8108.2 万户，达到 94008.5 万户。移动电话用户中，3G 用户净增 4707.0 万户，达到 9412.1 万户。而北京的移动电话用户达到了 2466.8 万户，普及率居国内领先地位。② 北京市初步建成国内最好的 3G 网络、20 兆宽带覆盖最广的信息网络和用户最多的高清交互式数字电视网络。

根据中国信息产业网官方微博 2011 年 9 月 26 日的最新统计，北京市现有电话用户达 3000 多万户，其中移动电话用户达 2400 多万户。

据北京市经济和信息化委员会 2011 年 2 月 8 日提供的数据，北京地区网民规模约 1218 万人，互联网普及率达到 69.4%，比 2005 年分别增长 1.8 倍和 1.4 倍。北京

---

① 匡文波，中国人民大学新闻学院教授。
② 2011 年 9 月通信业运行状况，http://www.miit.gov.cn/n11293472/n11293832/n11294132/n12858447/14293382.html。

市累计建设 3G 基站约 1.8 万个,无线网接入点约 5400 个;具备 20 兆宽带接入能力的用户超过 176 万户,3G 用户超过 254 万户,高清交互数字电视用户已达 130 万户。2010 年 1 月至 10 月,北京市电子商务总交易额约为 3000 亿元,同比增长 25%。

据 CNNIC 的数据,截至今年 6 月底,我国手机网民数达到 3.18 亿,占互联网总用户数的 65.57%。2011 年 1 月,北京移动用户中的手机上网用户还不足 800 万人,到今年 8 月已经增长至 1300 万人。北京移动用户中,每月 30 天中每天都用手机上网的用户已接近 300 万。[①]

据中国新闻网 2011 年 3 月 29 日报道,北京 10 岁以下的小网民有 10 万人,10 至 19 岁的网民已超过 200 万人。今后,北京将加大力度,依托手机、播客、微博、QQ 群等新媒体平台,开展预防犯罪和未成年人保护活动。

预计到"十二五"规划末期,北京市电话用户总数将达到 3460 万户,其中移动电话用户将达到 2720 万,固定电话用户将达到 740 万。而互联网宽带用户将达到 697 万,移动互联网用户有望达到 2083 万。

"十二五"末期,北京市互联网宽带的传输网络能力将显著提升,3G、无线网络有望实现在重点乡镇、园区、旅游景点和交通主干道全覆盖。北京市将在全国率先建成城乡一体化高速宽带信息网络,促进光纤进楼入户,加快第三代移动通信系统建设,形成可随处联网的无线城市。

北京市还将积极推动建设国家信息通信领域科研创新基地,积极争取新一代宽带无线移动网络、无线移动通信网等国家重大科技专项以及下一代互联网等相关研究发展项目落户北京市。

二、手机技术的未来发展

(一)手机发展的回顾

在手机诞生及发展初期,即第一代手机(1G)时代,手机只是能移动的电话,没有新闻内容的传播。

1973 年 4 月,美国人马丁·库帕(Martin Cooper)发明了手机。从 1973 年手机注册专利,一直到 1985 年,才诞生出第一台现代意义上的、真正可以移动的电话,但是其重量达 3 公斤,非常重且不方便,使用者要像背包那样背着它行走。从那以后,手机的发展越来越迅速。1999 年时,手机的重量降低为 60 克,与一个鸡蛋重量相差无

---

① 《北京手机网民激增》,《光明日报》2011 年 9 月 26 日。

几。除了质量和体积越来越小外,手机功能也越来越多。1995 年问世的第一代模拟制式手机(1G)只能进行语音通话。

2G 手机除了最基本的通话功能,还可以收发邮件和短消息,可以上网、玩游戏、拍照等。2G 手机虽然在硬件技术上存在屏幕小、电池持续时间短、低速上网等瓶颈,但是建立在 2.5G 技术基础上的各种增值业务,尤其是手机新闻业务、手机报、手机电视、手机上网、移动商务、移动搜索、手机广告等被广泛使用。在 2G 时代,手机媒体基本成型。

回顾手机的发展,可以发现,手机技术演进的规律是:外观越来越轻小、功能越来越多、价格越来越便宜。目前,手机已经不是"移动电话",而是具有通讯功能的迷你型电脑。

那么,3G、4G 时代未来手机媒体究竟怎样? 在此问题的研究中,借 2010 年 9 月 28 在北京中苑宾馆举行的中国手机新媒体发展高峰论坛,及 2010 年 12 月 8 日在北京 JW 万豪酒店举行的中国互联网经济论坛之机,现场进行了关于手机媒体未来的问卷调查,调查对象是参加会议的包括诺基亚、摩托罗拉、三星等手机制造商,中国移动、中国电信、中国联通等移动运营商,新媒体业界及学界代表和嘉宾,两次调查共发放问卷 200 份,有效回收样本 178 份。

(二)手机硬件技术的前瞻

1. 手机 CPU 进入"多核"时代

智能手机是当今手机发展的主流。智能手机的本质特征是:在硬件上具有 CPU,在软件上具有操作系统。

手机 CPU,如同电脑 CPU 一样,是整台手机的控制中枢系统,也是逻辑部分的控制中心。微处理器通过运行存储器内的软件及调用存储器内的数据库,达到对手机整体监控的目的。

进入 2011 年后,智能手机硬件开始进入"双核"时代。在 2011 年年初的国际知名展会上,摩托罗拉公司、LG 公司以及三星公司就已正式发布了采用双核处理器的智能手机产品,而 HTC 公司在近期公布的双核处理器智能手机主频更是高达 1.2GHz。智能手机的硬件发展就此进入了一个新的阶段。

手机处理器的发展与 PC 行业的进步非常相似,都是从单核向多核方向发展。但是,双核智能手机时代来的比人们预期的更快。2000 年 3 月 6 日,AMD 公司正式发布了全球首款 1GHz 主频处理器——AMD Athlon 1GHz,而直到 2005 年 4 月 AMD 公司双核处理器——AMD Athlon 64 X2 才现身,期间经历了 5 年时间。而智能手机处理器从单核 1GHz 主频发展至双核,却仅仅用了不到两年时间。

近期,高通公司等芯片厂商也已经提前发布了适用于智能移动设备的四核处理器芯片组。显然,智能手机从双核进入四核乃至更强的时代,要远远快于 PC 领域硬件的发展。

2. 手机技术的瓶颈问题将逐步得到解决

长期以来,屏幕小和电池容量不足是手机难以克服的技术瓶颈。但是国外已经有企业在研发可折叠手机屏幕和投影式手机屏幕,可以有效地克服手机屏幕小,阅读吃力,老年人使用不方便的不足。

关于手机媒体未来的业界嘉宾问卷调查显示,51% 的被调查嘉宾认为电池技术会大大进步,15% 的被调查嘉宾认为 5 年内燃料电池会进入实用阶段。

由于 3G 手机对多媒体功能的要求较高,而彩屏、摄像头、蓝牙、游戏和流媒体等功能或应用耗电量较高,加之 3G 手机的外形越来越小巧、轻薄,手机电池的体积也在减小,导致大部分 3G 手机都面临着电池容量小、待机、操作时间短等问题。目前,3G 手机配备的电池以锂离子电池为主,锂离子电池的能量密度比以往提升了近 30%,但是锂离子电池材料的能量密度只剩下 20% 左右的提升空间。燃料电池被业界普遍看做未来手机电池的发展趋势,这种电池的通话时间超过 13 小时,待机时间长达 1 个月。

3. 手机外形呈个性化、魔幻化、小巧化

在不久的将来,各种个性化魔幻手机将流行。从工业设计来说,这类魔幻手机最大的瓶颈就是材质和硬件的问题,而这两项技术难关在不久的将来会被攻破。

关于手机媒体未来的业界嘉宾问卷调查显示,56% 被调查嘉宾认为手机设计的时尚化、个性化趋势将不可阻挡。

有人总是抱怨手机的键盘过小,一种通过手机上的摄像头或者其他捕获工具感应人手指的移动的技术已经研发成功,在已经预设在屏幕上的虚拟键盘中显示用户的按键情况,这样人们就可以在虚拟的键盘上打字或者进行其他操作,同时这个技术还配备音频和振动传感器,不仅可以捕获移动的手指状态,还可以捕捉声音或振动作为虚拟命令执行。

手机的硬件将会在未来继续得到加强,CPU、屏幕材质、内存、摄像头、USB 设备都会得到全面的提升。而这一切都是以高速的处理器为基础,以完善的系统底层进行驱动。而手机硬件的发展不会停止,整个高新技术的发展将会进一步刺激手机行业的发展。

(三)手机软件的进步

1. 操作系统是目前手机软件技术发展的焦点

我们关于手机媒体未来的业界嘉宾问卷调查显示,36% 被调查嘉宾认为手机操作系统将在两年内出现主导市场的"王者";56%被调查嘉宾认为手机操作系统关系到国家信息安全,在手机操作系统领域竞争将更加激烈。

目前应用在智能手机上的操作系统主要有 PalmOS、Symbian、Windows Mobile、Linux、Android、iPhoneOS 和黑莓七种。

(1)谷歌 Android 如日中天

在 2009 年,中国智能手机市场还是诺基亚的 Symbian 和微软的 Windows Mobile 的天下,Android 手机的市场占有率几乎是零。但是,2010 采用 Android 操作系统的智能手机占据了中国市场智能手机销售总量近一半的份额。

Android 这个由互联网巨头 Google 开发的手机操作系统,拯救了渐现颓势的三星。扶植了 HTC 等智能手机新贵,Moto 也靠着 Android 打了翻身仗。Android 系统之所以能有如此表现,与它的开放性密不可分。Android 是目前集大成的系统之一,支持厂商多,手机硬件的配置通常较高,而且开发者社区也十分活跃。

(2)Apple 公司的 iOS 系统独占鳌头

目前,iPhone OS 系统在技术上可谓独占鳌头。3G 时代应用为王,如今手机的市场趋势是以终端销售为主流,应用平台为卖点。iPhone 4 应用软件的丰富程度是其他系统不可比拟的,而 App Store 的成功是智能机市场商业模式的典范。从平台的性能来说,iOS 性能最好,UI 控件也很出色,操作界面更美观和人性化,这些都让 iOS 操作系统在智能手机市场呼风唤雨。

(3)Windows Phone 7 不温不火

微软在 PC 操作系统方面可谓无人能与之相匹敌,但是在手机操作系统上却不得不面对不温不火的局面,Windows Phone 7 虽然在系统的人性化和界面的美观程度上做了比较大的改进,并且也和诺基亚开始了合作,但是面对 iOS 和 Android 两强的夹击,其局面依旧不明朗。

(4)操作系统市场正处于混战时期

中国移动推出了 OPhone OMS 智能操作系统手机;中国联通也着手研发自有手机操作系统 UniPlus。

操作系统市场正进入群雄并起的混战时期。但是,手机操作系统将经过激烈的市场竞争后趋于统一。

2. 手机与互联网融为一体,手机用户都将成为网民

根据 CNNIC 的统计,截至 2011 年 6 月底,我国手机网民达 3.18 亿,较 2010 年年底增加 1495 万人。我们关于手机媒体未来的业界嘉宾问卷调查显示,96%被调查嘉宾认为 3G 技术将在 5 年内全面普及,届时手机用户都将成为网民。

3G 手机的特点是高速度、多媒体、个性化。其速度很快,不仅能通话,还可以高速

浏览网页、参加电视会议、观赏图片和电影以及即时炒股等等。3G 时代的来临将使手机媒体具有网络媒体的许多特征,成为人们随身携带的交互式大众媒体。手机是一种小巧的特殊电脑,手机媒体成为互联网的延伸。3G 时代,所有的手机用户都是网民。

3G 手机突破了多媒体功能的局限,拥有对数据和多媒体业务强大的支持能力以及在线影视、阅读图书等多种多样的流媒体业务,除传统的通讯功能之外,3G 手机所能提供的网络社区、信息服务等诸多增值功能也在不断吸引人们的眼球。未来手机将不仅仅是打电话,还将实现永远实时在线的功能,大家可以随时随地与他人沟通,手机让人类进入全网络时代。

需要特别强调的是,在手机媒体的发展中,技术只是基础,成败的关键还在于能否提供合适、丰富的信息内容与服务,以及能否建立一个让手机媒体各博弈方共赢的盈利模式。此外,政府能否在发挥市场力量的基础上建立一套合理的管理模式亦十分关键。

目前具有电脑功能的智能手机正在成为移动通信的主流。预计到 2013 年,全世界手机上网用户数量将达 17.8 亿,超过使用电脑上网的用户数量,同时智能手机和其他能上网的手机数量将达到 18.2 亿部。

3. 手机应用软件越来越多,带来手机功能的多样化

目前移动互联网已经成为很多人关注和讨论的一个热词,所谓移动互联网就是移动通信与互联网的结合。手机作为移动终端设备已经不再局限于通信,而更多的是为互联网以及互联网应用提供平台。几年前,我们很难想象手机除了通话和短信以外还能有其他的功能,而如今手机作为移动终端设备,已经拥有了包括手机即时通讯、手机社交、手机安全、手机支付、手机购物、手机资讯、手机出行、手机游戏、手机视频等在内的诸多应用,而这一切的实现都离不开手机宽带的提速,并且在 3G 网络的支持下手机应用软件还将呈现加速发展的趋势。

三、手机功能多样化、应用普及化

(一)智能手机成为主流,销量将超过 PC

智能手机(Smartphone),是指像个人电脑一样,具有独立的操作系统,可以由用户自行安装软件、游戏等第三方服务商提供的程序,通过此类程序来不断对手机的功能进行扩充,并可以通过移动通讯网络来实现无线网络接入的这样一类手机的总称。简单地说,智能手机就是具有独立操作系统的手机。

由于 3G 网络在全球的逐渐普及,智能手机的销量将会进入快速增长期。智能手机的初期适应阶段已经过去,正在走上一条普及应用之路。触摸屏的智能手机的

受欢迎程度有可能将进一步提升。

IDC 数据显示,2010 年第四季度制造厂商智能手机的销售量首次超过了个人电脑。2010 年第四季度移动终端制造商共销售出 1.01 亿部智能手机,同比增长 87%。而同时期个人电脑的销售量却低于预期,仅有 9200 万部,增长了不到 3%。智能手机市场的迅速发展,令整个 IT 产业、传媒业迎来重要转折。

IDC 预测,更多互联网应用的迁移促使更多的 PC 网民转换成为移动互联网用户,2011 年全球 21 亿经常上网的人中有半数将采用非 PC 设备联网。

苹果公司的 iPhone 是当今智能手机的代表。2011 年第一季度,苹果公司 iPhone 手机部门的收入达到了 119 亿美元,第一次超越诺基亚,成为全球最大手机厂商,成为按营业收入和利润计算的全球最大手机生产商。而诺基亚同期的销售额为 94 亿美元。苹果在不到 4 年时间里,从被市场边缘化的电脑企业,一跃成为全球利润最高的手机企业和最大的平板电脑企业。尽管苹果的手机产品只有 iPhone 系列,2011 年第一季度 iPhone 手机的销售量是 1860 万部;而诺基亚同期的手机的销售量是 1.085 亿部,但是苹果领导了高端智能手机市场。

研究认为,智能手机等设备销量将超过 PC。我们关于手机媒体未来的业界嘉宾问卷调查显示,95% 被调查嘉宾认为智能手机成为主流,而且智能销量将超过 PC。其中,15% 认为 1 年后智能销量将超过 PC,38% 认为两年后智能销量将超过 PC,23% 认为 3 年后智能销量将超过 PC,19% 认为 4 年后智能销量将超过 PC。

(二)手机的通讯功能将进一步被淡化

手机的通讯功能将进一步被淡化,原先的所谓"附加"功能和增值业务正在成为手机应用的主流。手机的设计理念将发生深刻变化。诺基亚希望在每个人的口袋里都放入一台手机,苹果想要放入一种生活,而 Google 放入的则是一张互联网。

(三)手机成为主要的身份识别系统

我们关于手机媒体未来的业界嘉宾问卷调查显示,91% 被调查嘉宾认为手机成为主要的身份识别系统,其中 11% 的嘉宾甚至认为在 5 年内手机可以取代身份证、驾驶证等证件。

手机不但是一个信息传输平台,它还是一个身份识别系统,手机卡事实上就是经济关系,通过手机可以进行身份的识别,这对于信息收费,对于信息的定向传输和管理具有非常大的价值。

"电子身份证"在公共服务中具有广泛应用前景,例如网上报税、领取社会福利等,是实现网络实名制服务和政府部门电子化的基本前提。

四、手机发展的影响

（一）手机媒体对传媒业的影响

1. 手机媒体加速纸质媒体的消亡

关于手机媒体未来的业界嘉宾问卷调查显示,91%被调查嘉宾认为纸质媒体会消亡,53%被调查嘉宾则认为手机媒体加速纸质媒体的消亡。

研究认为,手机具有高度的便捷性,能随时连接互联网。手机媒体的壮大将加速纸质媒体的消亡速度。

有人认为,传统的纸质媒体有其自身的优势,如便于携带,直观性强,阅读方便。果真如此吗? 这种观点忽略了一个重要的事实,即纸的信息存储的密度大大低于新媒体,新媒体体积小、容量大、存储密度极高;事实上,在信息量相同的情况下,新媒体远比纸质媒体更容易携带。一张重量只有几克的 DVD 光盘可以存储 4.7G 的信息,相当于 $4.7 \times 1024 \times 1024 \times 1024 = 5046586572.8$ 字节(Byte),即可以存储 2523293286 个汉字。若以一本书平均 20 万字计算,一张 DVD 光盘可以存储 12616 册图书。

前面的调查结果已经显示,以网络媒体、手机媒体为代表的新媒体的信任度并不低于纸质媒体。在各类媒体的权威性、真实性上,需要具体对象具体分析。新媒体发布信息的迅速性与深刻性之间并没有必然的矛盾关系。只要存在利益驱动,无论是新媒体还是传统媒体,都可能发表假新闻。事实上,在一些突发与敏感事件的报道方面,新媒体比传统媒体具有更高的即时性、客观性与真实性,例如手机所拍摄的画面就具有很高的真实性、准确性。

有人认为,纸质媒体不需要专门的阅读工具,价格便宜、阅读成本低。但是,笔者认为,在社会总成本方面,纸质媒体远不如新媒体经济。新媒体的传播省去了制版、印刷、装订、投递等工序,不仅省掉了印刷、发行的费用,而且避免了纸张的开支,使总的成本大大降低了。纸质媒体消耗了大量的森林资源,同时在纸张生产过程也造成了严重污染。随着技术的发展,电脑、手机等数字技术产品的价格越来越低;而森林资源会越来越稀缺和珍贵,纸质媒体会越来越昂贵。

有人认为,人类对纸质媒体的依赖、依恋及其千百年来形成的线性阅读的习惯,不可能在一朝一夕就彻底改变。纸质媒体伴随着人们跨越了近两千年的风雨历程,人们已经习惯了它,并且对其充满了感情。实际上,感情与习惯是可以改变的。而且目前并没有科学权威的医学对比数据可以证明,纸质媒体对读者身体健康的负面影响小于新媒体。

新媒体的最大优势之一是信息存储密度极高、单位信息存储成本极低,因此,可以用极低的成本、迅速对数字信息进行大量的复制,作为备份,以防不测。而这是纸质媒体无法做到的。

有人认为,纸质媒体具有美感。笔者要问,难道新款的电脑如 iPad、手机 iPhone 不也具有高科技、人性化的美感吗?

新媒体在不断进步与完善,存在的不足也正在被迅速地逐一克服;相反,千年历史的纸质媒体已经没有技术飞跃的可能。新媒体的许多功能是纸质媒体永远不可能具备的,尤其是高速便捷的检索功能与知识聚类功能。

随着电脑的掌上化、第 3 代手机技术的普及,手机正在成为重要的新媒体;使得纸质媒体所具有的便携性等优势完全丧失,手机媒体加速埋葬了纸质媒体。

在美国,随着智能手机如 iPhone、iPad、Kindle 等手持阅读终端的流行,纸质媒体破产的案例越来越多。美国《基督教科学箴言报》从 2009 年 4 月起开始停止出版纸质日报,这是美国主流大报中第一家完全以网络版代替纸媒的全国性报纸。2009 年,2 月 26 日,离 150 岁生日还有 55 天的科罗拉多州最负盛名的《洛基山新闻报》宣布关闭;3 月 16 日,具有 146 年历史的《西雅图邮报》决定停刊,以后只通过网络的形式发行电子报;密歇根市拥有 174 年历史的《安娜堡新闻报》也于 7 月份出版其最后一期印刷版报纸。2010 年 9 月,美国最大的报纸《纽约时报》公司董事长亚瑟·苏兹伯格表示,《纽约时报》将停止推出印刷版,主要通过网络版来吸引读者和拓展收入来源。

2. 手机媒体的多媒体、个性化

手机媒体正在呈现出个性化趋势,苹果的 iPad 新闻就是一个典型案例。

2010 年 10 月,纽约时报开始提供 iPad 的完全版。纽约时报把所有内容都搬上 iPad,一共 25 个板块,包括头条新闻、商业板块、照片、视频,以及博客等等。而 iPad 与 iPhone 都是 Apple 的同源产品。

在 3G 时代,手机高速上网日益普及,手机媒体在传播的内容上,将不局限于文字及图像的传播,而是呈现出多媒体化。手机电视将日益普及就是一个典型案例。

手机电视(Mobile TV)就是利用具有操作系统和流媒体视频功能的智能手机观看电视的业务。

3G 商用之前,中国移动运营商主要是通过 2.5G 或 2.75G 网络传输技术来传输手机电视节目。由于当前移动通信网络的传输速率仅在几十千字节,因而手机电视业务不论是声音还是图像效果,均无法与普通电视相提并论,手机电视更像是"手机幻灯"。目前,3G 在中国已经商用,移动运营商的网络不论是速率还是带宽都能够满足手机电视业务的发展要求。

除了基于 3G 技术的无线网络型手机电视外,在中国还有基于中国移动多媒体广播(CMMB:China Mobile Multimedia Broadcasting)技术的手机电视,即 CMMB 手机电视。CMMB 是国内自主研发的第一套面向手机、笔记本电脑等多种移动终端的系统,利用 S 波段信号实现"天地"一体覆盖、全国漫游,支持 25 套电视和 30 套广播节目。

(二)手机成为社会内部稳定的基石之一

"茉莉花革命"震醒了我们,包括互联网、手机等新媒体已经成为了重要的新闻媒体、舆论平台,直接关系到国家安全、社会稳定。但是,新媒体在"茉莉花革命"发挥了直接作用。新媒体有效地放大了反对派的力量与声音,促使骚乱横扫全国。

在某些方面,中国与突尼斯、埃及、利比亚等中东北非国家具有一定的相似性。例如:手机、互联网的普及率,对新媒体的管理等。

从手机、互联网的普及率的数据上看,根据 CNNIC 统计,截至 2011 年 6 月底,我国网民总数达到 4.85 亿,手机网民达 3.18 亿,互联网普及率为 36.2%。根据工信部统计,截至 2011 年 5 月底,我国移动电话用户达到 9.1 亿,其中 3G 用户为 7375.5 万户,移动电话普及率为 64.4 部/百人;固定电话普及率为 22.1 部/百人。

在中东和北非地区,巴林是移动普及率最高的国家,早在 2006 年,该国的移动电话增长率就超过了 150%。利比亚是非洲首个实现移动电话 100% 普及的国家。2008 年年底,埃及全国的手机普及率达到 51.6%。根据埃及官方数字,埃及四分之一以上的人口,也即约 2300 万人,是定期或偶尔进入互联网的网民。

从总体上看,非洲手机用户增长率较高,而互联网普及率较低。

从对新媒体的管理上,突尼斯、埃及、利比亚等中东北非国家亦十分严格。

在埃及,关于互联网管理的法令已有 4 部,涉及网络犯罪、知识产权、电信管理、电子签名等。1994 年,埃及第 143 号民事法令决定成立一个特别部门——内政部下设的国家电脑与网络犯罪司来专门打击电脑和网络犯罪。此外,通信部、内阁信息与决策支持中心以及埃及军方也参与管理。

埃及政府在管理互联网时,一贯要求网站要删除网友不良留言,尤其是涉及宗教、政治、时局等敏感话题。如果一个人发表违法的言论,或者传播黄色内容等不良信息,有关部门会通过 ISP(互联网服务提供商)迅速查到地址,并进行处理。埃及也有网络警察。

"茉莉花革命"证明,互联网、手机等新媒体没有物理上的国界,虽然可以封杀境外网站,但是,道高一尺魔高一丈,"翻墙软件"等反封锁技术也在发展。

"茉莉花革命"的教训之一就是,"封杀""断网"这种简单、极端的新媒体管理措施绝对收不到应有的效果,甚至是适得其反。

(三)手机将成为国家安全的重要支柱

关于手机媒体未来的业界嘉宾问卷调查显示,94% 被调查嘉宾认为手机事关国家安全。

手机是一个定位系统和身份识别系统。通过基站,现在手机定位存在 200 米的误差,随着 3G 的发展,定位的误差会缩小到 10 米左右。通过手机的准确定位,可以随时确定用户的不同位置,从而为用户传输定向的信息。

世界各国的领导人都不允许使用手机,原因正是手机能准确定位和身份识别,如果发生战争或冲突,敌人完全可以首先将对方领导人准确定位,然后使用反辐射导弹等精确制导武器予以消灭。因此,我们大胆预测,第三次世界大战或许将首先从手机领域打响。

已经发生过不少通过手机定位的战争案例。典型案例是 1996 年 4 月 22 日在俄罗斯的车臣战争期间,俄空军利用电子侦察手段发现了当时车臣分裂主义头子杜耶达夫的手机信号,并将其消灭。2002 年 3 月,恐怖主义头子本·拉登的得力助手、"基地"组织的二号人物阿布·祖巴耶达赫也是因为使用手机暴露了藏身之地而落网。

手机通信是一个开放的电子通信系统,只要有相应的接收设备,就能够截获任何时间、任何地点、任何人的通话信息。即使在待机状态,手机也与通信网络保持不间断的信号交换,此时产生的电磁波谱很容易利用侦查监视技术发现、识别、侦察和跟踪目标,并对目标进行定位,从中获得有价值的情报。

目前,我国市面上的移动电话芯片基本是进口产品,其中一些手机具有隐藏通话功能:可以在不响铃、也无任何显示的情况下由待机状态转变为通话状态,从而将周围的声音发射出去;也可通过简单的电信暗码,遥控打开处于待机状态手机的话筒,窃听话筒有效范围内的任何谈话。

即使关闭手机,持有特殊仪器的专家仍可遥控打开手机的话筒,实施监听。因此,使用者只要将手机放在身边,就毫无保密可言。在发达国家的情报部门、军方和重要政府部门,都禁止在办公场所使用移动电话,即使是关闭的手机也不允许带入。

美国建立了一个代号为"梯队系统"的电子监听监测网络系统,整个系统动用了 120 颗卫星,在美国和英国设置了两个数据中心。该系统全天候监控,一旦出现与数据库中关键词相关的信息,系统便会自动记录并分析,再交工作人员进行深入分析。全世界 95% 的通信都要经过这一系统高速计算机的"过滤",全部电话、文传、电子邮件都会被它截获。

手机操作系统正在成为国家信息安全的制高点。手机操作系统一般只应用在高端智能化手机上。目前应用在手机上的操作系统主要有 Palm OS、Symbian、Windows Mobile、Linux 和 Google Android、iPhone OS,黑莓等。2009 年,中国移动基于谷歌 Android 平台研发的 OMS 手机操作系统基本成型。OMS 是中国移动利用谷歌 Android 作为基础,加入了很多中国移动的应用,希望通过 OMS 打造一个更加开放同时集成多个运营商应用的手机操作平台。

中国必须开发中国自主知识产权的智能手机操作系统,否则国家的信息安全会面临严峻挑战。

我国是手机用户最多的国家,如果对手机的双刃剑效应没有充分的认识,那么国防信息、经济信息和科技信息的安全性将存在严重隐患。

展望手机媒体的未来发展,手机的通讯功能将进一步被淡化,新闻传播、游戏娱乐、移动虚拟社区、信息服务等附加功能和增值业务不断增加。小小的手机不仅是与人形影不离的信息平台,而且能够影响到国家安全和社会稳定。此外,手机媒体是典型的信息经济,手机媒体产业属于知识和技术密集型、智力劳动型、低耗高效型产业,具有高效率、高增长、高效益和低污染、低能耗、低消耗的特点。将手机媒体的发展提升到国家发展战略层面,将推动中国经济发展模式由粗放、高能耗、资源消耗、劳动密集型经济模式向低碳、创新型知识经济发展模式转型;有效解决大学毕业生等高素质人才的就业问题;极大地拉动手机媒体、移动商务、手机广告及相关产业的发展。

第四部分　比较研究

Part Ⅳ　Comparative Study

发达国家宽带互联网
战略与北京发展比较报告

兰　晓　陈　静①

摘　要:通过分析全球宽带市场发展现状,对各国宽带战略实施经验进行了综述,并结合我国和北京市实施宽带战略的基础,指出我国实施国家宽带战略及北京市推动发展宽带产业的重点方向及政策着力点。

关键词:宽带互联网　北京　发展对策

一、宽带互联网发展综述

21世纪是信息爆炸的时代,信息社会的发展程度成为各国综合国力对比的重要指标;21世纪是互联网时代,互联网已经成为现代人们社会和经济生活的必需品;21世纪是宽带网络大发展的时代,作为接入互联网的最主要方式,"宽带互联网"已经成为人类文明进步和社会发展的最有力平台。

随着信息通信技术和产品的逐渐成熟,人们"无处不在"的通信理想正在变成现实。以多媒体通信为代表的网络新技术和新业务的出现及爆炸性增长,对互联网接入网络的传输能力和接入带宽提出了更高的要求(见图4-1)。应需而生的宽带互联网与我们的生活越来越紧密地联系在了一起。

"宽带互联网",简单地说,就是提供高速接入公众互联网的宽带服务。与"窄带"相比,其最主要的特点是在"最后一公里"拥有较高的数据传输速度。因此,接入网的带宽往往成为影响宽带互联网高速传输的主要因素。

---

①　兰晓,北京市首都发展研究所。陈静,中国传媒大学信息工程学院。

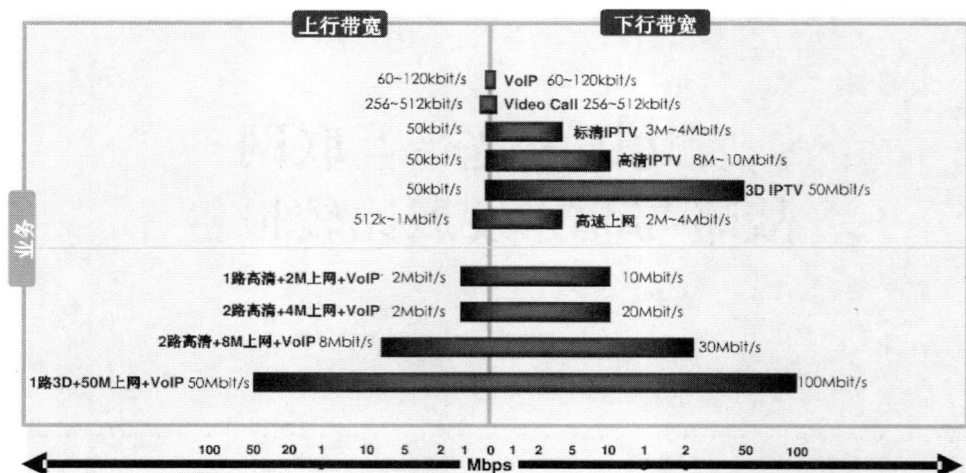

图 4-1　家庭用户接入带宽需求分析①

"宽带互联网"是一个动态的、发展的概念,不同时期、不同国家和组织对于"宽带"的带宽标准和要求也各不相同,见表 4-1。我国目前对于"宽带"尚没有明确的定义或速率标准。CNNIC 在进行国内宽带用户数量统计时,将以 xDSL、CABLE MODEM、光纤接入、电力线上网、以太网等接入方式上网的都算作宽带用户。

当前,在世界各国的下一代宽带网规划中,2020 年下行接入速率的规划目标普遍为 100Mbps,人们对于宽带互联网的带宽要求将继续被改写。

表 4-1　各组织和国家"宽带"标准

国家和组织	宽带标准
国际电信联盟 ITU	将固定(有线)宽带服务视为一种下行速率等于或大于 256kbps 的高速接入公众互联网(通过 TCP/IP 连接)的订约业务。无线宽带服务包括其宣称下载速度至少达到 256kbps 的卫星、地面固定无线和地面移动无线订约业务。②。
美国联邦通信委员会(FCC)	1999 年在《第一次宽带部署报告》中规定,"宽带"的定义是指能够在最后一英里提供 200kbps 以上的双向传输速度的接入方式。2010 年 7 月发布的《第六次宽带部署报告》中则将"宽带"的标准提高为"能够为终端用户提供下行 4Mbps 及上行 1Mbps 的传输服务"③。

---

①　数据引自信息化蓝皮书《中国信息化形势分析与预测(2011)》。

②　http://www.itu.int/ITU-D/ict/events/geneva102/index.html.

③　*Sixth Broadband Deployment Report*,http://transition.fcc.gov/Daily_Releases/Daily_Business/2010/db0720/FCC-10-129A1.

续表

国家和组织	宽带标准
英国通讯管理局（OFCOM）	更高的带宽，持续性地、提供128kbps以上的数据传输速率的服务①。
加拿大广播电视电信委员会（CRTC）	一种通过网络服务提供商提供的设备长期保持高速互联网连接的方式。高速互联网访问服务应至少具有128kbps的数据传输速率，而"宽带"指下行速率达到1.5Mbps以上的接入服务②。
印度电信管理局（TRAI）	一种持续性的数据连接，这种数据连接能够支持包括因特网访问在内的交互服务并且能够提供给用户最低256kbps的下行速度③。2011年1月，TRAI的"宽带"新定义是"使用能够支持包括因特网访问在内的交互服务，能够支持最小下行速度512kbps，上行速度256kbps，技术的数据连接"。TRAI还建议到2015年1月宽带的标准应该提高到下行2Mbps以上④。

　　进入21世纪以来，世界各国以高度的战略眼光重视宽带互联网发展，纷纷启动国家宽带发展战略，大力推动宽带网络建设，宽带互联网服务在全球范围内急速扩张。根据国际电信联盟（ITU）统计，2010年全球互联网用户人数达到20.8亿⑤，固定宽带用户数超过5亿，移动宽带用户数超过9亿⑥。特别是在经历了全球性金融危机之后，各国纷纷调整宽带战略。被称做"信息高速公路"的宽带网络在许多发达国家像道路交通一样被纳入到国家经济复苏计划中，从国家层面进行推进。宽带发展"国家战略化"已经成为全球性行业发展趋势。

　　过去的十年里，我国宽带互联网行业也取得了长足的进步。根据中国互联网络信息中心（CNNIC）统计，截至2011年6月，中国网民数已达4.85亿，手机网民规模达3.18亿，均居世界首位。互联网普及率攀升至36.2%，超过世界平均水平。另根据工信部统计，2011年6月，我国注册的宽带接入用户数已达1.42亿户，居世界第一。96.8%乡镇通宽带，3G大规模商用，基本实现城市覆盖。手机用户8.7亿，其中3G用户快速增长，达8051万户⑦。尽管如此，我国宽带互联网发展水平与发达国家相比仍存在不小的差距。虽然我国宽带用户数已经是全球第一，但宽带普及率较低，

---

①　*The Ofcom internet and broadband update*，http://stakeholders.ofcom.org.uk/binaries/research/telecoms-research/int_bband_upd.pdf.

②　*CRTC Communications Monitoring Report*，2009，section 5.3.

③　https://www.socialtext.net/broadband/india.

④　*TELECOM REGGULATORY AUTHORITY OFF INDIA Recommendations on Natational Broadband Plan*，http://www.trai.gov.in/WriteReadData/trai/upload/Recommendations/124/Broadbandrecommendationl.pdf.

⑤　*The world in 2010:ICT facts and figures*，ITU.

⑥　*Broadband:A platform for progress*，ITU/UNESCO.

⑦　http://www.miit.gov.cn/，工信部网站统计分析专栏2011年6月数据。

并且处于"低速宽带"阶段。另外,宽带互联网的发展在我国仍存在明显的区域不平衡性,要成为宽带强国,中国还有漫长的一段道路要走。

2011年,是我国"十二五"规划的开局之年,我国经济发展方式面临着全方位转型,信息通信技术领域发生着全方位变革,创新不断深化,商业模式不断创新,产业格局深刻调整。这些都为我国宽带互联网产业发展提供了重要战略机遇,我国国家层面的宽带战略实施势在必行。

与此同时,北京市实施"人文北京、科技北京、绿色北京"战略、建设世界城市和打造国家创新中心也进入了关键时期。作为重大战略性支柱产业以及信息承载的主要平台,宽带互联网产业的大发展、大繁荣将对提升北京市社会信息化水平和自主创新能力、促进社会经济发展模式的升级,发挥核心支撑和高端引领作用。

二、宽带互联网发展现状

(一)全球宽带互联网发展特点

1. 固定宽带用户数持续快速增长,但增速趋缓

Point Topic 公司统计数据显示,截至2011年第一季度,世界固网宽带用户数量为5.41亿,比2010年年底增加1523万,季度增长2.9%,年度增长11.9%。从2008年第二季度以来,除了2009年第一季度世界固网宽带用户增长量有过一次爆发式增长,当季增长接近2000万,其余季度固网宽带用户增长均保持稳定①(图4-2)。出现这种情况,主要原因是经济环境不稳定,暂时抑制了一部分消费者对宽带接入服务的需求。但由于宽带接入市场的潜在发展空间巨大,预计随着经济形势的逐步好转,未来几年全球宽带接入市场仍将保持稳步增长。

2. DSL 用户规模最大,FTTH 增速最快,亚洲宽带用户数最多

在固网宽带使用的各种接入技术中,DSL 技术拥有最多的用户,达到3.15亿,占固网宽带总用户数的63%。Cable Modem 技术拥有1.09亿用户,占20%。目前世界上 FTTx 用户有7600万,占14%(图4-3、图4-4)。由于各国宽带战略中,均把 FTTx 作为下一代宽带的主要应用技术,因此三种主流固网接入技术中,FTTx 的用户季度增长率最高,达到5.78%,相当于每季度增加400万用户。Cable Modem 和 DSL 的用户增长率分别为2.75%和2.15%②。随着用户对高带宽需求的增长,近几年来,

---

① *World Broadband Statistics*:*Short report*,2011 Q1,http://point-topic.com/dslanalysis.php.

② World Broadband Statistics:Short report,2011 Q1,http://point-topic.com/dslanalysis.php.

（单位：百万人）

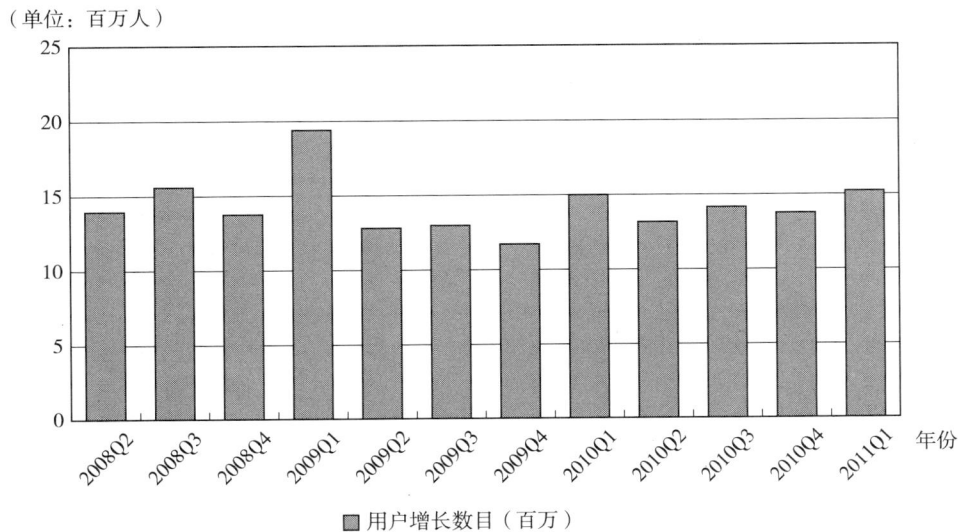

图 4-2　2008—2011 年世界宽带用户增长幅度

资料来源：point topic。

FTTH 用户快速增长。2009 年 FTTH 用户达到 3269 万，在宽带接入用户中的占比 6%。

（单位：百万户）

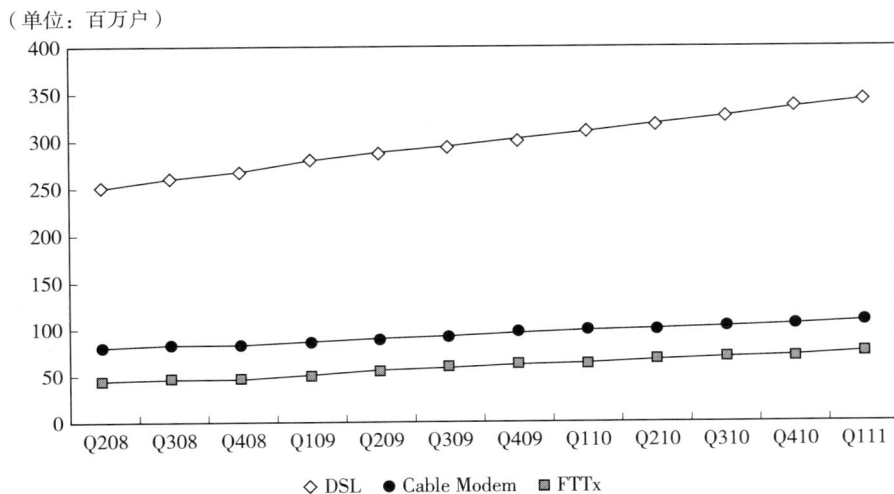

图 4-3　2008—2011 年各种固网接入技术用户数量

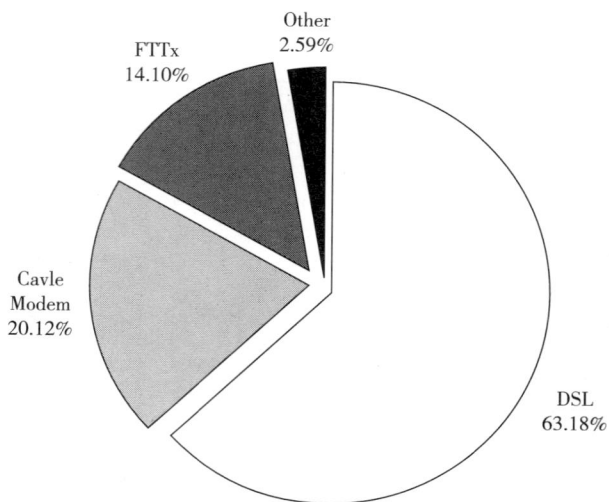

图 4-4　各种固网接入技术用户比例

从区域角度看,亚洲地区的宽带用户占全世界的 42%,年度增长 16.2%①。从 2008 年第二季度开始,中国超过美国成为世界固网宽带用户最多的国家,此后就一直保持中国第一、美国第二的排名顺序。根据工信部发布的通信行业数据统计,我国基础电信企业互联网宽带接入用户 2011 年上半年净增 1548 万户,达到 1.42 亿户②。宽带用户数量排名世界第三到第十名的国家分别是日本、德国、法国、英国、韩国、意大利、巴西和俄罗斯。

3. 移动宽带用户数超越固定宽带用户数,全球开始进入移动互联时代

目前全球范围内信息化基础较好的国家和区域皆已纷纷跨入了移动互联网时代,以美国为代表,由移动互联网应用巨头、领袖型的消费电子、智能终端企业、富有创造力的移动互联网用户群体构成的移动互联网产业雏形已经具备。摩根士丹利认为,当前已进入 50 年以来的第 5 计算技术发展周期——移动互联网时期。移动互联网创造及销毁的财富或许能够超过以往任何一个周期,这是由于用户日益增多,并且移动互联网设备呈数量级增长。移动互联网的应用步伐很可能会超越桌面互联网,使得移动互联网规模至少是桌面互联网的两倍(图 4-5)。根据 ITU 数据统计,2008年移动宽带用户已经超过了固定宽带用户。

截至 2010 年年底,世界上共有 9.4 亿无线宽带用户,3G 技术是主流。其中,

---

① Broadband Forum Industry Update 1Q2011 Broadband Status Report http://www. broadband-forum. org/news/download/pressreleeases/2011/CommunicAsia_2011. pdf.

② http://www. miit. gov. cn/n11293472/n11293832/n11294132/n12858447/13980292. html.

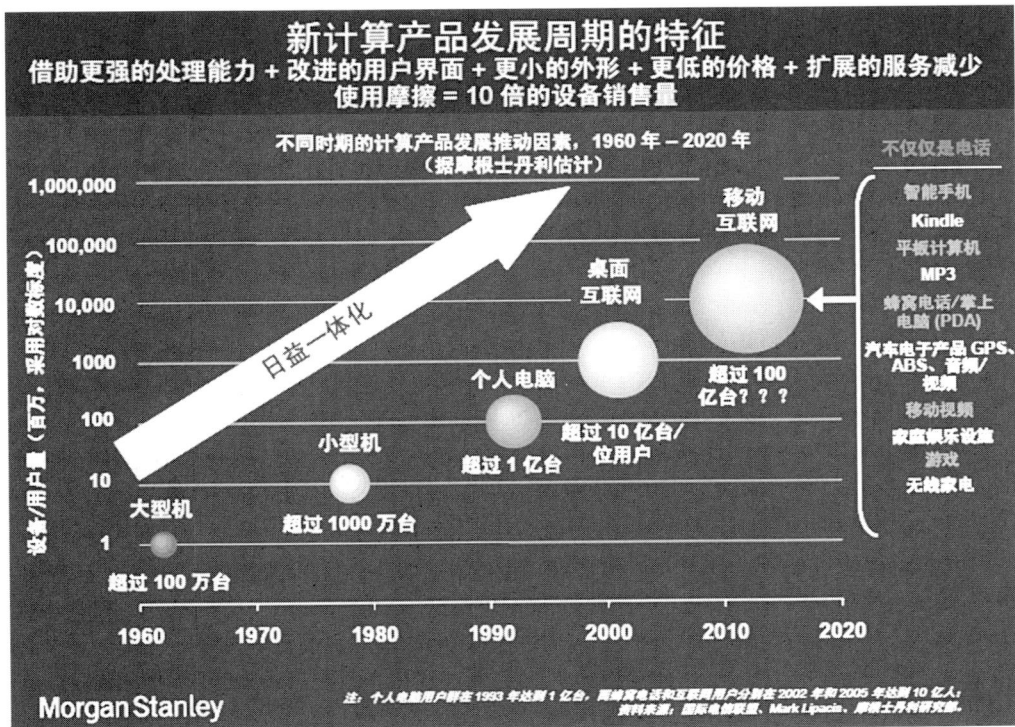

图 4-5　摩根士丹利的新计算产品周期特征计算

WCDMA-HSPA 是应用最广的技术,截至 2011 年 6 月,已经超过 5 亿用户(图 4-3)①。而 2009 年年底开始在瑞典和挪威商业运营的全球首个 4G LTE 网络,一年半时间也已发展了 100 万用户。

(二)全球宽带互联网发展趋势

1. "多元化"凸显,信息基础网络融合加速

一方面,宽带接入市场竞争主体进一步趋于多元化,未来整个宽带接入市场将呈现一种多元化的竞争格局。网络应用层出不穷,固定宽带、移动宽带、下一代互联网和广播电视网络数字化等新技术不断发展,宽带接入技术不断演进,固定宽带接入光纤化,移动宽带业务普及化,"无线城市"等新型宽带接入网的建设也都在改变着人们传统的宽带接入方式,所有这些均加速了宽带市场竞争主体的多元化发展;另一方面,竞争主体的多元化也将进一步促进宽带接入市场的竞争和新技术、新业务的发展

---

① 　http://www.gsmworld.com/newsroom/press-releases/2011/6274.htm.

升级,从而促进宽带接入业务的全面普及。

与此同时,全球通信技术进入了新的发展阶段,融合已经成为通信业发展的主旋律。随着运营商的重组和全业务运营,固定网与移动网从业务到应用正逐步走向融合;信息技术与传统产业深度融合,并在传统行业中得到广泛应用。单一的宽带业务已不能满足用户的宽带需求,各大运营商也势必将推出更多的融合业务,从而寻求更好的盈利模式。固定宽带与移动宽带的捆绑销售是其中最具代表性的业务之一。

2. 宽带互联网已成为新形势下国际竞争的战略制高点

2008年下半年以来,全球社会经济环境发生了巨大变化,源自美国的金融危机逐步扩散至全球,并对实体经济造成严重影响。另一方面,随着世界人口增长、老龄化和城市化迅速加快,世界所面临的粮食问题、资源消耗问题、气候变化等问题层出不穷。为解决上述问题,各国政府纷纷出台了一系列相关政策并启动大批项目。

由于宽带网络已经发展成为现代经济和社会生活的重要基础设施,成为经济与社会活动的重要载体。因此,在多个国家出台的经济刺激方案中,都将宽带发展上升到国家战略的层面。美国、英国、韩国、日本等发达国家以及巴西等金砖新兴国家均出台了宽带网络国家发展战略(表4-2、表4-3),希望建成覆盖全国的高速宽带互联网。同时,加大对宽带发展的战略指引、政策激励甚至直接进行宽带投资,已成世界各国政府的普遍行动。

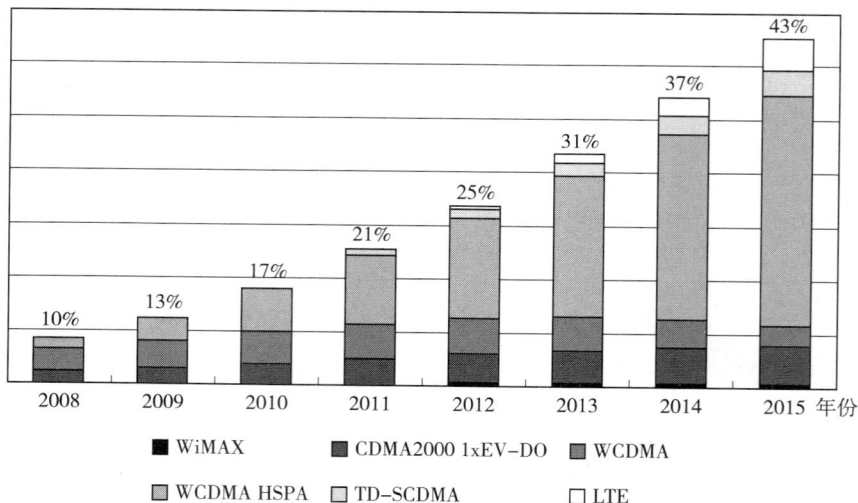

图 4-6 2008—2015 年移动宽带各种接入技术用户数(占总用户数比例%)

表4-2　各国宽带战略目标

国　家	宽带发展战略	宽带发展目标
美国	国家宽带计划	到2010年,至少有100万个家庭负担得起实际下行速度至少为100Mbps和实际上行速度至少为50Mbps的宽带服务。到2020年,每家每户应该有实际下载速度为4Mbps和实际上传速度为1Mbps的宽带服务。
英国	数字英国超高速宽带计划	到2015年,超高速宽带覆盖英国所有地区,英国建成欧洲"最好的宽带网络"。每个人能够享受至少2Mbps的速率,90%的人可以使用超高速宽带。
日本	i-Japan战略	到2015年,每家每户都能通过光纤高速公路享受宽带服务。
韩国	IT韩国未来战略	到2010年,能为1200万个家庭提供宽带多媒体服务,无线用户将上升到2300万个。到2012年网络平均速率为10Mbps,最大速度达到1Gbps。
法国	"数字法国2012"	到2012年,所有法国人能够接入宽带。到2025年,所有的家庭能够接入超高速宽带。
瑞典	《瑞典宽带战略》	到2015年,40%的家庭和企业能够享受最低接入速度为100Mbps的宽带。到2020年,90%的家庭和企业能够享受最低接入速度为100Mbps的宽带。
澳大利亚	二十一世纪国家宽带网建设计划	到2021年,在全国宽带网络覆盖率达到100%的前提下,93%的家庭、学校和企业可以通过光纤享受高达100Mbps宽带速率,剩余的7%能够通过下一代无线和卫星享受超过12Mbps宽带速率。
新西兰	《数字战略2.0》,宽带投资倡议	到2015年,80%的农村家庭拥有至少5Mbps的速度,剩余20%的家庭实现至少1Mbps的速度。到2019年,75%的新西兰人能够在他们居住,工作和学习的时候享受超高速宽带。
芬兰	"宽带权"立法	到2015年几乎所有的(超过99%的人口)固定住所和企业或公共管理机构的常设办事机构距离光纤和有线电视网络不超过两公里,且允许100Mbps的网络接入。
意大利	跨越数字鸿沟,下一代接入网	到2012年,所有意大利人都能够以2Mbps-20Mbps的速率接入互联网。
加拿大	"宽带加拿大:连接农村"计划	到2015年,所有加拿大人都能拥有5Mbps的下行速率和1Mbps的上行速率。
巴西	国家宽带战略	到2014年,包括家庭、企业、合作社与10万个电信中心在内总共有3000万固定宽带连接。
德国	国家宽带战略	到2014年,75%家庭的下载速度将达到50Mbps。

　　美国宽带产业最大的问题是发展水平不均衡,宽带速度也落后于其他发达国家,而且受经济危机影响严重,上升势头缓慢,甚至出现负增长。2010年3月,FCC在广泛征求广大美国民众意见的基础上,向国会提交了国家宽带计划"Connecting

America:The National Broadband Plan"①。美国"国家宽带计划"指出,美国最新宽带战略发展重点是提高基础设施水平、提高速率、扩大覆盖面,最终实现全民共享。通过确保充分竞争、确保资源有效分配和管理、致力于"普遍服务"、充分发挥宽带对于政府工作的促进作用等措施保证宽带计划目标的实现。

与美国相似,为了使英国走出金融危机的困境,应对转型中的世界带来的挑战,打造长远的数字竞争力,英国商业、创新和技能部(BIS)与文化媒体和体育部(DCMS)于2009年6月联合发布了《数字英国》(Digital Britain)白皮书②,8月发布了《数字英国实施计划》③。白皮书的主题是:通过改善基础设施,推广全民数字应用,提供更好的数字保护,从而将英国打造成世界的"数字之都"。它提供了一种明确而有效的长远战略,以确保各种资源得到充分利用,政府提出的规定明确合理,公共采购的方式更加灵活,体现出政府已经作好对市场进行必要干预的准备,并为国家经济部门提供了相应的发展战略。作为"数字英国"白皮书的后续,2010年12月,BIS和DCMS再次联合发布了名为《英国未来的超高速宽带》计划④。该计划旨在2015年前让英国拥有欧洲最好的宽带网络,让英国所有家庭在2015年前至少达到2Mbps的网速。

日本的宽带互联网产业发展速度十分惊人,经过十年的建设,日本在宽带普及率、接入速度、价格以及应用的丰富程度等各个方面均处于全球领先地位。政府对于国家战略一如既往的支持,是日本宽带快速发展一个非常重要的推动因素。2009年之前,日本政府先后发布了"e-Japan"计划(2001—2005)和"u-Japan"计划(2004—2010年)以及IT新改革战略等。为了加强国家在信息技术应用方面的实力,日本政府在2009年7月推出了助力公共部门信息化应用的"i-Japan战略2015"。日本计划到2015年,数字化技术能融入社会的每一个角落,实现安全、稳定、公平、易用的信息使用环境,使人民的生活丰富多彩、人与人关系更加和谐。i-Japan战略从"任何人都可以感受到从数字化技术中受益"的视角出发,制定出四大目标:易操作的数字化技术、突破阻碍数字化技术应用的壁垒、数字化技术应用中确保"稳定性"、使数字化技术融入经济社会,打造新的日本。日本政府主要通过"加大核心领域数字技术应用"、"激发产业与区域活力与培育新兴产业"、"完善数字基础设施建设"等措施来推动"i-Japan战略2015"的顺利实施。

韩国从20世纪70年代开始进行信息化建设,30多年来,发布了一系列计划,取

---

① FCC,Connecting America:The National Broadband Plan.

② http://www. official-documents. gov. uk/document/cm76/7650/7650. pdf.

③ http://www. ofcomwatch. co. uk/wp-content/uploads/2009/08/db_implementationplanv6_aug09. pdf.

④ http://www. culture. gov. uk/images/publications/10-1320-britains-superfast-broadband-future. pdf.

得良好的成效。目前,韩国的信息化水平处于世界领先水平,其发展模式还被公认为国际上最成功的典范。对于包括宽带在内的信息化设施建设,韩国并不满足于已取得的成功。2009 年 9 月,韩国总统李明博亲自主持召开了《IT 韩国未来战略》报告会。为了促使 IT 成为未来发展的核心动力,《IT 韩国未来战略》中决定推进 IT 融合、软件、主力 IT、广播通信、宽带网络等五大核心战略,发展 IT 产业,促进与其他产业的相融合,建立大企业和中小风险企业一起成长的产业链,并制定了每个领域 2013 年应达到的目标。在 IT 五大核心战略推进下,将实现制造业、软件业、服务业等各领域之间的均衡发展,同时将引领韩国经济高速增长①。为了支持《IT 韩国未来战略》,政府和民间将在五年间(2009—2013 年)投资 189.3 万亿韩元,其中政府投入 14.1 万亿韩元,民间 175.2 万亿韩元。

　　同样遭受金融危机的影响,2008 年法国经济遭受重创,能维持增长的为数不多的行业中就包括了信息服务行业。但是,数字经济在法国国内生产总值中所占比重较小,远远落后其他发达国家,由于数字产业的相对落后,导致法国经济增长率每年损失 0.7 个百分点。为了应对金融危机,法国结合自身的经济发展情况,在 2008 年 10 月,发布了《2012 数字法国计划》,要求进一步加速布建宽带网络,确保在 2010 年前所有的法国人都能够以合理的价格使用宽带服务(目前这一比例为 54%)。政府将加大对信息技术产业的投资力度并对宽带费用进行一定的调控,以保证宽带服务的普及性。

　　近年来,瑞典宽带飞速发展,已经成为欧洲宽带质量领先的国家。但是瑞典政府对此并不满足,为了提高网络连接速度,优化网络性能,扩展宽带覆盖率,减少营运商成本,瑞典通信部于 2009 年 11 月提出了《瑞典宽带战略》。"瑞典宽带战略"以市场为基础,包含五个优先发展的领域及相应的措施,为瑞典建立世界一流的宽带,确保其在 ICT 领域的领先地位②。"瑞典宽带战略"中为政府的宽带建设制定了以下两个目标:到 2020 年 90% 的家庭和企业,能够享受最低接入速度为 100Mbps 的宽带;到 2015 年 40% 的家庭和企业,能够享受最低接入速度为 100Mbps 的宽带。主要通过引入有效地竞争、充分发挥公共部门在市场中的作用、确定频谱的使用、发展可靠的电子通信网络、建设农村宽带等五大战略举措保证宽带战略目标的实现。

　　澳大利亚的宽带发展在发达国家中起步较晚,到 2009 年,澳大利亚的互联网仍然依赖于老化的铜线网络,光纤网络仍近乎为零。由于缺乏一流的信息技术设施,澳大利亚本来极富商业潜力的采矿业和商品经济发展被抑制,显然,落后的宽带限制了

---

　　①　电子贸促会:《IT 韩国未来战略》。

　　②　Broadband strategy for Sweden, Nov. 2009, http://www.sweden.gov.se/content/1/c6/13/49/80/112394be.pdf.

国家的经济活力。针对上述情况,2009 年 4 月,澳大利亚总理陆克文宣布启动建设国家宽带网的计划,并以国家主导,由政府投资约 430 亿美元与私营企业合作成立一家公营公司(NBN)来推动宽带网络建设。目标是建设超过 100Mbps 超高速宽带网络,让澳大利亚每个地区皆可使用负担得起的宽带服务,并借此提升国家的生产力与国际竞争力。政府承诺:无论家庭或是企业,将确保全澳大利亚宽带的使用价格实现统一。政府确定将在局部地区优先发展光纤,并尽快实现这些地区的无线和卫星服务。NBN 为澳大利亚的部分地区提供了前所未有的机遇,使这些地区的商业能够打破距离限制,通过宽带连接到全世界①。

新西兰政府于 2005 年和 2007 年分别公布了《数字战略》和《数字内容战略》,这两个计划的实施促进了新西兰的数字信息通信技术的快速发展,宽带性能有所提升。但是,随着数字化经济的发展,人们对宽带速率要求逐渐提高,而新西兰并没有光纤网络,因此政府于 2008 年 8 月推出了《数字战略 2.0》。这一战略指出在未来五年内,政府会为在中心区域的商业和公共机构(中学、研究所、医院和图书馆)提供光纤到户的网络连接,并大幅提升整个国家的连接带宽②。为了支持宽带建设,2009 年 3 月,新西兰政府还公布了一项名为"宽带投资倡议"的建议草案,要求加快安装光纤的速度,以使全国 75% 的人都能使用。同年 10 月,新西兰政府公布了《超高速宽带倡议》。超高速宽带倡议作为一个提前的光纤宽带服务,提供至少 100Mbps 的上行速度和 50Mbps 的下行速度。在发展过程中,新西兰注意到数字鸿沟问题,为解决这一问题,2010 年 8 月政府提出《农村宽带倡议》(RBI),计划花费 3 亿美元,改善农村宽带。农村宽带倡议是对超高速宽带倡议的补充,将覆盖超高速宽带以外的地区③。2011 年 7 月,新西兰议会通过了《电信(电信服务义务、宽带与其他事项)法修正案》,该修正案为政府"超高速宽带倡议"和"农村宽带倡议"提供了管制框架。此外,法案还对"电信服务义务(TSO)"机制进行了改革,并为推动宽带部署提出了措施。

表 4-3　各国宽带互联网发展战略经验总结

国　　家	国家宽带发展战略经验总结
美国	鼓励竞争;积极推进资源的合理分配;针对下一代数字鸿沟问题提出普遍服务标准。
英国	建立强有力的市场竞争机制;监管方面融合更加彻底;"三网融合"进程更加开放;超高速宽带计划稳步实施。

---

① *National Broadband Network*:*Progress update May* 2011.

② Digital-Strategy 2.0,http://www.med.gov.nz/upload/73583/Digital-Strategy.pdf.

③ Rural Broadband Initiative,http://www.med.govt.nz/templates/ContentTopicSummary 41997.aspx.

续表

国　家	国家宽带发展战略经验总结
日本	重视宽带基础建设;政府重视宽带策略的实时性;注重信息化基本知识的普及和具有信息技术高级人才教育的培养。
韩国	信息基础设施项目起步早,投资力度大;政府重视并积极引导宽带市场建设;重视宽带服务应用的投入。
法国	加速市场开放;政府对低收入人群补贴力度大;开创全新的三屏融合业务模式。
瑞典	建立强有力的机构,在全国范围内实现统一、协调的领导;制定统一的指导标准;大力发展电子政务。
澳大利亚	打破垄断经营,形成一个"竞争性"格局;政府投入力度大;宽带战略实施对就业、公共服务的提升作用显著。
新西兰	打破信息化建设和运行管理领域的垄断局面,强化竞争机制的作用;加强农村基础设施建设,提高农村信息化水平。

本报告主要对美国、英国、日本、韩国、法国、瑞典、澳大利亚、新西兰等八个国家的宽带发展计划进行简要分析,归纳总结各国宽带战略制定和执行中获得的一些经验和遇到的问题。在我国"十二五"期间电信业 2 万亿总体投资中,宽带投资(移动宽带+固定宽带)将占 80%,国家宽带计划也正在制定当中。分析对比各国宽带战略,对于我国正确制定国家宽带战略,合理应对宽带发展中出现的新形势、新问题,有着重要的现实意义。

(三)我国宽带互联网发展特点

1. 宽带接入用户数快速发展,市场规模居全球首位

我国宽带接入用户数从 21 世纪初开始持续快速增长。工信部资料显示(见图4-7),2003 年我国宽带接入用户数就过千万,到 2009 年年底,我国宽带接入用户累计达到 1.09736 亿,2011 年 6 月攀升至 1.42 亿,我国宽带接入用户规模居世界首位,占全球宽带接入用户总数的 23%;96.8% 乡镇通宽带;3G 大规模商用,基本实现城市覆盖。手机用户 8.7 亿,其中 3G 用户快速增长,达 8051 万户[①]。

我国宽带市场格局稳定,基础电信运营商占据主导地位。我国提供宽带接入的服务商主要包括三类企业,一是基础电信运营商;二是用户驻地网运营商;三是有线电视网络运营商。从用户市场份额来看,2009 年年底,基础电信运营商占据了94.1% 的市场份额[②]。2011 年 6 月工信部的统计数据显示,中国联通、中国电信宽带

---

① http://www.miit.gov.cn/,工信部网站统计分析专栏 2011 年 6 月数据。
② 尚清涛:《中国宽带接入市场发展状况分析》,《世界电信》2010 年第 5 期。

（单位：万户）

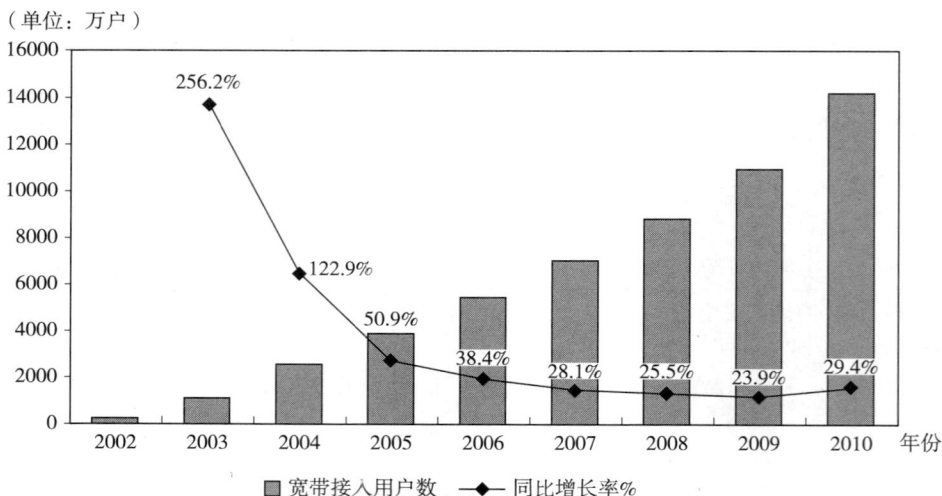

图 4-7　2002—2012 年中国宽带接入用户发展情况

用户数达到 5232 万户、7009 万户，分别占国内宽带用户数的 37% 和 49%。用户驻地网运营商和有线电视网络提供商的宽带接入以小区宽带接入为主，受网络资源、用户资源等限制，其宽带接入用户总数较小。

宽带接入业务收入方面，我国宽带业务收入从 2002 年的 37 亿增长到 2010 年的 982 亿，年均新增收入 118 亿左右。由于市场竞争的进一步加剧，运营商采取下调资费、捆绑服务等方式来吸引客户，推动自身宽带接入用户的发展，使得用户 ARPU 值下降，导致年增速逐渐放缓。

我国移动宽带市场的增长非常迅速。各大电信运营商在 2009 年 1 月获得 3G 牌照后，便立即建设 3G 网络并开始提供服务。根据中国电信管理机构工业和信息化部 MIIT 资料显示，中国 3G 用户在一年之间由零增长到 1300 万户。另外，固定宽带的城乡差距也将为移动宽带的发展提供好机会。随着移动上网需求的增长，更多廉价上网设备的推出，电信运营商为了推广移动宽带而推出更吸引人的价格策略，中国移动宽带用户数将会在未来几年急速扩张，固网与移动宽带的竞争将更加激烈，从近几年两者的发展趋势以及行业的国内外发展形势来看，我国移动宽带超过固定宽带成为宽带市场的主体，将可能在近五年之内实现。

2. 政府积极推动宽带基础设施建设和宽带互联网发展

我国"十一五"期间电信行业总体投资规模为 1.5 万亿元左右，而在"十二五"期间将大幅增长 36%，高达 2 万亿元。从投资结构上来看，"十一五"期间电信业的投资 40% 左右用于宽带建设，而在"十二五"期间，将有 80% 的投资用于宽带建设。

2010 年 4 月，工业和信息化部、国家发展改革委、科技部、财政部、国土资源部、住房和城乡建设部、国家税务总局联合印发了《关于推进光纤宽带网络建设的意见》。明确提出"到2011年,光纤宽带端口超过8000万,城市用户接入能力平均达到8兆比特每秒以上,农村用户接入能力平均达到2兆比特每秒以上,商业楼宇用户基本实现100兆比特每秒以上的接入能力。3年内光纤宽带网络建设投资超过1500亿元,新增宽带用户超过5000万"的目标。

2010年1月21日,国务院颁布了《推进三网融合总体方案》,标志着三网融合进入了实质性推进阶段。这一举措进一步加大了宽带市场的竞争程度,有线电视网络运营商这一新兴宽带市场主体的加入,对于宽带基础设施改造建设、降低宽带业务价格起到了显著地推动作用;市场上的宽带产品种类将更加丰富,有利于消费者的选择。

在"十二五"规划期间,我国将构建下一代信息基础设施,形成超高速、大容量、高智能的国家干线传输网络;全面提高宽带普及率和接入带宽;推动物联网关键技术研发和在重点领域的应用示范;加强云计算服务平台建设;实现电信网、广电网、互联网三网融合。

3. 国内宽带互联网发展存在的问题

(1)我国宽带接入普及率依然偏低

虽然我国宽带用户数已经是全球第一,但宽带普及率远低于发达国家。截至2010年,我国注册的宽带用户普及率仅为9.6%,而OECD的数据显示全球平均水平为24.3%。

(2)宽带接入速率差距较大

在速率方面,据Point Topic统计全球宽带接入平均水平为5.6Mbps,而中国平均下行速率仅1.8Mbps,排名全球第71位,不及OECD平均水平的1/10。据CNNIC统计,我国的平均网速仅为807kbps,尚不及世界平均水平1.8M的一半[1]。世界经合组织(OECD)统计其成员国宽带的平均最高速率,2010年年底已经达到了37.5M,瑞典最高速率超过1G,葡萄牙和日本超过200M,韩国、法国等5个国家的最快速度超过了100M[2]。而目前,发达国家很多以下行100M的普及作为到2020年宽带发展的目标。美国联邦通信委员会(FCC)在2010年发布的国家宽带计划中,计划2020年美国至少有1亿的家庭实现下行大于100Mbps、上行大于50Mbps的宽带接入。德国政府提出的宽带战略目标是2018年50Mbps覆盖100%的家庭,2020年50%的家庭至少以100Mbps接入。

(3)宽带资费水平相对较高

我国宽带平均每Mbps接入速率费用是发达国家平均水平的3—4倍。我国宽带ADSL接入普及1.2亿用户,但是仅以512k–1M为主,平均仅1M带宽,价格是平

---

[1] 2011年1月第27次《中国互联网络发展状况统计报告》,CNNIC。

[2] http://www.oecd.org/document/54/0,3746,en_2649_34225_38690102_1_1_1_1,00.html.

均 100 元/月·M。而目前,香港 1G 带宽 199 港币/月·G,综合分析价格和网速,相差 1000 倍。据国家信息中心信息化研究部日前发布的一份报告称,"如果考虑收入差距的话,2008 年韩国人均国民收入是我国的 6.9 倍,这意味着我国的宽带资费水平相当于韩国的 124 倍"。

(4)"数字鸿沟"问题凸显

随着信息化建设加快,农村互联网接入条件不断改善,农村网络硬件设备更加完备,推动了农村地区网民规模的持续增长。2010 年我国农村网民规模达到 1.25 亿,占整体网民的 27.3%,同比增长 16.9%。

尽管如此,数字鸿沟仍明显主要存在于我国城乡之间。CNNIC 数据显示,中国互联网迅速发展,网民年增长近 30%。2005 年年底,中国城镇互联网使用的普及率为 16.9%,农村地区为 2.6%。从 2005 年到 2010 年,城乡互联网普及率均在上升,但城市互联网普及率上升快于农村地区。随着农村人口城市化进程加快,农村人口的绝对规模下降,使农村网民的增长势头相对平缓,低于城市网民的增长速度。截至 2010 年 6 月,城市互联网使用普及率 50.2%,农村地区 16%,差距增加到 34.2 个百分点。虽然中国互联网发展的形势一片大好,但城乡的数字鸿沟却在持续加大。

从用户数来看,我国已经成为全球的宽带大国,但是距成为宽带强国还需要付出很大的努力。

(四)北京市宽带互联网发展特点

1. 政府积极引导并推动北京市宽带互联网产业建设

2009 年 7 月,北京市出台了《北京信息化基础设施提升计划(2009—2012)》,制定了将北京率先建成城乡一体的高速宽带信息网络的目标,"提高网络承载能力,大幅度提升互联网接入宽带标准,推进光纤到楼入户,逐步替代传统铜缆。到 2012 年年底,实现进入家庭用户互联网带宽超过 20 兆,进入企业用户互联网带宽达到 100 兆,中关村国家自主创新示范区等六大高端产业功能区实现进入企业用户带宽最高达到 10 千兆,新城地区按照高标准同期规划和建设信息化基础设施"。为了应对日益突出的"数字鸿沟"问题,《提升计划》提出在北京市"率先建成城乡一体的农村信息化基础设施","按照城镇地区水平规划建设农村地区信息化基础设施,使光缆网络到达全市各行政村,实现农村信息化基础设施的跨越式发展。采取多种技术形式实现宽带入户和'数字家园'全面宽带接入,推进农村通信信息服务站点建设,实现通过宽带网络为农民提供技术学习、医疗卫生、创业就业、农产品销售等服务的目标"。《提升计划》高度重视通信基础设施,大力推进 3G 和 20M 宽带建设。不仅为北京电信业带来新一轮的建设和发展高峰,对整个国民经济产生了带动、拉动和联动作用,使我国信息化整体水平产生实质性的飞跃,对实现市政府提出的"三大理念"以及快速推进首都信息化起到重要的作用。

"十二五"期间,宽带互联网产业也将作为北京市重要的支柱性新型战略产业大力推进。《北京市"十二五"时期城市信息化及重大信息基础设施建设规划》要求,"建成覆盖城乡的光纤宽带网络,集约化建设信息管道 3000 沟公里,实现光纤到企入户,全市所有家庭用户宽带能力达 100 兆,社区宽带能力达 1 千兆,高端功能区和重点企业宽带能力达 10 吉比特;互联网国际出口带宽达 1.5 太比特;打造全国最好、世界领先的无线城市,大规模开展无线局域网(WLAN)建设,实现公共区域的全覆盖,移动宽带普及率超过 60%,实现最高接入带宽达到 100 兆;建成覆盖全市的高清交互式数字电视网络,高清业务用户比率达到 75% 以上;为企业国际化提供全球经营所需要的信息通信服务。"实现"宽带化设施提升","构建互联互通的智慧网络,提升城市宽带能力,扩展网络覆盖空间,加强集约统筹建设和资源共享,夯实首都信息化发展的基础保障,全面建设高速、泛在、绿色、可信的信息基础设施"。

2. 北京市宽带互联网发展现状和存在的问题

2010 年,面对严峻复杂的国内外经济环境,北京市经济在调整中实现平稳较快增长。今年实现地区生产总值 13777.9 亿元,比上年增长 10.2%。其中,第三产业实现增加值 10330.5 亿元,增长 9.1%。受益于北京市政府对宽带互联网的重视和建设,借力北京市经济和信息产业的快速发展,北京市宽带网民规模得到持续增长。根据北京市通信管理局的统计数据显示,截至 2010 年 12 月,北京市互联网宽带接入用户(固定)数为 545.6 万,同比增长 20.9%(见图 4-8),宽带普及率超过 20%,均处

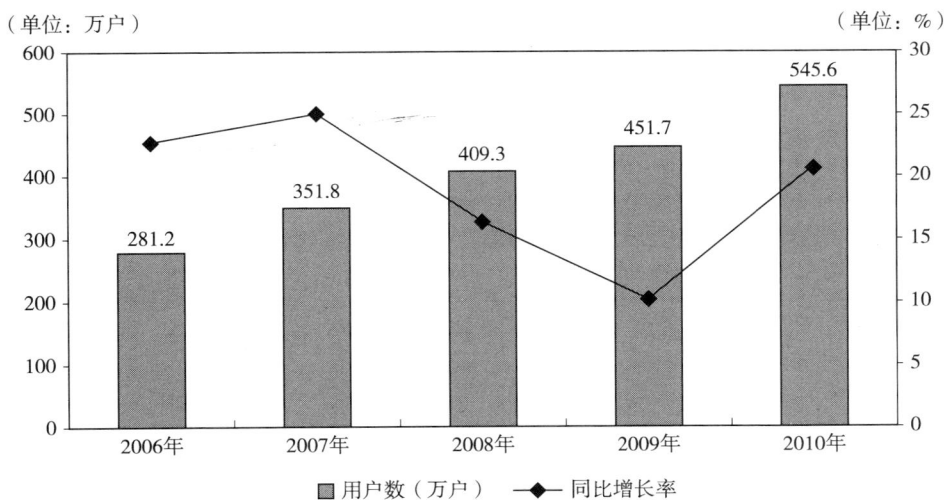

图 4-8　北京市互联网宽带接入用户数统计

于全国领先水平。"十一五"期间,北京市累计建设3G基站约1.8万个,具备20M宽带接入能力的用户超过176万户,高清交互数字电视用户已达130万户,城市信息化水平快速提升。

同时,北京市农村互联网接入条件不断改善,农村宽带网民规模稳定增长。以北京联通为例,在市政府的指导下大力夯实网络基础。"十一五"期间,北京联通持续加大农村光纤覆盖建设力度,大力实施"村村通光缆"工程,累计完成83.9%的行政村光纤到村,累计行政村内光纤到户能力覆盖率达到31%,宽带端口能力较"十五"期末增长了近3倍,宽带用户增长了2.5倍。北京联通集中建设3G网络,基本建成城乡一体的3G精品网络,同时对原有2G网络进行了扩容和优化。目前,北京联通在农村的移动网络有效覆盖率达到91%。未来5年,北京联通计划"以3G、宽带、内容与应用为建设重点,进一步加大光纤到户的覆盖力度,全面提高3G网络质量"。

北京市"无线城市"建设初见规模。本市公益性无线网络接入服务试点建设已经接近尾声,在西单、王府井、奥运中心区、三大火车站、金融街、燕莎、中关村大街七个地区,人们将可使用手机、平板电脑、笔记本实现无线上网且无需支付任何费用。未来三年这7个区域将免费向公众提供无线上网服务。但是,从当前的建设进度来看,"无线城市"建设速度较缓。

与世界同等规模的城市相比,北京市的宽带互联网产业也存在"宽带普及率低、速率低、费率高"等问题,特别是宽带接入速率方面,据CNNIC统计,截至2011年1月,我国互联网接入平均速度仅为100.9KB/s,北京市互联网接入速度为105.7KB/s,在中国城市中仅排名第13位,与世界主要城市更是存在明显的差距。全球最大网络流量管理商Akamai公布的2011年第一季度全球网络现况报告显示,中国平均网速为1.0Mbps(Akamai统计方法与CNNIC不同),不及世界平均水平2.1Mbps的一半,世界排名第129名,全球主要城市网络接入速度见表4-4①。

表4-4　国外首都城市和香港宽带接入速度

城　　市	首　　尔	东　　京	伦　　敦	纽　　约	中国香港
宽带接入速度(Mbps)	8.8	7.7	4.6	7.8	8.6

当前,北京市正处于建设"世界城市"和打造国家创新中心的关键时期,如何进

---

① Akamai, *The State of the Internet* (2011Q1), (2010Q4).

一步地引导和推动宽带互联网产业发展,对于提升北京市社会信息化水平和自主创新能力,提高国际影响力和竞争力,促进社会经济发展模式的升级,为"文化航母"建设保驾护航,有着重要的现实意义。

三、国家宽带战略对策与决策

(一)宽带互联网在经济社会中的战略性基础地位日益突出

随着宽带互联网的普及和宽带应用的深化,宽带互联网已经发展成为现代人们社会和经济生活的必需品,承载了人们大多数的经济、社会和文化活动,对一个国家的文化创新、创造力、国家竞争力产生直接的影响。宽带产业作为国民经济基础性、先导性、战略性产业,以其特有的高渗透性、高倍增性、高关联性和高带动性,成为经济社会发展的重要引擎,在优化产业结构、转变经济增长方式中发挥着重要的基础作用。

1. 宽带互联网发展激励经济效益增长

宽带作为信息技术产业中成长最快、发展空间最大的产业之一,具有产业链长、附加值高、资源消耗低的特点,是未来国民经济发展的新增长点[1]。如果说战略性新兴产业是兵马,宽带就是粮草。宽带产业的发展对于国民经济发展的作用越来越突出,已经成为优化经济结构、提升国民经济各行业素质、推动经济发展方式转变的助推器。宽带发展全面改进了生产力各要素,促进了生产力水平的提高;优化企业资源配置,降低企业经营成本;推动世界经济增长,加速经济全球化进程;促进技术创新,催生新的经济增长点等[2]。例如,宽带互联网的发展将拉动信息网络和高端制造业等相关产业发展,形成很强的产业链延伸与带动效应,实现效益倍增。基于宽带网络还衍生出一系列新兴产业,特别是与传统产业相结合,催生出新的业态,推动文化创意、电子商务等产业发展。

世界银行全球信息和通信技术部 2010 年 1 月出台报告"Building broadband: Strategies and policies for the developing world",将宽带建设作为发展中国家重要的国家战略和发展措施提出。世界银行研究发现,中低收入国家的宽带渗透率每增加10% 可以促进其经济增长 1.38%——大于高收入国家以及其他电信服务;宽带普及率每提升 10% 可以直接带动 GDP 增加 1.4%,并能新增 200 多万个就业机会;投资

---

① 何伟:《中国宽带战略及政策思考》,《信息通信技术》2011 年第 1 期。
② 刘忠厚:《浅谈互联网发展对经济变革的影响》,《理论前沿》2006 年第 20 期。

宽带能给全社会产生 10 倍的回报,帮助制造业提高 5%、服务业提高 10% 的劳动生产率①。在一项类似研究中,McKinsey & Company 预计如果宽带家庭渗透率增加 10%,则可以促进该国 GDP 增长 0.1% 至 1.4%。Booz & Company 发现,如果某一年宽带渗透率增加 10%,则今后 5 年该国劳动生产率的增长将大于 1.5%。Booz 同样指出宽带渗透率较高国家的 GDP 增长比较低国家高 2%。大量关于宽带经济影响的研究都是最新的研究成果。2009 年 1 月美国国会备忘录称,在宽带上每投入 1 美元,能给全社会产生 10 倍的回报;欧盟研究表明,宽带分别提高制造业和服务业劳动生产率 5% 和 10%,对欧盟 GDP 增长贡献率达到 0.71%,宽带化对上下游产业就业的拉动作用是传统产业的 1.7 倍。

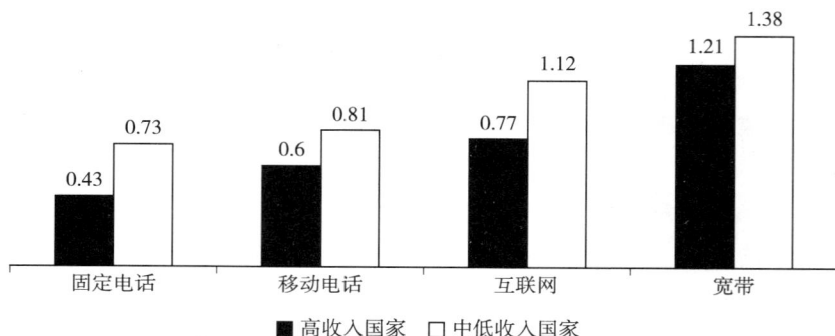

图 4-9　宽带及其他电信业务普及率提高 10% 对 GDP 的影响比较

除了经济效益的直接拉动,宽带的发展创造出一系列可持续、具有一定知识含量的新型就业岗位,并带动相关产业的发展,这对于稳定和解决就业特别是大学生就业、优化就业结构具有重要意义(表 4-9)。韩国的"IT 大运河"计划五年内创造 17.7 万亿韩元的附加值和 12 万个工作岗位;据美国布鲁金斯学会的研究,美国每个与宽带相关的制造岗位能够产生 2.91 个其他新工作岗位,每个宽带服务业岗位将能产生 2.52 个其他新工作岗位,宽带普及率每增加一个百分点,各州的年就业率就可增长 0.2%—0.3%。在美国,宽带接入率增加 7% 将创造年增 240 万个工作岗位;英国估计在宽带化方面如投资 50 亿英镑,将创造 28 万个工作岗位,其中小企业 9.4 万个工作岗位;宽带发展每年为欧盟新增 10.7 万个就业岗位;中国阿里巴巴公司报告称,每增加 1% 的中小企业使用电子商务,将带来 4 万个新增就业机会。

---

① 2010 年 1 月 *Building broadband:Strategies and policies for the developing world*,世界银行。

表4-5　美国、瑞士、德国、英国四国的宽带网络建设对就业的影响

国　家	投入（美元：百万）	产生工作岗位数量			
		直　接	间　接	副　业	总　计
美国	6390	37300	31000	59500	127800
瑞士	10000	80000	30000	—	110000
德国	47660	281000	126000	134000	541000
英国	7463	76452	134541	211000	421993

　　基于宽带互联网相关产业对于经济社会发展的巨大影响力,后金融危机时代,各国纷纷将宽带战略纳入国家经济刺激计划,加大政府投入和政策支持。政府直接进行宽带投资或者出台信贷、税收优惠政策以鼓励对宽带的投资建设,管制机构也将调整监管政策,以打造利于宽带发展的监管环境。一方面是遏制经济下滑的需求,另一方面也是夯实信息基础设施,为长期经济增长打下基础。

　　2. 宽带互联网业务覆盖日常生活

　　在这个信息爆炸的年代,宽带互联网作为信息世界的"高速公路",在信息传递方面的作用不言而喻,它逐渐改变着人们的生活习惯,"给力"人们的生活质量,也逐渐培育出特有的网络文化从而不断丰富着人们的文化生活。购物、教育、办公、视音频、公共服务等等一"网"打尽。特别值得注意的是,利用宽带互联网传递公共服务的业务日益增多,一些过去需要手工交付服务的而现在可以自动完成并且通过宽带网络交付,例如金融服务、医疗保健、电子投票以及土地登记等,这样通常可以取代人员出行或商品的物理运动,极大地方便了人们的生活。

　　Pew研究中心通过对美国国民日常生活的研究,得出结论:宽带互联网用户可以更加容易地在一些关键问题上(包括咨询医疗条件信息、金融事宜决策和求职等问题)获得帮助,宽带维系了这种社会纽带;Internet和e-mail在保持分散社会网络方面发挥了重要的作用。互联网不仅不与人们的社区纽带发生冲突,而且能够将人与人之间亲自接触和电话接触紧密结合在一起,很多人认为宽带是生活的重要组成部分(见图4-10)。

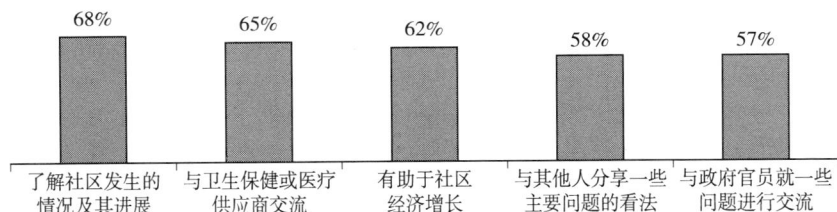

图4-10　用户引用宽带活动的重要性

（二）我国已具备实施国家层面宽带发展战略的基础条件

首先,宏观经济形势持续向好,国家扩内需的政策力度持续加大,推动了信息产品需求的释放,为国家宽带战略的实施提供了稳固的经济基础。国际金融危机以来,我国加快了转变经济发展方式的步伐,国家出台了一揽子扩大内需的政策,内需成为我国经济发展的主要动力,最终消费对经济增长的贡献率不断提高。同时,政府加大了国民收入分配制度改革的力度,我国居民收入继续实现较快增长。伴随着居民收入的持续增长和国家扩大内需政策效力的逐步释放,各阶层人群对信息产品的消费需求也进一步释放,推动了信息产品消费量的稳步提升,使接触宽带互联网的人群进一步扩大。

其次,我国已具备实施国家宽带发展战略的产业基础,信息设施资源建设稳步推进,宽带互联网发展的基础更为坚实。基础设施和资源方面,2010 年以来,我国基础网络资源和国际带宽服务基础资源不断增长,城乡宽带接入网络的覆盖率进一步提高。以光纤化和 3G 大规模商用到楼到小区为重点,接入光纤化快速推进,3G 大规模商用,3G 用户进入快速发展阶段,TD 增强型技术和后续演进技术顺利推进,形成了 TD-LTE 国际标准,为无线宽带进一步发展演进奠定坚实基础,进一步促进了宽带网民数量的快速增长。截至 2011 年 6 月底,我国家庭电脑宽带上网网民规模达到3.90 亿人,占家庭电脑上网网民的 98.8%,形成了规模巨大的宽带消费市场①。在产业方面,我国宽带网络的元器件、设备制造、光纤生产、计算机终端、家电设备等一些领域较成熟,加快宽带发展有利于提高相关设备制造业在国际的竞争力。在应用方面,发展宽带将大大改善我国现代信息服务业、软件产业、文化创意产业、电子商务应用等新兴行业经济活动的基础条件,从而促进国家新兴支柱产业的发展,为经济增长提供持续动力。此外,2010 年三网融合和云计算分别启动试点,下一代互联网产业化进程加快,带动了宽带互联网基础层面的转型升级。

再次,我国政府高度重视宽带基础设施建设和宽带发展。在"十二五"规划期间,我国将构建下一代信息基础设施,形成超高速、大容量、高智能的国家干线传输网络,全面提高宽带普及率和接入带宽,推动物联网关键技术研发和在重点领域的应用示范,加强云计算服务平台建设,实现电信网、广电网、互联网三网融合。此外,各地政府也在积极推进宽带化的建设。

最后,从国家层面推动宽带互联网产业发展具备紧急性和必要性。根据 ITU 的

---

① 家庭电脑宽带上网网民,是指在家使用电脑上网的网民中,使用宽带(xDSL、CABLE MODEM、光纤接入、电力线上网、WIFI 等)接入互联网的网民。

数据,截至 2010 年 4 月,已有 161 个国家和地区制定了国家信息通信战略,另有 14 个国家和地区正在制定这种战略,宽带"国家战略化"是大势所趋①。从产业的发展来看,市场机制的基础性作用只有与政府行政的主导力量相结合,才能更加合理地实现行业市场资源配置,规范行业行为,提高行业参与者的积极性,实现行业统筹发展,缩小区域与城乡差异,提高产业配套环节的生产和支撑能力,保证宽带互联网产业稳定快速发展。另外,在频谱资源的分配、三网融合进程的推动、信息安全的保障、网间结算资费政策的制定、市场准入制度的完善等方面,政府的政策引导起着决定性的作用。

在这种新的发展形势下,制定国家层面的宽带发展战略,通过强有力的国家行为引导和推动我国宽带互联网产业的发展,有助于从更高层次、更大范围、更深入领域、更全面地指导和规范我国宽带互联网产业发展,全面支撑经济社会活动,促进宽带产业与其他产业技术深度结合,推动经济发展方式转变和现代产业体系的构建,从而为我国社会经济的可持续发展提供基础性保障和推动,进而实现我国整体信息化水平和国家竞争力的全面提升。

(三)国家宽带战略的政策保证

为了推动国家宽带战略实施,确保宽带化的顺利实现,从政策保证的角度出发,我国政府应重点做好以下几个方面的工作:一是保证政府对于宽带互联网产业建设的持续性引导性投入和政策指导;二是保证宽带建设环境的安全稳定;三是保证产业创新能力和网络的中立性;四是保证宽带互联网产业发展的普遍性。

1. 保证政府对于宽带互联网产业建设的持续性引导性投入和政策指导

"后金融危机"时代各国出台的国家宽带战略中,普遍加大了对于宽带互联网行业的引导性投入,推动宽带基础设施建设力度。各国政府通过直接投资、减免税收、提供优惠带宽、放松市场管制、制定有利于宽带发展的政策等一系列措施,大力推动宽带接入网络和业务的发展。例如,美国政府 7870 亿美元的经济刺激计划中有 72 亿用于"国家宽带计划",为不具备宽带接入条件的美国家庭和中小企业提供更好的宽带网络服务;欧洲 2000 亿欧元经济刺激计划中有专门的 50 亿欧元"未动用欧盟金"用于提升能源互联和宽带基础设施,欧盟对宽带建设还提供了公共基金支持;澳大利亚和和韩国政企合作,共同投资 430 亿澳元(约 306 亿美元)和 257 亿美元用于

---

① 2010 年 5 月国际电联与联合国、联合国非洲经济委员会、联合国欧洲经济委员会、联合国西亚经济社会委员会和联合国亚太经济社会委员会共同发布的《国家信息通信战略促发展:2010 年全球发展状况与展望》。

国家宽带计划建设。

在我国的国家宽带战略中,应当重新思考和审视宽带网络在经济社会发展中的作用,并将其定位为一个国家长期发展和建立竞争优势的关键战略要素。加大对宽带发展的战略指引、政策激励乃至直接投入。从资金、财税等方面给予实际政策支持,设立引导宽带网络建设的专项资金,对宽带网络技术研发、产业化和网络部署给予资金引导支持,对农村、公共机构的宽带使用给予应用补贴。国家战略的指导和政策介入,将有利于统筹宽带产业发展,可以加快宽带网络升级换代,宽带新技术和新应用的发展,也有利于自主创新成果的推广和应用,尤其有利于宽带在农村和偏远地区的发展,消除数字鸿沟。

2. 保证宽带建设环境的安全有序稳定

首先要加强宽带基础设施保护,我国目前的法律法规中对于通信基础设施的保护力度不够,宽带基础设施仅作为行业规划,未纳入公有基础设施规划范畴。在国家宽带战略中,首先应明确泛在、宽带、融合信息网络基础设施作为国家公共基础设施的法律地位,加强网络基础设施的建设、保护及管理等方面的立法。加强城乡规划、土地使用、水电配套等方面对基础网络设施和应用服务设施的支持,在市政、建筑物改扩建时同步建设光纤、无线宽带等配套设施[①]。

信息安全方面,健全和完善宽带网络中的相关法律法规、完善信息安全标准体系和认证认可体系,实施业务的安全等级保护、风险评估。加快重大安全相关软硬件产品的研究、开发、试制、试点、示范,加强信息网络的监测、监控、管控能力,确保基础信息网络和重点信息系统的安全。加强网络内容的管理,有效遏制盗版内容、低俗内容、反动内容在网络中的传播。

3. 保证产业创新能力和网络的中立性

政府需要鼓励和推动宽带业务的模式创新和应用深化,保证行业创新能力的稳固提高,强化宽带互联网的网络中性机制[②]。给予所有个人、企业、单位、行业相同的网络接入权利,鼓励社会各界拓展宽带网络下的业务新领域和新模式,培育应用新热点,发展同传统行业相结合的新业态。加快和强化以政府为主导的电子政府、公共医疗保健、网络公共服务等宽带业务形式,建立和完善地理、人口、公安、金融、税收、统计、工商等行业的网络基础数据资源建设,强化信息的整合,鼓励企业在电子商务、家庭网络等产业链延长领域的新探索和新应用。加大对于基础性、战略性、先导性关键技术的研发,形成完善的宽带网络技术创新体系和产业体系,并伴随 IPV6、物联网、

---

① 何伟:《中国宽带战略及政策思考》,《信息通信技术》2011 年第 1 期。
② 本文中网络中立性主要是指服务的无差别性,即平等对待所有使用该网络的用户。

云计算等若干技术潮流的发展,推动整个宽带网络的技术升级和产业升级。

4. 保证宽带互联网产业发展的普遍性

目前我国宽带建设的难点在于区域、城乡不平衡,我国中西部地区的市场规模和宽带普及率与东部地区相比存在很大差距,特别是农村宽带网络建设,由于我国农村地区经济发展相对落后、居民可支配收入、电脑普及率以及居民的文化程度都比较低等,导致在农村建设宽带网的投资回报周期较长,包括电信运营商在内的宽带业务提供商对在农村部署宽带网既没有主动性也没有迫切性,因此农村地区的宽带网络覆盖率、网络质量和网络速度远远低于城市,严重影响了农村用户对互联网的感知及需求。因此国家的宽带政策需充分考虑地区发展的不平衡性,适当向西部地区、偏远地区以及农村地区倾斜,加大投资进行基础设施建设,提高相关企业的积极性,争取早日实现"光纤进村"的目标。

(四)北京市宽带互联网发展战略与对策

在当前国内外发展形势下,北京市应当紧紧抓住宽带互联网这一战略性新兴产业的发展机遇,依托自身区位、资源、技术、人才等集聚优势,围绕新型宽带网络建设、高端宽带互联网平台建立、宽带业务应用创新等,培育新的经济增长点。

1. 打造新一代宽带互联网网络,建设高标准宽带互联网基础设施

加快建设宽带、泛在、融合、安全的信息网络基础设施,以新一代宽带无线移动通信网、下一代互联网、三网融合的发展为契机,加快光纤宽带网络建设,打造宽带无线城市,推动广播电视网络改造升级,创造电信产业发展的新机会,积极拓展电信运营商、广电运营商的发展空间。

一是要全面推进覆盖城乡的光纤宽带网络建设,加快部署光纤宽带网络,加大光纤化改造力度,积极建设农村信息基础设施,实现城乡一体化,推进光纤入楼、入户和入村;二是要推进宽带无线移动通信网络发展,建设宽带无线城市。扩大3G网络服务范围,加大4G网络试点力度,加快公益性无线局域网的铺设速度,将北京市打造成为国内覆盖面最广、网络最稳定、技术最先进、性能最优良的宽带无线城市;三是要积极推动以新一代互联网协议(IPV6)为代表的下一代互联网(NGI)建设,加快IPV6商用部署,推动网络资源的智能化调配,优化互联网基础设施;四是要大力推动三网融合,推动广播电视网络宽带化和双向化改造升级,进一步推进下一代广播电视网(NGB)建设,确保北京处于"三网融合"全国领先地位。

2. 建立高端宽带互联网服务平台,打造一流信息化城市

作为我国的政治文化中心,北京市需要发挥首都总部集聚的优势,合理规划布局,对信息基础设施建设实行高标准、严要求。增强宽带互联网产业的渗透能力,为

交通、能源、制造业、物流、政务、金融、电信、传媒、医疗和社保等重点行业建设全球高端的宽带互联网服务平台,对各行业专网进行高标准升级改造,建设布局合理、节能环保的数据中心,特别是政务专网,从而形成高效的城市信息交流和传输体系,保持北京市信息服务平台在全国的领先地位,并逐步把北京建设成为全球信息内容中心城市之一。

3. 加大宽带业务创新力度,鼓励和推动宽带业务的模式创新和应用深化

大力发展宽带业务应用创新,特别是物联网、云计算等若干新技术的业务应用。加快对于宽带业务模式的创新力度,强化互联网的网络中性机制,给予所有个人、企业、单位、行业相同的网络接入权利,鼓励社会各界拓展宽带网络下的业务新领域和新模式,培育应用新热点,发展同传统行业相结合的新业态。加快和强化以政府为主导的电子政府、公共医疗保健、网络公共服务等宽带业务形式,建立和完善地理、人口、公安、金融、税收、统计、工商等行业的网络基础数据资源建设,强化信息的整合,鼓励企业在电子商务、家庭网络等产业链延长领域的新探索和新应用,加速推进宽带信息服务向经济运行、社会管理、民生服务和文化生活等各领域的渗透。

4. 关注产业"绿色"健康发展

当前世界各国均将如何实现信息产业与环境的和谐发展作为迫切需要解决的问题,并采取各种措施大力发展绿色 IT。美国发布"能源之星"标准,英国政府、英国企业与专家学者利用最新无线通信技术降低碳排放量的成果,韩国政府通过国家层面的政策和强有力的执行力募集了大量公共资金来推进绿色科技,日本政府还开设了绿色 IT 大奖以鼓励行业的绿色贡献。北京市应当充分发挥信息通信技术在发展绿色经济和低碳经济中的积极作用,构建绿色网络,推动我国绿色发展和低碳发展;贯彻"节能减排"基本国策,将"绿色北京"战略落到实处。

5. 完善政府协调引导作用,促进产业快速健康发展

充分发挥政府的协调引导作用,健全完善行业协调机制,做好分类指导、梯次推进的顶层设计;充分发挥首都集聚优势,调动各方资源,形成高效运转的行业科技创新和产业化服务体系;积极落实国家对宽带互联网产业的引导和扶持政策,使北京成为国家宽带发展战略执行最好的城市;完善相关政策法规体系,完善和规范要素市场,加强政府部门对宽带市场的监管职能,规范市场行为,增强调动和运用全国要素资源的能力;北京市还应当充分利用好相关人才政策,实施有力度的人才奖励和激励政策,为行业优秀人才在京创业和发展创造更好的环境。

互联网产业运营与管理国际比较分析

杭　敏　　王甜甜①

摘　要:随着网络技术与应用的发展与深入,互联网管理与运营面临越来越多的挑战。本文以网络音乐、网络游戏以及新兴的网络动漫产业为例,分析了各国在互联网运营与管理方面的实践与经验。不同国家政治体制、社会经济、信息化发展水平等方面的差异,决定了各国在互联网管理机构的设置上各具特色;但在另一方面,互联网所具有的通用性技术应用特点,也使得各国互联网管理机构设置体现出诸多共性与发展趋势。这些特点与共性将为进一步发展我国的互联网管理,推动运营发展提供一定的借鉴。

关键词:互联网产业　经营管理　比较研究

一、网络游戏运营管理模式

2009 年网络游戏的市场价值为 150 亿美元。随着行业的发展,使用者逐渐接受付费模式,女性玩家数量增多,玩家也不再呈现低龄化。不断增长的免费游戏商业模式使得玩家不再需要为游戏支付任何的费用,就可以尽情的享受游戏带来的乐趣。而这种模式的崛起同时,也迫使开发商和出版商们需要为他们的游戏产品考虑多种商业化途径。Nielsen 的研究报告显示,93％的玩家都愿意为他们下载的游戏付费。

在国外,目前主要的有代表性的网络游戏管理方式有四种:政府立法管理、技术手段控制、网络行业自律、市场调节。政府的管理在下文中会详细阐述。网络游戏控制最常见的技术手段是对网络游戏进行分级与过滤。分级制度是将网络游戏内容分

---

①　杭敏,清华大学新闻与传播学院副教授、瑞典延雪平大学传媒管理研究中心东亚所主任;王甜甜,清华大学新闻与传播学院。

成不同的级别,浏览器按分类系统所设定的类目进行限制。自律规范如美国计算机伦理协会的 10 条戒律、南加利福尼亚大学的网络伦理声明等等。

网络游戏行业有其自身的特殊性,容易引发一些社会问题,比如对青少年的影响、网游成瘾、凶杀色情暴力内容对人心理的影响等等。由于上述现象和经营者追逐利润的本性,单纯依靠网游行业的自律很难解决这些问题。各国政府依据自身特点均出台了法律和办法来规范网络游戏。

(一)美国关于网络游戏的立法主要倾向于保护儿童以及利用市场规律调节

美国在 1998 年出台《网络免税法》,对自律较好的网络商给予两年免征新税的待遇。2000 年,美国联邦调查局(FBI)与国家白领犯罪中心设立网络欺骗控告中心,提供广泛的社会监督。为了保护儿童的身心健康免受不良网络游戏的毒害,美国从 1996 年起至今共通过了四部相关法律:《通讯内容端正法》、《儿童在线保护法》、《儿童网络隐私规则》和《儿童互联网保护法》。所有上述法律的最根本出发点,就是把儿童和成人分开,严禁儿童在网游中接触只有成人才能接触的内容。

(二)英国的立法更倾向于利用法律促进行业自我调节

英国的管理方式是以网络服务商与网络用户的自律为基础,只是在有人举报时,政府才介入调查、处理。1996 年以前,英国主要依据《黄色出版物法》、《青少年保护法》、《录像制品法》、《禁止泛用电脑法》和《刑事司法与公共秩序修正法》,惩处利用电脑和互联网络进行犯罪的行为。1996 年 9 月 23 日,英国政府颁布了第一个网络监管行业性法规《3R 安全规则》。"3R"分别代表分级认定、举报告发、承担责任。1996 年在英国政府倡导下,英国的 ISP 们自发设立了互联网监视基金会(IWF),实行自我管制,其基本宗旨就是要和网上的刑事犯罪内容作斗争,消灭儿童色情和种族仇恨等内容。

(三)德国的网络游戏立法的倾向点在于防范纳粹思想复发和抵制暴力内容

德国是欧洲信息技术最发达的国家,其电子信息和通讯服务已涉及该国所有经济和生活领域。1997 年 6 月,《信息和通讯服务规范法》(即《多媒体法》)在联邦会议获得通过,自 1997 年 8 月 1 日起生效。德国政府还通过了《电信服务数据保护法》,并根据发展信息和通讯服务的需要对《刑法》法典、《传播危害青少年文字法》、《著作权法》和《报价法》做出必要的修改和补充,网游中凡是含有鼓吹纳粹国家民主主义和种族仇恨的内容都属刑事犯罪而被严格禁止。

（四）新加坡的立法关注点在保护公共利益

1996年7月11日,新加坡广播管理局(SBA)宣布对互联网络实行管制,宣布实施分类许可证制度。那些被政府认为有可能从事非法内容服务的国际互联网服务商和内容的提供者都需申领许可证,并保证做出最大努力来将包括在其服务中的法律禁止的内容予以删除,将社会公共利益置于最高位置。新加坡根据广播法颁布了《互联网行为准则》与产业标准,由信息通信发展局(IDA)管理,最初检查的重点是对青少年有害的网络游戏色情信息。《互联网行为准则》明确规定:"禁止那些与公众利益、公共道德、公共秩序、公共安全和国家团结相违背的内容。"同时,传统的《诽谤法》、《煽动法》、《维护宗教融合法案》等相关内容也适用于网络游戏管理,任何危害青少年健康成长的内容都禁止在网络游戏中交流。

（五）韩国利用法律和技术手段全面管理网络游戏

韩国网络游戏发展繁荣,很多韩国的青少年都是网络游戏爱好者。为了管理网络游戏,韩国政府通过法律和技术的手段,发动起家长的力量来管理网络游戏对青少年玩家的影响。2008年韩国Neowiz宣布在本公司的游戏中导入了儿童管理系统。通过这个系统,父母可以随时对孩子的游戏记录进行查看。在本公司的游戏门户网站"Piment"运营的全部游戏都可以使用此系统。孩子们经常喜欢瞒着父母偷偷玩游戏,如果过度沉迷会成为问题,定期的检查游戏记录会起到一定抑制的作用。韩国正在尝试教给孩子们正确对待游戏的态度,韩国NEXON为提升未成年人网络识别能力特意开设了"NEXON SCHOOL ZONE"网站。韩国的游戏产业振兴院与全罗北道教育厅也正在实施"儿童健全游戏文化教室"项目。

2010年年初,韩国文化体育观光部发布了《预防和消除网络游戏沉迷政策》。根据该政策,政府将实施游戏使用时间限制、强化本人身份认证制度等措施,并制定相关法律来规范游戏运营商,以预防和消除人们对游戏的过度沉迷。其中最引人注目的是,韩国政府将实施游戏使用时间限制措施、强化本人身份认证制度和子女游戏时间管理制度。游戏使用时间限制措施包括引入"疲劳度系统"和"深夜时间关闭"措施。"疲劳度系统"主要针对那些玩网络游戏时间过长的人,一旦超过一定时间限制,该游戏的接入速度将减慢。"深夜时间关闭"措施是指午夜后网络游戏将拒绝青少年的访问。时间限制措施已经在四个游戏中开始实施,计划2011年内再增加十五个游戏,以覆盖共占市场份额79%的所有游戏。强化本人身份认证是为了避免青少年和他人盗用身份证接入游戏,该制度要求用户在登录游戏时,需要经持身份证者本人进行确认。子女游戏时间管理制度是指家长可以通过游戏网站确认子女加入了哪些游戏和游戏使用时间,游戏运营商可以根据家长要求对子女的游戏时间段进行设定。另外,该政策中还提到,韩国政府将推动各学校进行游戏文化教育,并开发相关游戏文化教材,以使青少年对游戏有一个健康的认识。文化体育观光部还表示,为了使游戏运营商积极配合政府实施相关措施,并定期向政府报告相关措施的执行情况,该部将推动修订有关网络游戏的法律。韩国政府还专门设立了热线电话,为沉溺于网络游戏不可自拔者提供帮助。

二、网络动漫运营与管理

网络动漫是动漫行业发展的新趋势,相比于实体动漫,网络动漫在篇幅、内容、与读者的互动性等方面有更多的优势。政府层面就动漫管理提出过相关的政策法条,但是单独针对网络动漫并没有国家制定出法律,对于网络动漫的管理还是纳入对动漫以及网络版权的管理之中。

在经营层面介绍了网络动漫的新模式——免费漫画。在经营运作方面,网络上连载漫画周期快、成本低,而且易于传播。同时,还可以根据网友提供的建议对内容和情节进行修改,这些网络漫画对于"草根"漫画作者来说,是非常具有吸引力的。此外,网站还会销售由漫画衍生的周边产品等,这也带来了一定的收入。

根据维基百科搜集的数据,截至 2007 年在网络上出版的漫画有 38000 件。和实体的动漫不同,网络动漫没有画布格式的限制。Scott McCloud 是网络动漫的倡导者,开创了"无限画布"模式。同时由于互联网的交互性,Argon Zark! 和 Mark Fiore 等漫画家发展出了和读者互动的网络动漫形式。但是由于欧美国家不存在严格的审查制度,网络动漫在内容上容易出现问题,一些地下漫画和另类漫画也混杂其中。

(一)政府层面对动漫的管理

1. 加拿大:原创与外包相结合、国际国内市场并举的结构

加拿大从 20 世纪 80 年代开始承接美国动画加工,90 年代开始发展动漫原创,采取了原创和外包同时发展的模式。其方式灵活,不拘泥于原创和外包的形式,如合作制片(即国际合作,产权大部分由加方控制,既有利于分享更丰厚的市场回报,又能通过合作方有效地拓展国际市场)、本土原创(市场回报高,但市场销售由自己独立完成)和承接外包。加拿大拥有世界上一流的动画制作技术和企业管理经验,拥有多个著名企业,承接美、日、欧外包项目。

2. 日本：成立专门的部门管理指导动漫产业

20世纪70年代，日本承接了美国的动画制作加工转移；80年代日本经济开始腾飞，动漫原创也得到迅速发展，并逐渐成为动漫大国强国。日本经济产业省传媒与内容产业局是管理动漫产业的重要机构。此外，为了促进和协调包括动漫产业在内的数字内容产业的健康发展，日本经贸部于2003年专门成立了内容产业全球策略委员会。2003年，日本模仿韩国的首尔动画中心，在东京设立了东京动画中心（Tokyo Animation Center）。这些机构都致力于推行国家在动漫产业方面的方针政策，推广实施重点产业项目，对动漫企业尤其是中小企业进行扶助。日本实施的是分级制度。日本漫画的分级制度并非官方颁布推行，而是业界自律。在韩国，动漫领域也有分级制度，与日本不同，这种分级制度是一种政府行为。

3. 韩国实行动漫分级制

韩国设有专门负责电影与游戏内容分级管制的机构——"韩国媒体评等委员会"（Korea Media Rating Board，简称KMRB），这是仿效美国"娱乐软件分级协会"（Entertainment Software Rating Board，简称ESRB）的产物。针对韩国国情，KMRB的分级比ESRB更为保守。具体来说，它分为全年龄、12岁以上、15岁以上与18岁以上几个级别。为了保障分级制度的有效运行以及保护玩家在网上的虚拟财产不受侵犯，韩国政府实行了网络游戏实名制。此外，韩国政府还制定了游戏企业的延伸责任制，如果玩家因玩某个游戏出现了诸如自杀等问题，企业应该承担相应的赔偿责任。这样一来，游戏企业在开发、销售其产品时就不得不考虑其社会效益。

国外政府主要有资金支持和政策支持。资金支持的方法包括：

政府直接拨款。这是最常见的一种资金支持方式，即政府直接播出大量款项用于支持动漫产业的发展。在法国，电影总局规定，每部符合规定条件的动画片都会划拨额度相当于600至1000万元人民币的专项款项给制作公司；在韩国，其文化观光部在2005年就投入125亿韩元用于扶持漫画、动画片、动画形象创作产业。

设立产业基金。产业基金是另一种官方或半官方的资金支持形式。例如韩国设有文化产业发展基金和游戏产业发展基金。

为企业贷款提供担保。这是韩国政府扶持动漫产业的方式之一。与前面两种方式相比，政府为动漫企业提供投资担保是更为实际的一种支持方式。这种方式能在一定程度上减轻政府的资金压力，同时又能起到激励动漫企业，为其解除后顾之忧的作用。

通过投资组合或投资联盟向动漫企业提供资金支持。政府牵头，通过投资组合或投资联盟向动漫企业提供资金支持是很好的投资形式。如韩国大型数字音像产业投资组合就曾筹资500亿韩元重点支持动画制作。

行政手段支持动漫产业的几种做法：

购买本国动漫版权。以日本政府为典型。日本外务省利用"政府开发援助"中的 24 亿日元"文化无偿援助"资金，从动漫制作商手中购买动漫片播放版权，并将这些购来的动漫片无偿地提供给发展中国家的电视台播放，使不能花巨资购买播放权的发展中国家也能够播放日本的动漫片。但对这些发展中国家来讲，这种"免费的午餐"只是暂时的，等到其对日本动漫产品形成依赖后，从免费到低价位再到正常价位，这一营销策略将会逐步实施。

进行产业辅导。一些国家通过官方或半官方机构对动漫企业进行产业辅导。在韩国，文化内容振兴院、富川漫画情报资料中心、首尔动画中心、韩国游戏产业开发院等机构都对动漫企业进行从创意、制作到发行、销售一条龙的产业辅导。

派遣"职业学生"到海外留学。以韩国政府为典型。韩国政府派遣职业学生到 Cal-Art 等世界动画名校留学。这不仅可以培养大量原创企划、提案、行销、管理等方面的人才，完善动漫产业人才结构，还可以与国外建立很好的人脉关系。这对加强韩国与其他动画产业先进国家的沟通和合作，对进一步进军国际市场不无好处。

加强基础设施建设。外国政府都十分注重对动漫产业基础设施的建设。韩国政府投入大量资金建立漫画博物馆、韩国动画片制片厂；为了给网游产业提供良好的硬件环境，韩国政府在网络建设方面也不遗余力。

（二）网络动漫运营

将原创的漫画出版成册几乎是每一个漫画家的梦想，但是囿于出版商的评选眼光，很多具有市场潜力的动漫会在出版商那里遭到拒绝，网络动漫为漫画家提供了一个开放的平台，动漫爱好者也有了更多的选择。

漫画家们先是在网站上进行连载，随后自助出版或与出版商合作出版其作品，连载网站凭付费阅读及销售漫画实体衍生产品赢利。这种模式已经发展的相当成熟，许多传统出版商都已经将网络上连载并受读者欢迎的漫画出版成纸质书。许多草根漫画家也希望自己的漫画能够通过网络平台被"伯乐"相中。

漫画迷们把网络作为获取漫画的一种方式，如果他们对这些漫画内容感兴趣，他们就会到书店购买纸质图书。在网络上连载漫画周期快、成本低，而且易于传播。同时，还可以根据网友提供的建议对内容和情节进行修改。

当然，网站还会销售由漫画衍生的 T 恤、玩具等，这也带来了一定的收入。一般情况下，网络连载的漫画都是可以免费阅读的。业内人士比顿这样描述漫画网的商业模式：免费提供漫画，通过销售衍生产品及网络订阅赢利。

三、网络音乐运营管理模式

2010 全球数字音乐收入为 46 亿美元,增长了 6%。通过数字渠道获得的收入占全球音乐收入的 29%,比 2009 年 25% 的份额有所增长。在欧洲增长更为强势,英国增长了 29%,法国增长 43%,相比之下美国只增长 13%。随着网络音乐行业的发展,一些新现象随之出现,主要体现在使用者逐渐接受付费的使用模式,苹果手机的普及也繁荣了网络音乐市场。

最初网络音乐的一大优势是免费下载,近年来随着人们对版权意识的认识在加深,以及网络版权管理呈现效果,网络音乐对人们的吸引力逐渐由免费转变为定制和独家使用。2011 年 1 月 1 日,美国一项调查显示,对于音乐、电影或新闻类型的网络内容,接近 2/3 的网络使用者会付费取得或下载。皮尤(Pew)研究中心执行的"因特网及美国民众生活计划"发现,65% 的网友表示他们会付费取得下载网络内容。调查公司尼尔森(Nielsen)的数据显示,2010 年上半年,美国的音乐下载量为 6.3 亿首,与去年同期持平。2009 年和 2008 年的下载量分别增长了 13% 和 28%。根据市场研究机构 NPD 的数据,苹果 iTunes 音乐商店以年同比 3% 的速度增长,目前已占据美国数字音乐市场 66.2% 的份额。

(一)美国网络音乐运营管理模式

1. 美国音乐版权分类

音乐版权产业收入主要包括演出收入、复制收入、发行收入。演出和复制收入都是直接的版权收入,即演出方和复制方使用了音乐版权以后直接付给版权所有方的版权费用。发行收入也是版权收入的一部分,但并非付给版权所有方,而是属于唱片公司或者独立的发行公司。

音乐产业链最上游是艺术家和音乐出版商,他们是版权拥有方,负责音乐内容提供,主要收入来自于版权费。艺术家和出版商将版权授权给集体管理组织,由该组织与下游的使用者进行谈判。这些使用者包括电视、电影、电台、商场、音乐会等,也包括希望灌录产品的唱片公司。唱片公司作为主要的使用者之一有很多职责,主要负责唱片的制作、宣传和发行。有时候艺术家也是唱片公司的一部分,如大唱片公司通常有签约歌手,这时候唱片公司也会分享一部分版权。在美国,每一首歌曲的版权根据用途不同划分为不同版权类型。具体类型和覆盖范围及标准费率见下表:

表 4-6　美国不同版权类型情况

版权	版权覆盖哪些内容	许可获得和标准费率
公共演出权	在公众场合演出的权利,例如在广播电台、俱乐部、音乐会等场合使用音乐版权	总许可证需要通过权威机构获得;费率的计算则基于广告收入和能够涵盖到的观众和听众数量
强制机械复制	曲子向公众公布以后,录音和发行权利	许可证需要通过 HFA 获得;每首短于 5 分钟的曲子 9.1 美分,或者每分钟 1.75 美分
同步权	在电影或者电视节目中使用音乐的权利(必须和公共演出权同时使用)	总许可证需要通过权威机构获得;费率取决于曲子的长度和使用情况

　　公共演出权通常是在音乐会中使用一首乐曲,或者在广播电台中播放一首歌曲,需要向版权所有者缴纳使用费以获得使用权。强制机械复制权又称为再复制权,是版权拥有者在授权机械录制(比如 CD 或者录像带)时的一项排他性权利。"机械"两个字源于这种版权是对生产权所收取的费用,因此称为机械复制权,其费用以每首歌一定的费率、每个制作和卖出的单元的一定比率来计算。"强制"二字的来源是,一旦一首曲子面向公众公开(即第一次演出或者使用之后),版权所有者就有义务向所有付了法定使用费的人授予复制权,而不能取决于个人意愿来挑选权利的授予者。如果是视听产品,如电视、电影、MTV、商业广告等要使用音乐版权,此时的版权被称为同步授权。因为在视听产品里,音乐和可视的形象将被结合在一起同时使用。此时,使用者必须同时付公共演出权和同步授权两种版权费用。使用者需要通过不同的组织购买上述三种版权。公共演出权和同步权是从代表歌曲作者和艺术家表演权利的权威机构——表演权利组织(Performing Rights Organization,简称 PRO),主要有三个机构 ASCAP、BMI、SESAC 获得;强制复制权则需要通过一个专门的管理机构 Harry Fox Agency(HFA)获得。接下来就会介绍这四个组织。

　　2. 美国的音乐版权集体管理组织及其运作模式

　　根据美国垄断法的要求,美国版权集体管理组织采取竞争型分散的管理模式,一个领域内有多个机构相互竞争。各团体为了在自由竞争体制下求生存,往往采取最有效的运作方式,以吸引更多权利人的加入,并减少成本支出,从而使得著作权人利益得到最大保障。广播电台和一些企业都经常大量使用一些版权歌曲,如果使用方一对一地和所有曲子的作者以及出版商谈判将耗费双方大量的精力,或者说根本不具有可操作性。而对于作者而言,基本上无法知道谁在使用他的曲子,怎么样去收取版权费。如果作者加入了音乐版权集体管理组织,就能解决上述问题。美国一共有三个表演权利组织,分别是美国作曲、作者、出版商联合会(ASCAP),广播音乐联合会(BMI)以及欧洲音乐作曲联合会(SESAC)。这三个组织都可以向使用方颁发版权许可。

美国作曲、作者、出版商联合会(ASCAP)规模最大、历史最悠久。从1897年版权法案开始制定以来,公众音乐演出在美国就受到版权保护。ASCAP成立于1913年,其初衷是为公众音乐的演出收取版权费用。作为最早的版权组织,直到1921年,ASCAP才初步构建起了市场网络。也正是在同一时期,广播电台业飞速发展,为ASCAP带来了一个全新的更大的市场机会。到20世纪30年代,它已经有相当的市场势力。ASCAP现在是一个由其成员所拥有的非营利性组织,其成员超过18万,包括作曲家、歌曲写作者、诗人,以及各种音乐出版人。每年大约有10万首新歌加入到其目录当中,ASCAP的市场份额约54%。ASCAP收费是基于广播电台或者其他授权使用者使用了版权产品以后的营业收入,并进行一定的成本扣除以后的数目,称为调整后营业收入。目前ASCAP的费率大概是使用者调整后营业收入的2%。由于其属于非营利组织,ASCAP每收入1美元,其中88美分将支付给版权所有者,是三个表演权利组织中对于版权所有者支付比例最高的。

广播音乐联合会(BMI)的成立与ASCAP直接相关。20世纪30年代末,ASCAP与广播公司的许多版权合同即将到期,ASCAP趁机威胁广播公司,声称如果他们不同意在版权费用上与ASCAP开展"更广泛和更紧密的合作",ASCAP就将退出与广播公司的合作。矛盾激化至此,广播公司决定组建自己的版权组织与ASCAP抗衡。1939年美国国家广播协会NAB、联合国家广播公司NBC和哥伦比亚广播公司CBS创建了一个新的版权集体管理组织BMI。BMI也是一个非营利性组织,代表了约30万个歌曲作者、作曲家、音乐出版人,其目录里大概有450万首歌曲。BMI的市场份额约为43%。BMI的费率是使用者调整后营业收入的1.6%。

欧洲音乐作曲联合会(SESAC)的规模相对前面两个要小很多,市场份额只有约3%。SESAC是一个私人营利性组织,成立于1930年,其成员为大概8000个出版商和作者,拥有约20万首歌曲的版权。SESAC的歌曲定位与前面两个组织不同,集中于乡村音乐和拉丁曲目。在接受新的作者和歌曲方面,SESAC的筛选程序也较前两个组织复杂。

福克斯代理公司(Harry Fox Agency 简称 HFA)由美国音乐出版商协会于1927年成立,它代表的是音乐出版商,并不直接与艺术家签约。HFA只负责强制机械版权,代理35000个音乐出版商的歌曲版权,盈利模式是从版权费用中获取一定的比例。HFA负责的强制机械复制权包括CD复制、手机铃声、网络下载,也就是说如果想刻录一盘以前已经在市场上发行过的CD并出售,需要跟HFA打交道,它会代表出版商颁发版权给需要使用者。

在运作模式上,表演权利组织是连接版权所有者和购买者的纽带,它同所有者签订委托授权协议,将版权出售给购买者。艺术家以及作者可以与三个组织同时签订协议委托授权,也可以与其中一个或者两个组织签订协议。版权使用者直接与表演权利组织打交道,由表演权利组织向版权所有者支付版权费用。以 ASCAP 为例,ASCAP 每年向版权所有者付 8 次费用,其中 4 次是在美国国内的版权使用费,4 次是国外版权使用费。作者和出版机构通常在歌曲使用和表演后 6 个月左右可以收到版权费用。另外,表演权利组织还监督盗版和非法使用情况,鼓励版权所有者维护自己的权益,并可以代替版权所有者向盗版和非法使用提起相应的法律诉讼。组织的收入来源主要是授权费用。使用者购买授权的主要形式是年费。如 BMI 的目录中有 450 万首歌曲,一旦广播电台购买了授权,就可以在合同许可范围内任意使用这 450 万首歌曲。年费费率的计算依据是一个复杂公式,公式里考虑了各个电视台和广播电台观众和听众统计、各音乐会票价和人数统计以及各种音乐使用的频率等不同权重。表演权利组织可以授权的使用范围包括前面提到的公共演出权和同步权,授权的对象涵盖音乐会演出、电梯和办公室的音乐使用、广播电台、电视、电影、航班、剧院等。当然,这些版权使用者也可以与多个 PRO 组织同时签约。至于收入的构成比例,以 ASCAP 为例,目前在其收入构成中,电视台占 46%,广播电台占 35%,其他收入来源占 19%。在对待消费者和费率定价上,ASCAP 不拒绝任何希望获得使用权的客户,也不进行价格歧视,对同样的合同所有的客户付同样的费用。一个小规模的夜总会或者歌厅大概每年付费 200 美元—700 美元。

3. 美国网络音乐的主要下载模式

美国网络音乐的下载模式已经走向多元化,为消费者提供了更安全、可靠的下载空间,主要的模式有以下几种。

Napster 模式:

Napster 本是一种提供歌曲交换的软件,该软件由美国东北大学的一名学生开发,后来投资创建了 Napster 公司。Napster 本质上是一个音乐爱好者社区,它利用 P2P 技术,实现音乐文件的分布式存储、搜索与交换,公司自己的服务器上面没有音乐文档,免费为客户服务,广告是其主要的收入来源。用户可以通过该网站免费下载 Napster 软件,就可以在 Internet 上交换数字音乐文件。由于 Napster 公司为用户提供音乐共享和交换的软件,从而允许人们从 Internet 上免费下载 MP3 文件,而其中大部分歌曲是唱片公司拥有版权的。随着 Napster 日益流行,引发了唱片公司和艺术家们对 Napster 公司提出的侵犯版权的指控,也导致了人们对音乐版权与网络音乐共享之间的激烈争论。最后,Napster 公司不得不与多家唱片公司联手,推出了有偿下载音乐作品的服务。也正是由于 Napster 的免费下载模式,引发了技术人员对以下几种模式的研发,并使之在美国网络音乐界得以普及。

流量定购模式:

流量订购模式是让消费者按月付费,在这个月中消费者可以无限制地从某个音乐资源库获取音乐数据流,这和现在人们为收看闭路电视而支付月租费很类似。流量订购模式允许消费者订购某类、某几类或是所有流派的音乐,每一种订购类型都根据消费者的需求来制定出不同的价格。这种模式比起 Napster 模式,更具有安全性和便利性。由于定购的音乐是以数据流的形式传送给消费者的,这样就避免了音乐被复制和盗版的危险,普通消费者是很难将数据流解码的。既保证了安全性,又给消费者带来欣赏的便利性,使他们不用将音乐文件从计算机转移到 MP3 或音响设备上,可以随时随地欣赏。

音乐锁定模式:

这种模式是根据消费者的音乐需求和爱好,让消费者获得某种类型音乐资源库的音乐资源,这样就免去了消费者从大量的音乐文件中挑选自己喜欢音乐的麻烦。美国的 MP3. com 公司和 Music Bank 公司就是提供类似的服务,公司依据消费者之前所购买和拥有的音乐类型来确定音乐资源库的类型。他们要求用户将已有的 CD 唱片放入光驱中,通过网络来读取这张唱片,以确定该用户拥有的是哪张唱片,随后用户就可以从他们的网站上获取该张唱片的数据流。而且,以后用户只要从相关网站上购买了新的唱片,里面的音乐就会被自动录入他特定的音乐资源库,这样该用户就可以立刻从网上收听到这些音乐,而不必等到唱片寄来之后。这种模式是目前最有前途的网络音乐运营模式,它推动了音乐唱片业向数字化发行的转变,使唱片公司利用互联网来提高音乐产品的认知度,增加产品的发行量。

iPod+iTunes 模式:

这种模式是苹果公司推出的。iPod 是指一种由苹果公司研究开发的移动性数码音乐播放器,而 iTunes 则是指苹果公司的在线音乐商店。苹果所推出的 iPod 数码媒体播放器,不管是在数码音乐、音乐视讯、电视节目、iPod 游戏都需要通过 iTunes 来当做界面来传输。这种模式的实质是让消费者用自己生产的产品来消费自己商店里的东西。

4. 政府对网络音乐的管理

1998 年《音乐许可公平法案》(Fairness in Music Licensing Act of 1998)增加了"表演权协会"(Performing Rights Society)的定义,即"表演权协会是一个代表非戏剧音乐作品的版权人行使其公开表演权的协会、公司或其他实体"。该定义仅适用于交互式传输权的情形,美国法典第 114(d)(3)(C)指出:"尽管依据 116(6)款赋予了公开表演权的强制或非强制许可,除非已经被录音制品中任一版权音乐作品授予公开表演的权利,提供交互式服务的机构不可公开表演该录音制品。公开表演版权音乐作品的许可通过代表版权人的表演权利协会或版权者本人授予。"

美国的版权集体管理组织的组成是多样化的。一些版权集体管理组织由作者和出版者成立的委员会管理,如 ASCAP。有的组织的管理委员会均由用户组成,如 BMI。它的委员会的组成人员均为广播公司代表。此外也有部分组织的管理委员会由作者、出版者以及用户组成。美国集体管理组织的运行主要受反垄断法的规制,从而避免滥用独占、划分市场和限制价格、控制集中和并购等垄断行为的发生。如版税分配协调方面,联邦法官在版权集体管理组织与版权人的纠纷中充当费用分配仲裁的角色。当执行强制许可时,由版权局成立的版税仲裁所(Copyright Arbitration Royalty Panel,简称 CARP)调整裁决版税分配率并分配版税。此外,ASCAP 和 BMI 这两家主要的表演权协会也必须遵从"同意判决"(Consent Decrees)。这些判决是规范其运行的法院决议,是在遵从反垄断法精神的基础上美国司法部与其协议谈判的结果。

数字环境下,受保护的作品在互联网上被数字化、压缩、上载、下载、复制并传送到世界任何角落。网络可以大量存储受版权保护的资料并进行联机传送。这使得权利人和集体管理组织面临诸多考验。为了应对新环境,1995 年 ASCAP 拟订了网络音乐使用的授权协议,并不断与网络服务提供者合作,发展最有效的在线音乐使用的使用许可方案和经营模式。目前 ASCAP 提供的最新互联网使用许可协议有三种:针对非交互式网站及服务的协议"非交互式 5.0"(Non-Interactive 5.0),针对交互式网站及服务的协议"交互式 2.0"(Interactive 2.0)以及无线音乐服务 3.0 版本(Wireless Music Services-Release 3.0),分别就许可协议的限制、许可使用的费用、使用报告及支付、报告的真实性确认等方面做出了详细规定。

5. 美国网络音乐版权案例

以下收录了两个涉及网络音乐侵权的案件以窥探美国网络音乐的管理。分别是美国唱片工业协会诉帝盟公司 MP3 随声听违反著作权法、美国唱片工业协会诉纳普斯(Napster)侵害其著作权违反联邦法和加州法。

(1)美国唱片工业协会(RIAA)诉帝盟公司(Diamond)MP3 随声听违反著作权法

美国唱片工业协会起诉帝盟理由是 Diamond 的行为违反了美国现行著作权法第十章第十七条,其生产之音乐软件"Rio"属于 1992 年美国家用录音法(Audio Home Recording Act of 1992,即美国现行著作权法第十章)所定义的数字录音设备其中的一种,因而要求法院暂时禁止 Diamond 销售该随声听。被告 Diamond 对此提出反驳,认为 Rio 的功能只是单纯地将已经压缩的音乐文件重新播放,与家用录音法中的"独立的录音功能"的规定并不相同,因此,Rio 不算是一种录音设备。加州法院对此做出否定回答。因为一则从法条文字上看,并不要求数字录音设备的录音功能必须独立运作;二则采用被告的辩解说法,将会违反家用录音法保护著作权人的立法目的。法院最后的审理结果是:Diamond 销售 Rio 的行为确有可能造成对音乐著作权人的损害,因为,根据家用录音法的规定,任何生产数字录音设备的厂商都必须在其生产的设备中装置复制管理系统或其他具有相同功能的系统,以避免数字录音文件遭不法盗录。裁定被告应向美国著作权局提存一定的权利,以便将其分配给相关著作权人,用以弥补权利人因消费者自行使用数字录音设备后可能带来的音乐作品销售减少的损失。

(2)美国唱片工业协会(RIAA)诉纳普斯(Napster)公司侵害其著作权违反联邦法和加州法

Napster 公司因开发出一套音乐软件 Napster,在获得互联网上使用者增长最快的殊荣的同时,却遭到了众多音乐人一致抗议。美国唱片工业协会(RIAA)于 1999 年12 月初向美国北加州地方法院提出了针对 Napster 公司的诉讼,主张其对著作权侵害有共同过失责任而违反联邦法和加州州法并请求损害赔偿。RIAA 代表各主要唱片公司向 Napster 采取法律行动,对凡因使用 Napster 软件而被非法侵害的受著作权保护歌曲,每首诉请 10 万美元的损害赔偿。这起诉讼案涉及面之广、牵涉的法律问题之多,堪称美国网络音乐著作权侵权纠纷之最。美国的音乐家们与唱片业者同盟坚决要求政府保护音乐知识产权,这一讼案事实上已演变为创新科技与音乐版权保护的社会新旧两大产业阵营的较量。包括 Napster 首席执行官 Hank Barry、MP3 首席执行官 Michael Robertson 等一些网上音乐销售企业的负责人都须前往国会就有关音乐下载和它对唱片发行业的影响等事宜作证,因为 RIAA 诉称上述网站的数字音乐下载服务侵犯了其唱片版权,并要求法院停止 Napster 的数字音乐服务。因受此次官司风波的影响,美国 Napster 公司已被迫关闭其 30 万在线音乐账户,因部分大学生使用该软件而遭致侵权控告,最后以 Napster 的破产结束整个诉讼。

(二)日本网络音乐版权运作与管理

1. 日本的版权管理组织及其运作模式

1999 年,当音乐作品被数字技术和网络技术大量使用时,日本就提出"DAWN2001"计划,即在 2001 年实现用新技术手段管理作品的计划。作为该计划的一部分,JASRAC(The Japanese Society of Rights of Authors,Composers and Publishers)在 2000 年开始使用电子水印技术,凡是经过 JASRAC 许可使用音乐作品的网站,可以标明 JASRAC 颁发的电子水印。另外,JASRAC 在 2001 年开发了一套网络使用音乐作品的处理系统,该系统由六个部分组成,从音乐作品的查询、使用的许可受理、许可标志的自动发送、使用报告的接收、使用费的计算、分配数据的编制、盗版网站的监控等各个方面对网络使用音乐作品进行全方位的管理。

2004 年日本利用该系统发放许可标志近 4000 件,使用费收入将近 93 亿日元,约合 9300 万美元,约占 JASRAC 总使用费收入的 1/10,随着技术的发展,日本预测网络使用音乐的收入将会迅猛增加。除了实现著作权人的权利外,该系统的另一个重要功能是 24 小时监控网络,每月搜索 800 万个网址,并识别 JASRAC 管理的作品,每周通过电子邮件发出警告,如 5 天内没有答复,则由 JASRAC 通知互联网服务提供商采取"通知和移除程序"。在近四年中,利用该系统有 16 万件非法音乐被删除。该系统被许多国家认为是管理网络传播音乐作品的最有效的手段。

在网络传播音乐方面,日本也面临着一些问题。JASRAC 目前基本解决了日本权利人的授权问题,但对于外国音乐的网络传播问题并没有完全解决,外国的词曲作者没有将网络权利交给本国的集体管理组织,JASRAC 也无法通过相互代表协议来取得权利。目前,JASRAC 只管理外国音乐的 70%,30% 的权利状况不清楚,在这种状况下,网络使用外国音乐存在一定困难,但这对日本网络传播音乐影响不大,日本网络上 80% 以上使用的都是日本本土音乐。另外,日本通过网络下载铃声和音乐的业务并不十分发达,特别是通过网络传播唱片的业务模式发展速度缓慢,从而影响了日本网络业的发展。最主要的原因是,日本唱片公司不授权音乐网站使用其享有邻接权的音乐。为解决这个问题,日本唱片协会目前正与日本的几大唱片公司协商,希望唱片公司能授权网站传播其录音制品,日本政府也非常关注这个问题,希望能尽快解决授权问题,使日本的网络产业得到高速发展。从总体来说,面对数字技术和网络技术的发展,日本对音乐著作权的保护反应快速,建立了基本的保护框架,目前基本能够满足网络传播音乐的需求。

2. 日本《著作权管理事务法》

2000 年日本颁发了《著作权管理事务法》以取代施行 60 多年的《著作权中介事务法》。日本有关方面在 20 世纪 90 年代初就提出了数字环境下的著作权制度问题。1992 年年初,日本文化厅(ACA)著作权委员会正式启动数字网络问题的讨论,并成立了多媒体分会,具体负责这一问题。1997 年 4 月,著作权局著作权部也专门成立了负责数字化问题的多媒体著作权部门。此后,它们进行了一系列研讨并提出诸多报告与建议。在有关"权利清算制度"的措施中,为适应日益广泛和复杂的著作权保护作品的开发利用,提出了有关集体管理制度发展的建议。基于此建议,著作权委员会建立了"集体管理分会",讨论更详尽更具体的措施,包括相关立法的修改。与《著作权中介事务法》相比,新法在以下方面做出了调整,主要包括:

(1)按照新法,管理事务所涉及的作品门类扩展到所有种类的作品和表演等。

而按《著作权中介事务法》的规定,其所涉及的作品种类限制为小说、戏剧和音乐(包括伴乐与歌词)三类所谓重要的作品类别。

(2)在从事著作权管理事务的前提条件方面,新法以登记制取代了旧法的许可制。与上述相联系,只有根据《著作权中介事务法》成立的少数几个中介组织即日本作词、作曲与出版者权利协会(JASRAC)、日本文学作品保护联合会和日本作者协会等才能从事三类作品的集体管理,而新法没有这方面的限定。

(3)在使用费规则方面,新法一方面创立了通报制以代替原来的核准制,同时,对使用费争议采用了解决机制。在这方面,管理事务法第一条开宗明义地指出,其立法目的在于,为确保管理事务的公平运转,保障有关著作权人之利益,促进作品的利用,进而推动文化的发展,该法对著作权管理事务的从业者采取了登记制,对管理委托合同和使用费规则采取了报告和公示制度。

四、小　结

从西方网络音乐、网络游戏和网络动漫的管理与运营实践中,我们可以看到:各国在政治体制、社会经济、信息化发展水平等方面的差异,决定了各国在互联网管理机构的设置上各具特色;而在另一方面,互联网所具有的通用性技术应用特点,也使得各国互联网管理机构设置体现出诸多共性与共同的发展趋势。

综上对网络音乐、网络游戏和网络动漫的运营管理分析,可以归纳以下几点:

(1)各国并不存在专门的、统一的互联网管理机构。互联网已深入渗透到社会生活的方方面面,因此,绝大多数国家并没有设立专门的、统一的互联网管理机构,而是由多个政府部门依据法律授权、对涉及本部门职责的互联网事务进行管理。

(2)互联网管理机构主要由两类组成。一类是传统政府部门,这些部门大多处理与自己的传统职能有着密切联系的互联网事务,例如各国电信监管机构大多扮演互联网行业发展推动者的角色,承担促进互联网基础设施建设、鼓励互联网业务创新和市场竞争、保障互联网网络与信息安全等职责;警察、安全机构主要负责打击网络犯罪活动,商务经济部门对电子商务进行管理,文化部门对网络版权进行管理等。

另一类互联网管理机构是为应对互联网带来的新的管理问题而专门成立的组织机构。这一类机构有的下设在传统政府部门之下,向传统政府部门负责,如大部分国家在电信监管机构之下设立的互联网信息中心,承担互联网发展数据统计、产业调查、IP地址和域名等资源分配管理等职责;有的则是专门新设立的独立监管机构,例如为应对数据保护和垃圾邮件问题,英国出台了《个人数据保护法》,并依据该法成立了独立的监管机构信息委员办公室,由该机构履行公民个人数据保护等管理职责。

（3）各国普遍存在着互联网管理部门职能交叉、相互配合的现象。互联网作为一种渗透性、通用性的业务应用，在打破行业界限的同时，也打破了政府部门的事务管理界限，特别是对于新兴的互联网业务，在还未形成明确的管理政策时，不可避免地会出现多个政府部门参与管理的现象。

（4）电信监管机构广泛参与互联网管理事务，是重要的互联网管理部门。无论是美国 FCC、英国 OFCOM，还是日本总务省、韩国 KCC，这些电信监管机构不仅广泛参与互联网管理事务，还深度参与互联网行业政策的制定。从目前来看，电信监管部门涉及的互联网管理事务包括：互联网基础设施发展与规划、互联网资源政策制定、互联网接入市场竞争规范、互联网业务管理、网络与信息安全管理等。这一方面与互联网本身是在电信网络平台上发展而来的有关，电信监管部门对于互联网的管理有着天然的历史继承性；另一方面，作为基础设施和平台管理者的角色，电信监管部门也不可避免地参与互联网诸多事务的管理，与其他许多政府部门存在着协助、配合关系。

（5）除管理机构外，很多国家还设立互联网政策议事咨询机构，对互联网管理引发的新问题提供政策建议。这些咨询机构大多采取"委员会"的组织方式，广泛吸收各相关政府部门、行业代表、社会人士参与互联网建设与管理，增强互联网决策过程的民主性和科学性。此外，对于互联网新生事物和问题，委员会机构提出的政策建议也更易被公众所接受。例如韩国在个人信息保护方面专门设立了审议委员会，对相关政策和制度完善进行政策咨询。新加坡也成立了电子商业政策委员会，对相关政策制定展开咨询。

（6）在政府部门之下设立公共事业性机构，协助政府开展业务促进方面的工作。这些机构大多接受政府部门的领导和预算监督，承担培育、促进重要业务发展的职责。例如，韩国文化体育观光部专门下设了韩国游戏产业振兴院，具体负责网络游戏产业发展的有关事务，协助韩国游戏公司在全球市场推广韩国游戏产品，培育网络游戏文化，扩展游戏产业发展基础，培养游戏产业人才。

风险投资与北京互联网经济发展研究

蒋德嵩①

摘　要：自 20 世纪 80 年代风险投资引入国内,20 世纪 90 年代中后期开始,国内风险投资业迅速发展,在促进以互联网为代表的新经济模式企业的发展方面起到了决定性作用。可以说,没有风险投资的支持与推动,国内互联网行业难以取得今日的成就。北京是中国的政治、经济、文化、科技、体育等发展中心,拥有丰富的创新型人才资源。过去十多年,在北京经济发展与产业结构调整过程中,以互联网为代表的创新产业在风险投资的推动下取得快速发展,互联网在某种程度上已经成为北京经济、社会与文化发展的一个标志性产业。未来,随着中国经济转型、文化体质改革及北京市社会经济等事业发展目标的推进,如何用好、管好风险投资行业,进一步推动互联网经济发展,是个特别值得关注的领域。

关键词：风险投资　互联网经济　创新

一、概述风险投资

风险投资(Venture Capital,以下或简称"VC")起源于 20 世纪二三十年代,美国少数富裕的个人和家族(如洛克菲勒家族)拥有大量资产,出于对通货膨胀导致资产贬值的担心,以及对通过利息使个人资产增值预期的不满意,美国富有阶层希望通过权益投资建立和控制一些新兴企业,并使个人或家族资产最大限度增值。另一方面,主要来自大学和其他研究机构的众多创业者有许多好的商业思想,但创业者苦于没有资金,于是他们找到富裕的个人或家族希望得到支持。最初,富裕的个人和家族不愿意透露姓名,他们的投资者行为被称为"天使"(Angel)。逐渐地,

---

① 蒋德嵩,男,长江商学院全球化研究中心副主任。

一些富裕的个人和家族成立了个人和家族范围的私人投资办公室,雇佣专业人员为他们做投资决策,由此形成了以家族为基层的早期风险投资机构,当时被称为"发展资本",培育出了东方航空(Eastern Airlines)、施乐(Xerox)、IBM 等世界性大公司。

第二次世界大战之后,美国风险投资进入发展阶段,风险投资的基本模式逐渐形成并沿用至今。约翰·H.惠妮特(John H. Whitney)、乔治斯·杜利奥(Georges Doriot)和阿瑟·罗克(Arthur Rock)是美国早期著名的风险投资家。1946 年,惠妮特出资 500 万美元创立了美国第一家私人风险投资公司——惠妮特公司(Hwhitney & Company),他一生曾为 350 多家企业提供风险资金,其中包括著名的康柏公司(Compaq)。阿瑟·罗克被称为美国"风险投资教务长",他创造了有限合伙人和一般合伙人的责任范围和投资回报分享模式。罗克认为,风险投资所资助的不只是产品,更重要的是有好点子的杰出人才。阿瑟·罗克最著名的风险投资案例是今日全球商业领域闪耀明星——苹果公司(Apple)。

哈佛大学商学院教授乔治斯·杜利奥和波士顿美联储的拉尔夫·弗兰德斯(Ralph Flanders)联合原哈佛大学校长卡尔·康普顿(Karl Compton)于 1946 年创建了美国首家上市的风险投资公司——美国研究和发展公司(ARD),主要目的是帮助科学家和研究人员将科研成果快速商业化并走向市场。ARD 公司将风险投资要素界定为:(1)新技术,新市场概念和新产品应用的可能性;(2)显著的,但不是必要的控制,特别是投资者对于管理的控制;(3)产品和工艺已经度过了早期的试验阶段,并获得专利、版权、商业秘密协议的充分保护;(4)投资于希望在几年内能够首次公开上市或者整体出售的企业;(5)有机会使创业投资者创造超过投资资本的价值。乔治斯·杜利奥认为,风险投资公司只是为创业者提供资金是不够的,同时必须在技术、管理等方面给创业者一系列帮助。在他看来,资产增值只是一个回报,不是最终的目标。风险投资家的最终目的或任务,是缔造创新的企业家和创新的企业。

20 世纪 50 年代是美国风险投资初创时期。1953 年,在总统艾森豪威尔的建议下,美国国会通过了小企业法案,并创立了小企业管理局(SBA)[①],其职能是:尽可能地扶持、帮助和保护小企业利益;对小企业提供顾问咨询服务;对小企业提供贷款,为小企业向银行贷款提供担保;为小企业在获得政府采购订单和在管理和技术方面提供帮助和培训等。1958 年,美国通过相关投资法案创建了小企业投资公司(SBIC)计划。在 SBA 许可下,SBIC 可以是一个私人风险投资公司,通过享受政府优惠政策,

---

① 资料引自 http://www.sba.gov。

为小企业提供长期贷款和高风险的小企业权益性投资。如今,SBIC 已成为美国风险投资公司中的重要一员。得益于中小企业发展,到 70 年代后期,大多数美国人已充分认识到风险投资业是美国经济发展的一个重要动力源,美国政府开始制定了一系列针对风险投资业的税收政策和鼓励性法案,其中有:减低资本利得税法案(TCGRA)、小企业投资激励法案(SBIIA)、员工退休收入保障资产计划法案(ERISA PLAN ASSETS)和员工收入保障法案(ERISA)等。ERISA 第一次允许养老金进入风险投资和其他高风险投资领域。

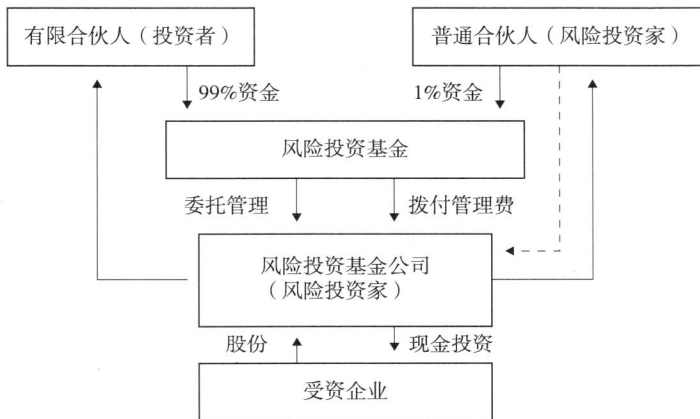

图 4-11　风险投资运作结构

20 世纪 90 年代,信息技术发展,特别是互联网的出现给风险投资业带来无限商机,美国风险投资进入快速发展阶段。在风险投资支持下,微软(Microsoft)、思科(Cisco)、英特尔(Intel)、雅虎(Yahoo)、Sun 等公司快速发展为全球引领性 IT 公司。美国《时代》(TIME)杂志曾指出:"这些世界企业巨星的成功之路,几乎无一例外地留下过风险投资家的足迹。毫不夸张地说,没有风险投资,就没有美国信息产业辉煌的今天。"风险投资推动了美国半导体、计算机、信息技术以及生物工程等尖端技术产业发展,这实质性推动了美国经济结构的彻底转型,从而进入了知识经济时代。20 世纪 90 年代,"新经济"提升了美国全球竞争力,同时创造出高增长、高出口、高盈利、低通货膨胀、低失业率和低预算赤字的"三高三低"经济增长奇迹。

美国风险投资业的成功吸引世界许多国家的关注。欧、日等发达国家都形成了一个相对完善的风险投资业以提高国家竞争力,发展中国家也尝试通过建立完善的风险投资体系以调整本国产业结构,提高产品国际竞争力。如今,全球性风险投资市场初步形成。不过,不同国家对于风险投资的认知、定义与管理各有不同,这也使"风险投资"这个词在国内被有所误解。

表4-7 不同国家和地区对风险投资的定义

国家和地区	释　义
美国	在美国 ARD 公司创始之初,有当地媒体称为"特殊的投资银行",这种称呼让公司创始人大感尴尬。经讨论,ARD 公司决定突出风险投资冒险的特点,将 adventure 这种特质表现出来,称为 venture capital。美国风险投资主要为早期的、高潜力的公司提供资金通过 IPO 或并购的退出得到高的回报。VC 为传统渠道不能获得投资或威胁现有产品或公司的创业提供投资,支持了最有前途、最具创新力的公司。
欧洲	欧洲 VC 业并不是完全建立在美国式的技术革命基础上的,其光芒长期被专注于并购等后期私募股权投资基金(PE)所掩盖,而不局限在风险投资。因此,欧洲 VC 主要集中在后期并购等方向。
东亚	由于东亚特殊的文化,东亚各国之间的 VC 业也有所不同。从整个亚洲角度看,东亚 VC 通常包括了部分 PE 的投资范围,且通常不会集中投资于一个领域,但投资地理比较集中,范围比较小。
中国	国内对于风险投资的定义普遍强调"高风险"、"高科技",这种引用给人强烈的误导,过分强调了风险投资的冒险属性,而忽略了风险投资的投资属性。虽然强调高风险,中国风险投资却被普遍地译为创业投资,反映了强烈的规避风险心理。

风险投资最早于 20 世纪 80 年代初引入中国,早期外资风险投资机构有怡富集团(Jardine Fleming)①、新鸿基(Sun Hung Kai)和美国国际集团(AIG)等。1985 年 9 月,经国务院正式批准,科技部出资 10 亿元成立"中国新技术创业投资公司",这是中国大陆第一家从事风险投资活动的非银行金融机构。然而,该公司在发展过程中进入了众多属于非风险投资领域,于 1998 年因高息揽存及不能偿还到期债务被中国人民银行以行政手段关闭。受此影响,国内风险投资业在改革开放初期并未得到重视。20 世纪 90 年代中后期互联网经济兴起,搜狐公司于 1998 年成立,以门户网站为代表的众多网络公司兴盛起来,透过这些"新经济"公司,国内重新认识到风险投资的力量。

---

　　① 由富林明集团与香港怡和集团于 1970 年创建,是亚洲最早的合资金融服务集团,目前是亚太地区首屈一指的资产管理公司。富林明集团 1873 年成立于英国,创始人 Robert Fleming。富林明集团早期投资于美国新兴股票和铁路债券"Scottish American Investment Trust",从而发展为世界基金业的鼻祖之一。

表4-8 中国风险投资机构数量和规模分析(2010年)

资本来源	总数(个)	人民币基金数量(个)	美元基金数量(个)	外币基金数量(个)	美元基金数量/外币基金数量(%)	外币基金数量/总量(%)	人民币基金数量/总数(%)
中资	661	617	43	44	97.73%	6.66%	93.34%
合资	108	31	50	77	64.94%	71.30%	28.70%
外资	552	19	503	533	94.37%	96.56%	3.44%
总计数	1321	667	596	654	91.13%	49.51%	50.49%

资料来源:ChinaVenture。

1999年3月,在全国政协九届一次会议上,由民建中央提交的《关于尽快发展我国风险投资事业的提案》,由于立意高、分量重,被列入当届全国政协"一号提案"。提案中首次提出了我国对于风险投资的定义:风险投资是指一种把资金投向蕴涵着较大失败危险的高新科技及其产品的研究开发领域,旨在促使高新技术成果尽快商品化,进而取得高资本收益的一种投资行为。经过十多年发展,中国风险投资业规模伴随互联网等一批创新型科技企业的成长不断壮大,培育出新浪、搜狐、百度、和讯等众多知名企业,并在一定程度上推动中国创新型产业发展。根据ChinaVenture数据,到2010年年底,国内风险投资机构达到1321家。其中,中资机构661家,外资机构552家,合资机构108家。外资机构平均管理的资金达到270亿元人民币,合资为42亿元人民币,中资为19亿元人民币。

(一)中国风险投资业特点

1. 背景多样化

从资金来源划分,中国风险投资可分为四种:

第一种是外资VC:最早进入中国市场。在2004年之前,外资VC表现出"两头在外"特征,即融资在国外,退出在国外,投资在国内。外资VC在组织结构、投资方式和公司架构上都和美国相似。2007年以前,主要以有限责任公司的方式存在。

第二种是政府VC:一般由政府进行募集,拥有较大、稳定的资金来源,以促进本地经济繁荣和重点扶持当地创新企业为主导。政府VC一般没有限定的投资周期,是否从公司退出并不确定,在一定程度上更像战略投资。为了促进VC发展,一些地方政府还设立了旨在扶持风险投资行业以及中小型科技创业企业的风险投资引导基金,虽然以有限公司形式存在,但其管理未体现市场化、专业化,人才未能按照职业化配置,未能有科学、实用、高效的内部激励机制与约束机制、问责机制。

第三种是大型企业集团VC:如联想集团、复星集团、清华同方、普天集团等。这类 VC 通常也没有固定投资期限。近年,在政策逐步放宽的条件下,有不少金融机构如平安保险、新华人寿、中信、中金等都设立了风险投资公司。商业银行到现在为止还没有进入风险投资领域。

第四种是民间资本组成的 VC:由民间资本控股,数量众多,背景复杂。其中有富有的个人或家庭成立的风险投资公司,有上市公司参股或独立设立的风险投资机构。这些风险投资公司可能并未有专业的投资人员,也可能未有雄厚的资金实力,机构组织行为也可能并不正规,但他们相对政府背景的风险投资公司有更强的盈利激励,以获利为目的,投资灵活。

2. 公司治理混杂

美国风险投资机构一般是以有限合伙形式存在。这种方式起源于 20 世纪 60 年代,主要目的是最大可能的增大有限责任的比例,并避免有限公司对于投资的限制以及双重增税。有限合伙分为一般合伙人和有限合伙人,前者承担有限责任,不参加公司的日常事务管理,后者可以参加公司的日常事务管理,但要承担无限责任。为了减少无限责任的比例,一般合伙人通常占公司股权 1% 的比例,这是一般合伙人按法律规定的最低比例。在 2007 年之前,政策限定导致中国没有有限合伙制,只有公司制和无限合伙制。出于公司组织结构的限制,外资风险投资者只好将风险投资设为国内有限公司。虽然,在 2007 年之后开放了有限合伙制,但对于合伙制的限制仍然存在。中国风险投资研究院 2008 年的调查发现,56.98% 的风险投资者是有限公司制,而合伙制的为 24.58%。

3. 投资行为不同

背景和公司组织结构的差异导致国内风险投资者的投资行为所不同。

外资直接投资组成的 VC 的投资行为最接近美国 VC,投资者行为基础市场价值,提供资金和增值服务,在一定时期后退出被投资公司。与美国不同的是,由于信用体系缺失,他们对于所投资公司往往会采取更严格的监管。由于激励机制不同,政府背景 VC 管理人员并不能像外资 VC 一样得到利润分成。且该类 VC 并不十分重视投资回报,在企业监管方面上也没有外资严格。风险投资者与政府紧密的关系,增加了道德风险的成本。大型国企设立的 VC 通常关注投资项目本身,并且带有明显的风险投资的属性。民营企业背景的 VC 通常没有像国有企业背景 VC 那样提供更多增值服务,风险投资的意味相对较弱。

4. 资金组成:人民币和外币基金并存

外资风险投资在中国多以美元基金的方式存在,所投资的公司属于合资企业,这是因为:(1)金融业对外资的限制;(2)合资企业在税务和政策上能享受优惠;(3)2009 年 10 月创业板推出之前,海外上市是外资 VC 退出的主要途径。在创业板退出后,有一部分外资 VC 开始设立人民币基金,但目前外资 VC 仍以美元基金居多。相对于外币基金,人民币基金投资企业在税收政策上存在先天不足。退出渠道方面,在中小板、创业板市场推出之前,退出缺少了 IPO 这个最重要的渠道。

(二)中美风险投资业对比分析

1. 投资阶段对比

表 4-9 分析了 1995—2009 年中美两个风险投资在企业各发展阶段的投资规模。总体看,美国风险投资市场规模明显高于中国,反映出美国风险投资业起步早、市场较为成熟。从投资金额看,美国风险投资集中于企业扩张期,中国则主要投资于晚期。从投资数量看,美国投资集中于扩张期,中国则集中在早期和晚期(见表 4-10)。

表 4-9　中美各阶段接受的 VC 金额对比

年份	种子期 美国(金额)	种子期 中国(金额)	早期 美国(金额)	早期 中国(金额)	发展期 美国(金额)	发展期 中国(金额)	后期 美国(金额)	后期 中国(金额)	总计 美国(金额)	总计 中国(金额)
1995	1193.40	0.22	1670.30	131.03	3436.30	0.00	1070.10	3.00	7370.10	134.25
1996	1237.20	0.18	2530.80	30.99	5246.30	19.60	1591.40	37.12	10605.70	87.89
1997	1295.90	0.00	3362.30	5.83	7264.30	10.00	2211.00	188.00	14133.40	203.83
1998	1651.40	0.00	5276.20	5.60	9840.40	1.46	2991.80	19.50	19759.70	26.56
1999	3498.70	2.07	11074.50	40.42	28611.00	12.00	8358.50	153.82	51542.80	208.31
2000	3006.30	0.15	23975.90	63.32	57455.50	17.36	16086.80	248.58	100524.60	329.41
2001	721.60	7.96	8191.20	127.26	21837.10	52.12	7781.00	2167.18	38531.00	2354.52
2002	320.70	0.78	3764.70	45.29	11904.00	127.78	5109.60	229.04	21099.00	402.89
2003	336.10	0.15	3523.60	37.96	9592.60	226.40	5684.10	385.66	19136.50	650.17
2004	456.60	5.69	3864.50	143.47	9145.80	344.84	8480.00	379.58	21947.00	873.58
2005	908.40	5.72	3932.20	250.35	8557.10	649.84	9543.30	1119.36	22941.00	2025.27
2006	1229.00	12.99	4251.70	507.91	11270.10	664.06	9587.80	1911.52	26338.50	3096.48
2007	1425.20	10.87	5740.00	336.52	11270.40	1930.52	12043.00	1846.50	30478.60	4124.41
2008	1625.20	4.59	5326.60	227.66	10370.20	2565.54	10624.80	1817.12	27946.80	4614.91
2009	1596.30	6.32	4671.80	74.04	5510.50	864.00	5912.10	1114.78	17690.70	2059.14
均值	1366.80	3.85	6077.09	135.18	14087.44	499.03	7138.35	774.72	28669.69	1412.77

资料来源:ChinaVenture。

表 4-10　风险投资的四个阶段

阶　段	企业特点	投资要点
种子期	√尚未注册或刚刚注册企业 √尚未或正在进行市场调研 √尚未或正在创建商业计划 √没有产品或服务,没有销售或利润	以相对较少的资本投资到产品发明者或企业家,供其证明创业思路或概念,包括改进产品开发、市场研究、建立管理团队、发展商业计划等。这个阶段通常持续3个月至1年。
早期	√企业已注册,商业计划已明确 √核心团队已形成 √产品或服务正在研发 √没有销售或利润	这个阶段提供资金给已完成产品测试或试产的公司完成开发。有些情况,产品可能完成商业化。公司可能正在组织,也可能已经运营了三年左右,或者更短时间。风险投资界将这个阶段的融资称为第一轮融资。
发展期	√已有开发完成的产品或服务,且产品和服务已推向市场 √已有销售收入 √尚未盈利或已有些利润	这个阶段,企业需要发展资金以进行规模化生产,企业要进行第二轮甚至第三轮融资。机构投资者偏向于与第一轮投资者合作投资,更多情况下充当战略投资角色。
晚期	√可观的收入 √拥有一定市场份额	企业考虑IPO。

2. 行业分布

表 4-11 分析了中美风险投资不同行业对比情况。无论从数量或金额角度看,美国风险投资生物工程行业是高度共识。生物技术是知识密集型行业,需要大量资金进行研发。据统计,美国生物工程行业约 1/4 投资来自风险投资。中国风险投资业对工业和能源类有明显投资偏好,这些领域通常不是高科技行业,表明了中国风险投资 PE 化,也与中国经济以制造业为主导的产业结构正相关(见表 4-11)。

表 4-11　中美风险投资行业分布对比

	美国(以数量聚类)	中国(以数量聚类)	美国(以金额聚类)	中国(以金额聚类)
第一类	生物工程	消费性产品和服务,IT服务,工业/能源	软件,生物工程	半导体,IT服务,工业/能源
第二类	商业性产品和服务,消费性产品和服务,电脑和配件,保健品和服务	电信,电脑和配件,生物工程,零售和销售,商业性产品和服务	电信,医疗设备,工业/能源,网络和设备,传媒和娱乐,IT服务半导体	商业性产品和服务,软件,零售和销售,电脑和配件,电子/设备电信,消费性产品和服务

	美国（以数量聚类）	中国（以数量聚类）	美国（以金额聚类）	中国（以金额聚类）
第三类	其他,半导体,网络和设备,零售和销售,软件,医疗设备,传媒和娱乐,电信,电子/设备,金融服务,IT服务	网络和设备,其他,保健品和服务,半导体,电子/设备,传媒和娱乐,金融服务	其他,零售和销售,电子/设备,商业性产品和服务,保健品和服务,消费性产品和服务,金融服务,电脑和配件	医疗设备,保健品和服务,其他,网络设备,传媒和娱乐,金融服务

资料来源:ChinaVenture。

表4-12分析了国内不同背景风险投资所投资行业情况。可以明显看出,外资和合资 VC 对信息技术及应用的投资偏好十分明显。一方面,互联网等信息技术领域政府管制相对较少,资本进入与退出渠道通畅确保了外资 VC 的投资利益。另一方面,许多国内互联网公司的商业模式复制了美国同类公司,且公司创始人多有海外留学背景,如百度的李彦宏和百度公司复制 Google 商业模式,这些特点使外资较为容易看懂中国公司及其盈利,在海外上市过程中也容易赢得投资者认可。

相比外资 VC,国内本土 VC 对工业和能源等领域的偏好反映出政府 VC、大企业 VC 在市场准入方面的便利以及对资源性产品和服务的占有偏好。

表4-12　中国不同背景 VC 投资行业分布对比

	外　资	合　资	中　资	总　体
第一类	IT 服务	半导体,商业性产品和服务,IT 服务,工业/能源	工业/能源	半导体,电信,消费性产品和服务
第二类	工业/能源,消费性产品和服务,电信,商业性产品和服务,零售和销售,软件,电脑和配件	软件,零售和销售,生物工程,金融服务,电子/设备,消费性产品和服务,电信,电脑和配件	消费性产品和服务,IT 服务,电子/设备	IT 服务,工业/能源
第三类	金融服务,半导体,电子/设备,传媒和娱乐,医疗设备,保健品和服务,其他,网络设备	传媒和娱乐,医疗设备,保健品和服务,网络设备,其他	电信,生物工程,软件,医疗设备,金融服务,传媒和娱乐,电脑和配件,零售和销售,商业性产品和服务,半导体网络设备,其他,保健品和服务	商业性产品和服务,零售和销售,软件,电脑和配件,电子/设备,生物工程,医疗设备,保健品和服务,其他,网络和设备,传媒和娱乐,金融服务

资料来源:ChinaVenture。

3. 投资地域

加利福尼亚是美国风险投资的乐土(表4-15),投资金额占全美44%,投资数量占全美38%。之所以如此,因著名的硅谷(Silicon Valley)位于该州。硅谷位于加州旧金山经圣克拉拉至圣何塞近50公里的一条狭长地带,是美国重要的电子工业基地,也是世界最为知名的电子工业集中地。在20世纪50年代,硅谷是一个只有10万人的偏僻农村。当地政府为留住斯坦福大学等美国著名高校的学生,给予特别政策吸引年轻人创业。随着一批风险投资的到来,硅谷日益活跃,逐渐发展为世界著名的IT公司聚集地。微软(Microsoft)、英特尔(Intel)、苹果(Apple)、甲骨文(Oracle)、惠普(HP)、IBM、雅虎(Yahoo)、思科(Cisco)、e-Bay和谷歌(Google)等众多世界知名IT公司总部均位于硅谷。在硅谷的引领下,加利福尼亚目前是美国经济总量最大的州,2010年GDP达到1.93万亿美元,约占美国GDP的15%。若作为单独国家经济体,排名全球第九名。

表4-13 美国不同背景 VC 投资行业分布对比

分　类	金　额	数　量	汇　总	剔除加州(金额)	剔除加州(数量)	剔除加州(汇总)
第一类	加利福尼亚	加利福尼亚	加利福尼亚	马萨诸塞州	马萨诸塞州	马萨诸塞州
第二类	马萨诸塞州	马萨诸塞州	马萨诸塞州	得克萨斯州纽约州	华盛顿州纽约州	得克萨斯州纽约州
第三类	其他	其他	其他	其他	其他	其他

资料来源:ChinaVenture。

与美国类似,中国风险投资业最为偏好的投资地域是北京,其次是上海和广东(见表4-14)。其中,北京风险投资金额占全国的32%,投资数量占了全国的31%。上海风险投资金额占了全国的23%,投资数量占了全国的19%。北京可以成为中国风险投资的“首都”是因为:(1)北京拥有国内最丰富的网络资源(表4-16,4-17)和一批国内知名的互联网公司。(2)北京高等教育水平领先全国,创新型人才丰裕;(3)以中关村为核心的IT产业集群效应已经形成。

表4-14 国内不同机构投资地域分布对比

分　类	外　资	中　资	合　资
第一类	北京,上海	北京	北京,上海
第二类	其他	深圳,浙江,广东除深圳,上海,江苏	其他
第三类	—	其他	—

资料来源:ChinaVenture。

表 4-15 中美风险投资地域分布对比

美 国	金额 (百万美元)	百分比(%)	累积百分比 (%)	数 量	百分比(%)	累积百分比 (%)
加利福尼亚	190390.2	44.55	44.55	22509	38.40	38.40
马萨诸塞州	47667.7	11.15	55.70	6443	10.99	49.39
得克萨斯州	24428.3	5.72	61.42	2076	3.54	52.94
纽约州	22552.5	5.28	66.69	3195	5.45	58.39
华盛顿州	14726.9	3.45	70.14	3157	5.39	63.77
科罗拉多州	13606.2	3.18	73.32	1507	2.57	66.34
新泽西州	13600.3	3.18	76.51	2016	3.44	69.78
宾夕法尼亚州	11693.7	2.74	79.24	1628	2.78	72.56
弗吉尼亚州	10067.8	2.36	81.60	838	1.43	73.99
其他	437384.3	18.40	100.00	58615	26.01	1.00
总计	786117.9	100.00	—	101984	100.00	—
中 国	金额 (百万美元)	百分比 (%)	累积百分比 (%)	数 量	百分比 (%)	累积百分比 (%)
北京	6423.08	32.30	32.30	1011	30.96	30.96
上海	5895.40	29.65	61.95	623	19.08	50.05
江苏	1367.29	6.88	68.82	287	8.79	58.84
深圳	1232.85	6.20	75.02	291	8.91	67.75
广东除深圳	1086.54	5.46	80.49	195	5.97	73.72
浙江	747.90	3.76	84.25	193	5.91	79.63
山东	389.26	1.96	86.21	87	2.66	82.30
福建	316.40	1.59	87.80	58	1.78	84.07
江西	300.00	1.51	89.31	23	0.70	84.78
其他	19885.39	10.69	100.00	3265	15.22	100.00
总计	37644.11	100.00	—	6033	100.00	—

资料来源:ChinaVenture。

表 4-16 各地网站数量

	网站数量(个)	占网站总数比例(%)
北京	298162	16.3
广东	288272	15.8
浙江	193555	10.6
上海	187787	10.3
江苏	109984	6.0

续表

	网站数量（个）	占网站总数比例（%）
福建	101073	5.5
山东	88871	4.9
四川	57411	3.1
河南	54585	3.0
河北	51769	2.8
湖北	41766	2.3
辽宁	37862	2.1
湖南	33051	1.8
黑龙江	32154	1.8
重庆	29950	1.6
陕西	24141	1.3
安徽	22209	1.2
天津	22083	1.2

资料来源：CNNIC（截至 2011 年 7 月）。

表 4-17　各省市 IPv4 地址比例

省　份	比例（%）
北京	25.5
广东	9.6
浙江	5.3
山东	4.9
江苏	4.8
上海	4.5
辽宁	3.4
河北	2.9
四川	2.8
河南	2.7
湖北	2.4
湖南	2.4
福建	2.0
江西	1.8
重庆	1.7
安徽	1.7
陕西	1.7

续表

省　份	比例（%）
广西	1.4
山西	1.3
吉林	1.2
黑龙江	1.2

资料来源：CNNIC（截至 2011 年 7 月）。

表 4-18　按流量排名中国前 20 大网站

在中国的排名	全球排名	网　站	类　别	独立访问者（用户）	到达率
1	8	百度	搜索及目录	230000000	15.00
2	9	qq.com	门户网站	170000000	11.10
3	11	新浪网	门户网站	130000000	8.40
4	15	网易	门户网站	98000000	6.30
5	16	淘宝网	网络购物/电子商务	98000000	6.30
6	17	搜搜	搜索及目录	97000000	6.30
7	19	优酷网	视频	89000000	5.80
8	21	搜狐网	门户网站	82000000	5.30
9	28	土豆网	视频	66000000	4.30
10	33	天涯	网络社区	55000000	3.60
11	36	hao123 网址之家	搜索及目录	55000000	3.30
12	37	iefxz.com	工具	50000000	3.20
13	38	迅雷	视频	50000000	3.20
14	46	搜狗	搜索及目录	45000000	2.90
15	47	56.com	视频	42000000	2.70
16	52	酷6网	视频	41000000	2.70
17	55	凤凰网	门户网站	41000000	2.70
18	62	阿里巴巴	网络购物/电子商务	34000000	2.20
19	68	狗狗网	搜索及目录	31000000	2.00
20	70	人人网	社交网站	31000000	2.00

资料来源：Google。

二、风险投资与北京互联网企业发展

从十几年前的门户网站，到如今的电子商务，风险投资几乎伴随着中国互联网行业发展一路走来,为互联网行业快速增长提供了充裕资本。可以说,没有风险投资支持与推动,我们就很难看到今日中国互联网行业的盛况。北京是中国的政治、经济、文化、科技、体育等发展中心,拥有丰富的创新型人才资源。过去十多年,在北京经济发展与产业结构调整过程中,以互联网为代表的创新产业在风险投资的推动下取得快速发展,互联网在某种程度上已经成为北京经济、社会与文化发展的一个标志性产业。在国内互联网行业,所有已经上市的互联网企业无不经历着一轮或者多轮风险投资基金的融资。搜狐、百度、优酷等总部位于北京的互联网企业在各自细分市场取得了相当突出的成就。透过对这些公司的分析,我们可以清晰的看到风险投资对互联网企业发展的决定性价值。

(一)搜狐(sohu.com)

搜狐网(sohu.com)的前身——爱特信公司成立于 1996 年 8 月,当年 11 月,美国麻省理工学院(Massachusetts Institute of Technology, MIT)媒体实验室主任尼葛洛庞帝(Nicholas Negroponte)教授和 MIT 斯隆商学院(MIT Sloan School of Management)教授爱德华·罗伯特(Edward B. Roberts)的向爱特信公司提供了 22 万美元风险投资。1998 年 2 月 25 日,公司正式更名为搜狐。

谈到投资搜狐,爱德华·罗伯特指出[1]:

在 1996 年给搜狐公司前身爱特信公司投资的时候,中国的互联网发展几乎还是一片空白,但作为一个西方人,我依然毫不怀疑互联网作为新经济所蕴涵的巨大爆发力。搜狐公司在后来几年的成功发展,中国市场所发生的前所未有的变化,证明了中国互联网良好的发展趋势。尽管目前整个国际大环境错综复杂,投资界对中国概念缺乏充分了解而心存疑虑,但是我坚信在中国,这个创造了一个伟大国度和灿烂文明的地方,依然能成就互联网新的奇迹。

1999 年 4 月,搜狐公司接受英特尔公司、道琼斯、晨兴公司、IDG 等机构第二轮风险投资,于 2000 年 7 月 12 日在美国纳斯达克上市(NASDAQ:SOHU),当年被美国《福布斯》(Forbes)杂志评为"全球最佳 300 名上市小公司之一"。2004 年 9 月,搜狐公司正式入驻中关村清华科技园,成为北京互联网产业中的标志性企业之一。

经过十多年发展,搜狐公司已成为中国最具影响力的新媒体、电子商务、通信及移动增值服务公司之一,是 2008 年北京奥运会赞助商。作为中文世界最大的网络资产,搜狐门户矩阵包括中国最领先的门户网站 sohu.com、华人最大的青年社区 ChinaRen.com、中国最大的网络游戏信息和社区网站 17173.com、北京最具影响力的

---

① 引自:http://corp.sohu.com/20001013/n254836915.shtml。

房地产网站 focus. cn、国内领先的手机 WAP 门户 goodfeel. com. cn、具有最领先技术的搜索搜狗 sogou. com、国内领先的地图服务网站图行天下 go2map. com 七大网站,总计日浏览量 2.5 亿。2010 年,搜狐公司总收入达到 6.128 亿美元,净利润为 1.643 亿美元。

(二)百度(baidu. com)

2000 年 1 月,李彦宏与徐勇在北京中关村创建百度,公司名称取自宋朝词人辛弃疾《青玉案》:"众里寻他千百度",致力于向人们提供"简单、可依赖"的信息获取方式。

李彦宏的创业计划得到了两家投资机构——半岛基金(Peninsula Capital) 和 Integrity Partners 的支持,二者各自出资 60 万美元,获得公司 25% 股份。百度在 2000 年 6 月推出中文搜索引擎,它模仿美国 Inktomi 公司的商业模式,向门户网站提供搜索技术服务。一些大型中文门户网站,如搜狐、新浪、263、TOM 等,在 6 个月内陆续成为百度的客户。到 2002 年,百度向超过 80% 的中文门户网站提供搜索引擎技术服务。百度在 2005 年 8 月登陆美国纳斯达克,上市首日股价涨幅达 354% 。

从最初的不足 10 人发展至今,百度员工人数已超过 12000 人。百度目前已成为中国最受欢迎、影响力最大的中文网站和中国最具价值的品牌之一,英国《金融时报》将百度列为"中国十大世界级品牌",成为这个榜单中最年轻的一家公司,也是唯一一家互联网公司。2010 年,百度公司收入达到 79.15 亿元,净利润 35.25 亿元。

(三)优酷网(youku. com)

2005 年 11 月,搜狐公司总裁兼首席运营官古永锵辞职,创办合一网络。2006 年 6 月 21 日,合一网络宣布优酷网(YOUKU.com)公测开始,定位为用户视频分享服务平台,古永锵担任优酷网 CEO 兼总裁。2010 年北京时间 12 月 8 日,优酷网(www. youku. com)正式在纽交所挂牌上市,股票代码 YOKU,发行价为 12.8 美元,共发行 1584.77 万股美国存托股票(ADS),此次 IPO 共计募集资金约 2.03 亿美元。优酷网成为全球首家在美独立上市的视频网站。

招股说明书显示,上市前优酷网共完成 6 轮融资,融资规模达 1.6 亿美元。主要股东包括贝恩资本集团旗下的 Brookside Capital LLC、硅谷 VC 公司 Sutter Hill Ventures、Farallon Capital 和中国本土基金 Chengwei Ventures (成为基金) 以及 Maverick Capital 等,各轮融资情况如下:

2005 年 11 月进行第一轮融资,获成为基金和 Farallon Funds 共计 381.8 万美元投资;

2007 年 1 月和 7 月进行第二轮融资,获成为基金、Farallon Funds 和 Sutter Hill Funds 共计 1205 万美元投资;

2007 年 11 月进行第三轮融资,获成为基金、Farallon Funds、Sutter Hill Funds 和 Brookside 共计 2505 万美元投资;

2008 年 6 月进行第四轮融资,获成为基金、Farallon Funds、Maverick Funds、Sutter Hill Funds、VLLIV、VLLV 和 Brookside 共计 3000 万美元投资;

2009 年 11 月进行第五轮融资,获成为基金、Maverick Fund、Sutter Hill Funds 和 Brookside 共计 4005 万美元投资;

2010 年 9 月进行第六轮融资,获成为基金、Farallon Funds 等共计 5000 万美元投资。

招股书还显示,优酷网在多轮融资情况下,管理层仍然是大股东,持股比例达到 52.37%。其中,优酷网创始人兼 CEO 古永锵拥有普通股股数约为 6.45 亿股,占比 41.48%。[1]

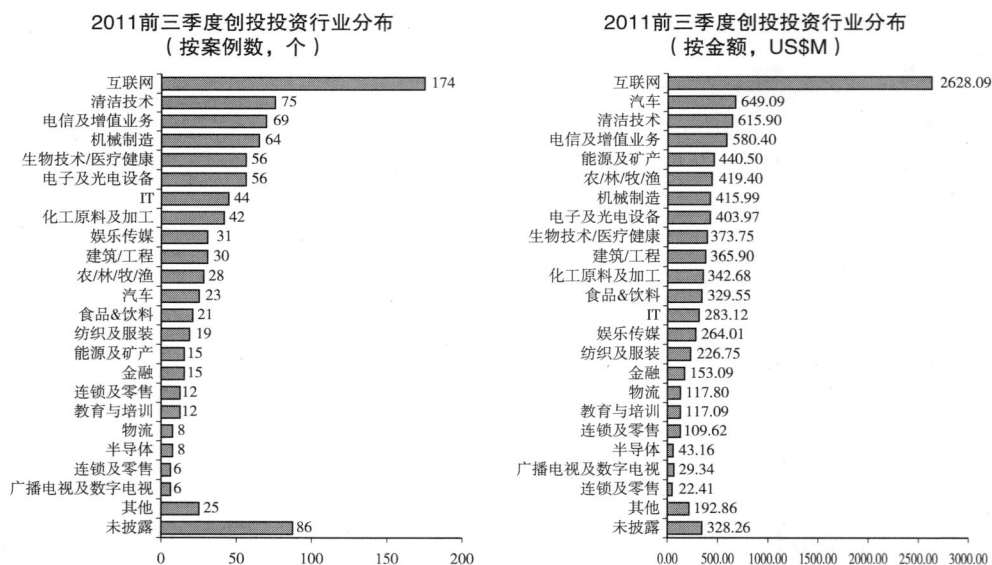

2011前三季度创投投资行业分布（按案例数，个）

行业	案例数
互联网	174
清洁技术	75
电信及增值业务	69
机械制造	64
生物技术/医疗健康	56
电子及光电设备	56
IT	44
化工原料及加工	42
娱乐传媒	31
建筑/工程	30
农/林/牧/渔	28
汽车	23
食品&饮料	21
纺织及服装	19
能源及矿产	15
金融	15
连锁及零售	12
教育与培训	12
物流	8
半导体	8
连锁及零售	6
广播电视及数字电视	6
其他	25
未披露	86

2011前三季度创投投资行业分布（按金额，US$M）

行业	金额
互联网	2628.09
汽车	649.09
清洁技术	615.90
电信及增值业务	580.40
能源及矿产	440.50
农/林/牧/渔	419.40
机械制造	415.99
电子及光电设备	403.97
生物技术/医疗健康	373.73
建筑/工程	365.90
化工原料及加工	342.68
食品&饮料	329.55
IT	283.12
娱乐传媒	264.01
纺织及服装	226.75
金融	153.09
物流	117.80
教育与培训	117.09
连锁及零售	109.62
半导体	43.16
广播电视及数字电视	29.34
连锁及零售	22.41
其他	192.86
未披露	328.26

图 4-12　2011 年前三季度,互联网仍是创业投资重点领域

数据来源:《中国创投暨私募股权投资市场 2011 年前三季度数据回顾》,清科研究中心。

---

[1]　此段转引自:投资界网站 http://pe.pedaily.cn/201012/20101209202109.html。

2011前三季度创投投资地域分布
（按案例数，个）

地区	数值
北京	230
江苏	109
深圳	100
上海	72
广东（除深圳）	60
浙江	37
山东	25
福建	25
四川	21
湖南	21
湖北	21

2011前三季度创投投资地域分布
（按金额，US$M）

地区	数值
北京	3020
上海	1,118
江苏	877
深圳	801
广东（除深圳）	655
未披露	324
浙江	297
山东	259
内蒙古	259
福建	235
江西	160

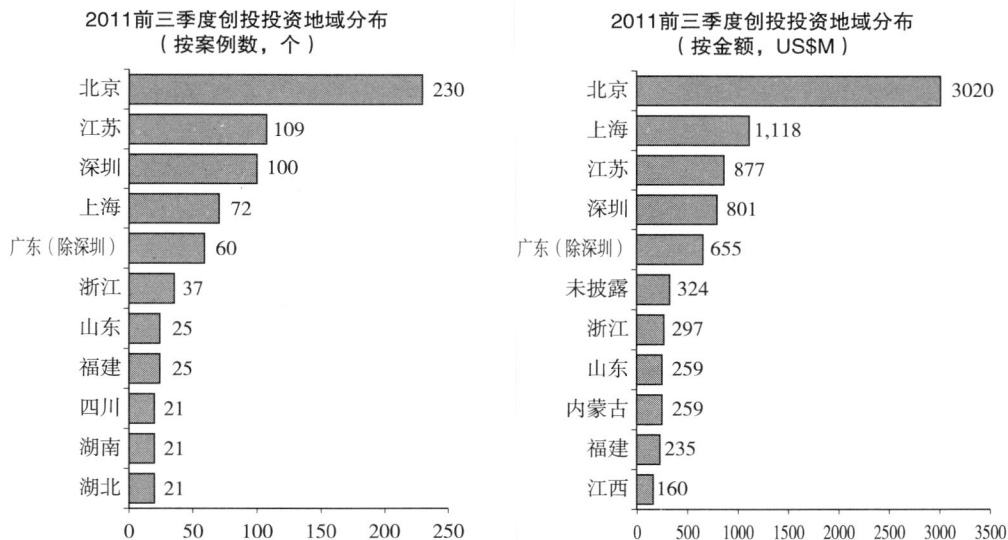

图4-13 2011年前三季度,北京市是创业投资的重点地区

数据来源:《中国创投暨私募股权投资市场2011年前三季度数据回顾》,清科研究中心。

三、政策建言

北京是中国的政治、经济、文化、科技、体育等发展中心,拥有丰富的创新型人才资源。过去十多年,在北京经济发展与产业结构调整过程中,以互联网为代表的创新产业在风险投资的推动下取得快速发展,互联网在某种程度上已经成为北京经济、社会与文化发展的一个标志性产业。未来,随着中国经济转型、文化体质改革及北京市社会经济等事业发展目标的推进,如何用好、管好风险投资行业,进一步推动互联网经济发展,是特别值得关注的领域。

(一)趋势判断

1. 中国正处于产业升级的关键时期

随着中国经济持续增长后所带来的制造成本攀升,传统经济增长模式日益受到全球化挑战。加快产业升级、快速推进经济转型是未来5—10年中国经济和社会发展的核心任务之一。从方向看,科技创新、管理创新、经营模式创新等一系列创新举措,是推动中国经济转型的核心思维,而利用网络技术促进各项创新举措的实现,已成为被实践证明可行的方法和手段。

2. 大量的科技成果等待转化

尽管中国科技水平总体不高，人均专利申请数量在世界各国居于中下游，但中国每年仍有大量科技成果问世。目前，中国科技成果推广率长期徘徊在 20% —25% 之间。在科技转化上，国外科技转化费用比例是研究费用为 1，开发费用为 10，正常商品化费用则要 100，而中国大概是 10∶5∶100，可见缺少资金是中国科技成果转化率较低主要原因。

3. 政府对风险投资的认识趋同

在知识经济时代，各国政府的经济战略均将创新提升到全新的高度，重视知识密集科技含量高的新兴产业的发展，把技术进步及市场转化作为推动经济持续发展的关键因素。

4. 政府推动风险投资业发展的战略基础

（1）国家经济环境趋好。我国经济整体发展平稳，国内市场环境良好，投资环境也得到了大幅度的改善。（2）大量人才回国，为风险投资事业发展打下基础。回国人才许多是在国外的大公司或风险企业中工作，他们或是带着技术回国创业，引来国外的投资，或是拥有经验来管理国内的风险投资项目。（3）金融市场条件改善。2009 年推出的二板市场为中小企业和风险投资企业的融资和退出提供了金融市场条件，这将是风险投资发展的重要条件。（4）巨大的民间资金。中国居民的储蓄率全世界最高，但储蓄不能满足储户对个人资产增值的迫切需求。这些储蓄资金有寻找项目投入增值的需求。投资理念较为成熟的个人有较为强烈的意愿投资于高科技产业，因此民间资金为风险基金提供了充足的资金来源。

（二）政府推动风险投资行业发展的思路和方法

1. 明确目标和任务，提出北京市风险投资业发展的战略计划

在紧密结合国家五年经济和社会发展规划和北京市地方发展规划的基础上，遵循风险投资的发展规律，依据创新战略，可由政府牵头制定北京市风险投资整体规划，以从制度层面在未来几年对符合规划的风险投资给予各种政策上的优惠和相应的创业硬件条件。

2. 提供硬件和适度强制规划

风险投资的硬件如创新园区，配套支持的服务设施及创新环境，都需要政府出来进行科学规划。日本在这方面有过失败的教训，筑波科技城的失败在于配套的硬件不足，导致其投入远未达到预期效果。围绕北京市的高等教育资源及中关村、上地等地区业已成型的高科技产业集群效应，北京市可系统了解、学习甚至效仿美国硅谷的发展模式和管理模式，建立起一整套有利于促进风险投资与创新、创业相结合的新经

济发展模式。建立有利于促进风险投资活跃发展的科技园是一个可行的方向,与传统模式下的科技园不同,风险投资科技园并不易在全国铺开,而北京可以凭借综合优势成为国内试点城市。在政府充分评估和规划后,由政府统一规划,在风险投资创新园区内重点发展产业升级类、科技创新类、互联网类企业。

3. 政府参与与市场运作相结合

政府参与启动重点领域的风险投资,同时应当在风险投资项目启动并正常运转的前提下,弱化政府在项目中的作用,向市场运作方式转变。在这方面,以色列不乏成功的经验。以色列通过政府拨款设立风险投资基金,并采用合伙人模式组建和运作,政府持股40%,私人持股60%,在私人投资者的项目运作过程中,政府不干涉具体的事务。项目运作成功,6年后政府把投入的基金以原价出让给其他基金投资者,如果失败,政府和投资者共同承担损失。在北京,风险资本也可以用这种私募方式,以地方政府和现有的风险投资公司作为发起人,提供少量的种子基金,企业、商业银行、保险公司、证券公司、企业、个人和海外资金入股。发起人持股,但不控股。

在政府基金主导的中国风险投资行业发展的过程中,应当从制度上(如税收,产权保护、交易等方面)、社会舆论上对创新人才给予肯定并大力宣传,让超级大脑在风险投资活动中树立整个社会的新型知识创富模式导向,给社会特别是知识青年提供个人努力的方向和教育的培养方向,这将对整个国家经济发展产生非常深远的影响。

4. 设立特别资金,鼓励大学参与风险投资

北京拥有国内最为丰富的教育资源,因此拥有了最为活跃的风险投资创业沃土。未来,北京市政府及教育主管机构可从以下几个层面推动风险投资与知识的紧密结合,促进创新型企业的诞生和社会整体创新意识的培养。

第一,在大学中设置风险投资课程,对大学生进行早期的风险意识、创新意识和冒险精神的培养。在大学实施鼓励创新的奖学助学计划,鼓励交叉学科互修学分,对高年级的学生可以实行以项目或技术换取创业资金的计划。对研究国家急需领域的学生给予奖学金、深造和创业或就业等多方位的优惠倾斜。对在急需技术或国际重点科技领域进行创业的学生或研究人员,创业期间的学业可以采取"休克"法。对于能够提交完整技术设计流程或类似计划的学生或科研人员,采用风险投资分阶段投入的方式进行项目资助,每一阶段进行验收评定,决定下一期的资助计划。

第二,鼓励产学研的紧密结合。可以采取政府牵线或撮合的方式,对产学研在创新中的责任和利益关系制定政策进行有效的有法律依据的制度安排。加强立法进度,争取在法律框架内保障风险投资的健康持续发展,同时对基础性创新研究采用风险投资方式进行支持,使科研人员在实验室里直接参与风险创新活动,对创新的成果

可以进行深度的风险投资技术转化,把风险投资的环节放大,把研发的成长空间放大。

5. 培养天使基金市场

在我国发展风险投资的过程中,不能回避市场的多样性对风险基金的不同需求,既要有正规的风险投资公司作为国家风险投资业的主力军,同时不能打压和抑制民间天使资金的风险融资渠道。天使基金是风险投资融资的一个有力的补充,可以为整个社会企业投资人和民间投资者提供资本增值的机会,能够把社会上闲散资金整合起来形成资本规模效应。天使基金可以解决中小企业尤其是种子公司在初创期无法得到风险投资融资的问题,它是正式募集风险资本的有效补充。今年,温州等地民间借贷出现的资金链紧张等问题,实际上可以通过金融创新加以正确的引导,国家在政策法规和相应行业管理上,给予适当的支持和引导,使一些好的风险投资项目,在天使基金的支持下能够成功地渡过其最易夭折的初创阶段。未来,北京市可以针对其要扶植的产业,给以适当的政策性引导,让民间的资金,以天使资金的形式进入到产业升级、产业创新的整个经济战略的实践中来。

2011 年北京互联网行业投融资发展研究

高晓虎①

摘　要：全文分析了当前中国风险投资业投融资状况，包括发展特点、市场现状、发展趋势以及 2011 年下半年风险投资行业的投融资回落等。在此基础上进一步分析了北京市互联网行业的投融资现状与发展情况，特别是对北京地区天使投融资崛起现象。结合数据分析，对 2012 年北京互联网行业投资的投资趋势进行了展望。

关键词：互联网　投融资　北京

2011 年，从上半年投融资市场的火暴到 9 月、10 月的遇冷，中国风险投资市场经历了一个从高潮到回落的过程。其中，互联网投资仍然占据了风险投资业最大的投资份额，体现出了新经济的诱人魅力。而北京互联网行业对风险投资的吸引力位居全国之冠。

北京市互联网产业风险投资的良性持续发展，其背后的原因是多方面的：一方面，北京市经济的持续增长给投资者带来了坚定的信心；另一方面，北京高科技领域良好的发展环境也为高科技企业提供了良好的发展土壤。风险投资的大量涌入，为北京科技产业升级、发展方式进步留下了诸多有益的东西。

一、行业综述

2011 年，世界金融环境延续复杂的发展态势，全球通货膨胀压力持续加大，欧债危机导致全球金融市场动荡加剧，后金融危机时期面临多重考验。但可喜的是，中国经济依然保持平稳增长，互联网用户消费力持续增长。

---

①　高晓虎，创新工场资深投资经理。

在此背景之下,中国风险投资业投融资状况非常乐观:募资方面,仅2011年上半年,中外风险投资机构就新募基金73支,新增可投资于中国大陆的资本量为81.03亿美元;对比2010年,中外风险投资机构全年共新募基金158支,新增可投资于中国大陆的资本量为111.69亿美元。2011年的状况无疑超过了2010年,同比上涨18.9%。募资总量的快速上涨主要受益于几支规模较大基金完成募集,上半年1亿美金及以上的基金共有20支。例如金沙江风险投资(GSR)、经纬风险投资(Matrix)都获得了超过5亿美元的二期基金认购。

其中,人民币基金迅猛增长,取代外币基金成为中国风险投资市场主流。2011年上半年,人民币新募基金共计62支,募资总量为46.68亿美元,高于外币基金。

在投资数量方面,上半年攀升的态势也非常明显,半年共发生605起投资,已披露金额的538起投资总量共计60.67亿美元;投资金额超越2010全年总量。2010年,中国风险投资市场共发生817起投资交易,其中披露金额的667起投资金额共计53.87亿美元。

退出方面,2011年上半年的风险投资基金汇报状况非常乐观。中国创业投资市场共发生228笔退出交易,同比涨幅达56.2%;IPO依然是最为主要的退出方式,共有71家VC支持企业上市,涉及IPO退出交易198笔,占比86.8%。此外,另有14笔并购退出,10笔股权转让,4笔其他方式退出,1笔清算退出,以及1笔未披露退出方式。

IPO继续活跃,境内资本市场成为IPO退出"集中营",创业板效应日益突显。而2010年共发生388笔退出交易,其中331笔IPO退出交易,所占比例高达85.3%。

二、一枝独秀的北京

2011年上半年,投资行业中最引人关注的依然是互联网行业,共发生110起投资,遥遥领先于其他行业,较去年同期的64起涨幅为71.9%;获得投资金额共计15.53亿美元,同比涨幅高达396.2%。随着中国网民数量不断增加,以及电子商务领域制度和技术平台的不断完善,购物网站持续受到资本追逐,2011年上半年共有54家电子商务企业获得投资,融资金额达7.25亿美元。团购网站窝窝团在上半年获得巨资追捧,极大程度地拉高上半年投资总量。

而全国风险投资行业最火暴的地区,无疑还是北京。2011年上半年,中国大陆创业投资案例分布于29个省市,北京地区投资案例数和投资金额依然遥遥领先于其他省市,共发生148起投资,获得融资18.57亿美元,明显超过第二名上海。市场第三名深圳上半年共发生投资69起,融资金额4.78亿美元,不及北京的四分之一。

　　基金方面,北京的基金更是尽享创业板的"盛宴",而位于北京的美元基金也获得了丰厚的回报,中国企业赴美 IPO 迎来小高潮。

　　北京互联网投资火暴的原因主要有以下两方面:一方面是因为北京是风险投资极为集中的地方,VC/PE 投资多元化趋势日益明显。大量的投资机构越发重视在投资策略、内部管理、风险控制的差异化竞争,这也预示着北京 VC/PE 内部治理迈上了新的台阶。多元化的同时,北京风险投资市场新募基金也呈现几大特征:第一,风险投资基金产业化趋势明显,互联网基金、物联网基金、文化基金、新材料基金等专业化产业基金涌现;第二,有限合伙制已为风险投资基金最为主流的组织形式;第三,规模较大的人民币基金开始出现,以往人民币基金规模普遍偏小的僵局被打破;第四,北京投资行业布局紧跟国家政策导向及市场热点。

　　另一方面,产业集群的原因也不可小视。互联网、生物科技和医疗健康以及清洁科技这几个热门行业有许多优秀企业聚集在北京。同时,北京也是互联网新兴企业最发达的地区。自 2008 年以后,中国互联网行业的领军企业,除外贸 B2C 行业集中在深圳、本地生活服务行业集中在上海外,其他细分领域的领军型创业企业几乎都集中在北京。例如电子商务的新龙头京东商城、凡客诚品、乐淘,移动互联网的龙头企业点心、友盟、豌豆荚,社区的龙头企业人人网、开心网、点点网等,这是北京的发展环境政策使然,这些企业在国际上也具有较强的竞争力。

　　事实上,纵观 2008 年至今北京互联网风险投资市场发展,投资数量及金额在 2009 年上半年探底后一路火速升温,呈现良好势头。近两年北京风险投资市场的基金募资额度持续走高,"资金池"加速蓄水,北京的风险投资机构都握有较为充足的资本。在资金效应下,投资总量猛增。按照风险投资基金平均投资期估算,未来的 3—5 年将是北京互联网风险投资的高峰期。

(一)最热领域:电子商务与移动互联网

　　2011 年,北京有两个最热的互联网投资领域,分别是电子商务与移动互联网。

　　其中,电子商务是 2010 年互联网电子商务投资热的延续。2010 年互联网全年共发生 125 起投资,涉及投资金额共计 7.18 亿美元。其中,52 起投资都集中在电子商务领域。2010 年电子商务投资主体更加多元化,广布于服装、消费品、珠宝、化妆品、团购等细分领域,另一方面,作为电子商务行业的"后起之秀",团购网站的融资力度也屡创新高。

　　在发展中,北京电子商务的创业投资呈现以下几个特点:

　　第一,电子商务创业投资向垂直细分化市场发展,多元化趋势明显。2011 年,北京电子商务 B2C 市场的细分领域投融资状况较为火暴:逐渐分化为 3C/家电类、出版物类、服装类、母婴类、珠宝类、礼品类等细分市场,尤以3C电子商务B2C市场发展引人注目。

第二,物流配送体系的逐渐完善提升了北京电子商务B2C服务质量。随着北京电子商务B2C市场的快速发展,用户数量及交易规模、次数持续攀升,物流配送体系成为产业发展的关键一环。2011年,北京电子商务B2C厂商通过自建物流或整体外包物流的形式,大幅度提升中国电子商务B2C的服务质量。此外,第三方物流市场的日渐成熟,保证了电子商务B2C市场的回款与产品流通体系的顺畅。另外,北京市政府通过政策扶植与监管,进一步完善物流市场的发展。

第三,总体市场发展趋势为:市场增速略有放缓,但市场竞争度加剧。奢侈品类B2C的发展是北京互联网产业与风险投资结合大发展的一个缩影。2010年中国电子商务行业的跨越式发展,使得奢侈品消费与网络购物的结合更具操作性。进入2011年,随着综合B2C及团购行业投资相继趋于饱和,在VC/PE投资领域奢侈品网站正在成为新的投资热点。根据ChinaVenture投中集团旗下数据库产品CVSource统计,奢侈品网站投资在2010年之前相对较少,且以珠宝钻石类网站为主,2010年,泛奢侈品网购行业融资规模出现爆发式增长,全年披露融资案例12起,融资1.08亿美元,远超以往数年的总和。而进入2011年仅半年时间,已披露融资案例12起,融资总额达2.83亿美元,达到历史最高水平。

这些公司大部分都在北京。今年披露案例来看,5月份唯品会获得DCM及红杉资本联合注资、2月份钻石小鸟获方源资本及联创策源注资,是目前涉及金额最大的两起投资交易,规模均达到5000万美元。此外,俏物悄语、珂兰钻石网、也买酒、彼爱钻石、聚尚网等,融资规模均在千万美元以上,平均单笔融资规模相比2010年有大幅提高。

在消费升级导向下市场总量的巨大潜能,固然是奢侈品购物网站受到投资者关注的主要因素,另一方面,综合类B2C及团购领域趋于饱和的竞争格局,也促使投资者在细分领域挖掘投资机会。由于奢侈品消费抗周期性相对较强,因此在目前通胀隐忧之下,奢侈品电商也成为投资者最为青睐的细分行业。目前,由于电商巨头品牌定位已经明晰,其涉足奢侈品网购并不具有优势。因此,在这个领域,投资者普遍相信未来会出现新的营收超百亿元的奢侈品B2C巨头,这也是在企业估值不断高企的态势下,仍不断有投资者押宝奢侈品购物网站的原因所在。

如果说货源渠道是奢侈品网站短期内的现实瓶颈,那么,优化服务则是电商企业的长期任务。相对于传统的门店销售,用户体验是奢侈品电商网站较明显的短板,奢侈品的诸多附加价值诸如实体店的购物环境、情感体验及店员服务所营造的尊贵体验,都是奢侈品电商网站难以提供的。一旦国内奢侈品市场由目前的增量需求为主转为服务需求为主,网购在消费体验层面的不足将得以凸显。目前来看,无论是提高自身与品牌商的谈判能力,还是在物流配送、网站页面设计、购物平台等方面构建更好的用户体验,都对企业的资金实力提出了更高要求。可以预见,未来北京互联网行业里风险投资对于奢侈品电商的竞争,将重走此前综合类电商的老路,通过渠道开拓、自建物流等手段实现突围,而这一路径,也预示该细分行业的风险投资也将掀起一轮"烧钱"大战。

除零售类电子商务外,本地生活服务类电子商务也在北京蓬勃发展。美国团购Groupon 网站的快速兴起引起了中国众多企业的竞相模仿。根据团 800 的估算,中国团购网站已经超过 6000 余家,其中最大的几家基本都聚集在北京。例如拉手网、美团网、窝窝团等。

团购作为一种新兴的电子商务模式,通过消费者自行组团、专业团购网站、商家组织团购等形式,提升用户与商家的议价能力,并极大程度的获得商品让利。这引起了北京风险投资市场的高度关注。但这些团购网站的发展遇到了诸多困境,主要体现在两个方面:第一,如何有效整合线下资源以为用户提供持续性的物美价廉的产品。目前,中国的团购商品由于受到线下商品提供商数量不足的影响,可选商品的多样性不足,以至影响用户的使用体验,不利于用户黏性的培养;第二,中国的市场环境竞争力度较大,毛利率低于国外市场,如何创造中国化的团购网站商业模式成为难题。

另一个受到北京风险投资行业高度关注的是移动互联网行业。

2011 年,微博、移动音乐、手机游戏、手机视频等丰富多彩的移动互联网应用迅速发展,从 2011 年上半年移动互联网细分领域投资分布情况来看,已经披露的投资案例打破了原有移动互联网投资较为集中的如无线增值服务、手机游戏等领域,而手机应用软件及服务、应用商店及相关、无线营销、移动搜索等领域均有大量投资事件发生。这在一定程度上说明,中国移动互联网的发展渐趋向平衡,各类应用不断涌现,且均具价值。

截至 2010 年 12 月中旬,2010 年中国移动互联网行业投资案例共发生 22 起,其中 16 起案例披露投资金额,总投资额为 2.07 亿美元,平均投资额为 1293 万美元。相比较 2010 年全年的移动互联网行业投资金额,一组新数据让人明显感觉到,VC 加快了步伐,最新数据显示,2011 年仅上半年,已经披露的移动互联网投资案例为 31起,其中,披露金额的投资案例为 24 起,总投资额为 3.18 亿美元。2011 年上半年,无论从投资案例数还是投资规模,中国移动互联网市场均超过 2001 年以来历年全年情况。预计 2011 年下半年,投资热潮还将持续。

随着中国移动互联网用户规模和收入规模在不断放大,越来越多的风险投资商认为,移动互联网到了爆发增长的临界点;而伴随着移动互联网产业链条的不断拉长和衍生,"更快"、"更大资金额"的投资也正随之而来。可以预见,未来移动互联网将是北京互联网投资的一个最大的热点。

(二)天使投资在北京的崛起

天使投资是风险投资的一种形式,最早起源于 19 世纪的美国,指的是企业家的第一批投资人,这些投资人在公司产品和业务成型之前就把资金投入进来,然后等待公司做大。天使投资是初创期企业的最佳融资对象。因为风险系数相对高,通常天使投资对回报的期望值很高,10 到 20 倍的回报才能够吸引他们。不同于短、频、快的投资项目,他们决定投资时,往往同时投资很多个项目,可能最终只有一两个项目获得成功,只有用这种方式,风险投资商才能分担风险。

此前,天使投资是美国早期创业和创新的主要支柱。根据美国天使投资协会的数据显示,近十年来,美国的天使投资组织发展迅速。2007 年,全美国天使投资总额为 260 亿美元,投资的创业公司总数为 57000 家,是 VC 投资的创业公司数量的 14 倍之多。2010 年全年,共有 61900 家创业企业获得了天使资本的支持。在美国,天使投资占据了风险投资总体的 40% 至 50% 的份额。美国早期的天使投资人往往是成功的创业者或前大公司高管、行业资深人士,他们往往能给创始人带来经验、判断、业界关系和后继投资者。投资后,一些天使投资家还要积极参与被投企业战略决策和战略设计;为被投企业提供咨询服务;帮助被投企业招聘管理人员;协助公关;设计退出渠道和组织企业退出等等。成功的天使投资人具有丰富的创业、投资经验,特别是创业较易成功的行业领域的经验。他们能够预期在 5 年内获得投入资本几十倍的回报。他们认为,只有投资于那些能够成为未来社会的主流发展趋势的创业项目,才能够实现投资收益的最大化。

但在中国,这一比例相对国内海量的 PE 市场还非常少。由于国内尚无对不同阶段企业分类统计的创投数据,只能大体估算国内中外创投机构对此类早期企业的投资。统计数据显示,2010 年我国对种子期和早期企业的投资占总创投资金的比例仅仅是个位数。

但 2011 年的北京,天使投资逐渐在增多,以创新工场、薛蛮子、徐小平、雷军、陈科屹等为代表的一大批天使投资人脱颖而出。这些天使投资人,大多将投资领域固定为潜力巨大、政策扶持、与经济结构转型相关的互联网、移动互联网、电子商务、云计算等行业。并针对企业的发展状态及需求,为被投企业在完善法人治理、确定竞争战略、提供资本金融服务、营销和品牌管理及其他运营管理中提供各种增值服务。其模式主要包括以下两种:

第一，个人天使投资。他们中很多人并非全职做投资，还有自己的工作，他们会遇到以下几个问题：项目来源渠道少，项目数量有限；个人资金实力有限，难以分散投资；时间有限，难以承担尽职调查等烦琐的工作；投资经验和知识缺乏等。

于是，一些天使投资人就开始组织起来，做成天使俱乐部或天使联盟，每家天使俱乐部有几十位天使投资人。俱乐部可以汇集项目来源，定期交流和评估，会员之间可以分享行业经验和投资经验。对于合适的项目，有兴趣会员可以按照各自的时间和经验，分配尽职调查工作，并可以多人联合投资。为了便于会员的交流和合作，天使俱乐部通常按照地域组织。有些天使投资俱乐部比较松散，会员只是定期开会交流新的投资项目，会员独立评估和投资；也有些天使俱乐部相对紧密，会集合成基金统一对外投资。

第二，机构化的天使投资。这种投资模式包括以下几种：

1. 孵化器形式

创业孵化器多设立在各地的科技园区，为初创的科技企业提供最基本的启动资金、便利的配套措施、廉价的办公场地、甚至人力资源服务等，同时，在企业经营层面，给予被投资的公司各种帮助。全世界最为知名的孵化器非美国硅谷的 Y Combinator 莫属，它不仅吸引了很多知名的天使投资人加入，其中孵化出的初创公司基本都是被超级天使或 VC 大力追捧和争相投资的对象。

2. 投资基金形式的天使

有些投资活跃、资金量充足的天使投资人，设立了天使投资基金，进行更为专业化运作。此外，还有一些跟 VC 形式相同、只不过基金规模和单笔投资规模更小一些的天使投资基金，这些基金的资金来源是从外部机构、企业、个人那里募集的，比如创业邦天使基金、青阳天使投资、泰山投资、联想之星创业投资等。也有人把这些运作或拥有天使基金的天使投资人称为"超级天使"，他们的典型特点是拥有规模几千万元的小型的机构型基金、单笔投资额度在数百万元、投资后会要求董事会席位、为被投资公司提供增值服务、可能跟 A 轮 VC 联合投资、通常是领投。如北京中关村的创新工场，是国内第一家机构化的早期风险投资企业。2010 年到 2011 年，创新工场共删选北京约 2000 多个提交项目，挑选出 34 个项目进行投资孵化，投资了 2.5 亿人民币，吸引其他 VC 投入 5 亿人民币，企业价值 30 亿人民币。

3. 平台基金形式的天使

这一类的代表包括联想之星投资、新浪微博基金、腾讯产业发展基金等大公司衍生的投资基金部门。他们利用越来越多的应用终端和平台开始对外部开放接口，使得很多创业团队和创业公司可以基于这些应用平台进行创业。这些平台为了吸引更多的创业者在其平台上开发产品，提升其平台的价值，设立了平台型投资资金，对在其平台上有潜力的创业公司进行投资。这些平台基金不但可以给予创业公司资金上的支持,而且可以给他们带去平台上丰富的资源。

目前在北京,天使投资作为一种在中国还很少见的投融资方式,已经来到了北京的企业身边,帮助企业成长并获得丰厚的经济回报。

三、2011 年下半年风险投资行业的投融资回落

2011 年上半年,持续高涨的募资规模为后期投资竞争压力大埋下了伏笔。与创投业带来的提高资金配置与投资效率、提高企业竞争力和改善产业结构相对比,一些潜在的暗礁也随之形成。上半年里,创投公司积累了大量资金,但投资速度慢于资金汇集速度的状况非常明显,被投企业估值普遍较高,溢价现象严重。此外,风险投资还面临着诸多其他问题,例如多层次资本市场建设还不够完善、创业板"三高"的现象严重、投资行为过于短期化、缺乏专业人才和成熟的有限合伙人等。

至 2011 年下半年,随着海外二级市场和国内 A 股市场的沉寂,投融资的热潮开始出现回落。

这一状况在团购行业上体现得尤为明显。此前 Groupon 主要盈利来源于中介费用及广告,而中国团购网站处于发展初期,商品品类匮乏及产品新颖度不足影响用户选择,导致网站人气不足,即无法形成规模中介费用也影响依靠广告获得营收。此外,高额的网站营销费用是新兴团购网站"烧钱"的主要方向,使得一些网站入不敷出而被市场淘汰。而随着融资环境的恶化,目前的 6000 余家团购网站有越来越多的公司陆续出现资金链问题。

就在 Groupon 在北京的分公司高朋网大规模裁员之后不久,包括拉手、窝窝团、团宝、24 券等国内主要团购网站已开始了新一波的裁员。某不愿透露姓名的业内人士称,国内排名前十的团购网站,半数以上都在裁员。而根据国内最大的购物搜索网站—淘网最新公布的数据则显示,今年 9 月份至少超过 400 家团购网站或已倒闭。显然,中国团购网站现阶段处于盲目的快速增长期,在商业模式、市场运作等方面的战略都尚未清晰,必然经历产业发展的阵痛。而风险投资行业的许多不成熟的投资者,为此付出了一定的代价。

四、2012 年北京互联网风险投资行业趋势展望

2012 年,随着投融资市场的整体回落,预计国内的互联网风险投资将在 2012 年年初出现一波低潮。但这并不意味着市场的沉寂。相反,风险投资行业会以更好的

热情来针对北京互联网行业进行更强大的投融资。这是市场的资金面和资本市场的退出渠道日益宽广带来的,将对北京的科技产业发展产生积极的促进作用。

展望2012年,北京互联网行业投资有如下几个投资趋势:

1. 移动互联网将涌现更多基于 iOS 和 Android 的优秀产品,它们将成为风险投资商关注的对象

在消费计算设备和应用平台领域,iOS 和 Android 设备已经在中国拥有了接近5000万的保有量。这两大平台都将吸引大量用户和开发者,而对于专注移动应用和服务的创业企业而言,未来将吸引到诸多风险投资商的目光。

2. 风险投资商将更加关注用户体验和产品设计

随着苹果公司的成功,设计已经逐渐成为创业企业的一项重要技巧,甚至可以说,苹果的成功很大程度上得益于设计。苹果一直秉承的简洁理念也已经成为众多互联网创业企业的首选方向。最值得注意的例子就是 2009 年被美国软件开发商 Intuit 收购的在线理财网站 Mint。与苹果公司一样,Mint 团队一直都在很看重设计和用户体验,很多业内人士也认为,Mint 之所以能成功,很大程度上得益于独特的设计。预计这种设计趋势今后还将延续甚至加速,因此风险投资家应该寻找正在增长而且看重设计和用户界面的企业。

3. 电子商务和团购行业的投融资将有明显回落

作为资金密集型的电子商务行业和团购行业,由于资金面供给的不足和市场竞争度的大幅度提高,许多没有竞争力的创业企业将面临风险投资行业的冷遇。

4. 天使投资将蔚然成风

在国内,将有越来越多曾受益于天使投资和风险投资的企业家,在其企业上市或出售之后,手持大量资金,以天使投资人的身份再次投身于创业领域,扶持在他们眼中富有潜在价值的初创期甚至是种子期的企业。但相对于创业者的数量,天使投资人的数量还是太少,大量的创业公司找不到天使投资。天使投资的发展,在中国还很漫长。经济要发展,必须要有活力,而经济活力依赖于科技创新,科技创新又依赖于权益投资,尤其是天使投资。在这方面,北京已经走到了全国前列。

第五部分　案例分析

Part V　Case Study

百度公司发展模式分析

司　思

一、百度——中文搜索引擎的市场领先者

百度,全球最大的中文搜索引擎、最大的中文网站。1999 年年底,身在美国硅谷的李彦宏看到了中国互联网及中文搜索引擎服务的巨大发展潜力,怀着技术改变世界的梦想,毅然辞掉硅谷的高薪工作,携搜索引擎专利技术,于 2000 年 1 月 1 日在北京中关村创建了百度公司。从最初的不足 10 人发展至今,员工人数超过 12000 人。如今的百度,已成为中国最受欢迎、影响力最大、点击率最高的中文网站之一。

百度拥有数千名研发工程师,这是中国乃至全球皆堪称优秀的技术团队,这支队伍掌握着世界上领先搜索引擎技术,使百度成长为中国掌握世界尖端核心技术的中国高科技企业,也使中国成为美国、俄罗斯、和韩国之外,全球仅有的 4 个拥有搜索引擎核心技术的国家之一。

从创立之初,百度便将"让人们最便捷地获取信息,找到所求"作为自己的使命,成立以来,百度秉承"以用户为导向"的理念,不断坚持技术创新,致力于为用户提供"简单,可依赖"的互联网搜索产品及服务,其中包括:以网络搜索为主的功能性搜索,以贴吧为主的社区搜索,针对各区域、行业所需的垂直搜索,Mp3 搜索,以及门户频道、IM 等,全面覆盖了中文网络世界所有的搜索需求,根据第三方权威数据,百度在中国的搜索份额接近 80%。

在面对用户的搜索产品不断丰富的同时,百度还创新性地推出了基于搜索的营销推广服务,并成为受企业青睐的互联网营销推广平台。目前,中国已有数十万家企业使用了百度的搜索推广服务,不断提升企业自身的品牌及运营效率。通过持续的商业模式创新,百度正进一步带动整个互联网行业和中小企业的经济增长,推动社会经济的发展和转型。

为推动中国数百万中小网站的发展,百度借助超大流量的平台优势,联合所有优

质的各类网站,建立了世界上最大的网络联盟,使各类企业的搜索推广、品牌营销的价值、覆盖面均大幅度提升。与此同时,各网站也在联盟大家庭的互助下,获得生存与发展的机会。

作为国内的一家知名互联网企业,百度也一直秉承"弥合信息鸿沟,共享知识社会"的责任理念,坚持履行企业公民的社会责任。成立来,百度利用自身优势积极投身公益事业,先后投入巨大资源,为盲人、少儿、老年人群体打造专门的搜索产品,解决了特殊群体上网难问题,极大地弥合了社会信息鸿沟。此外,在加速推动中国信息化进程、净化网络环境、搜索引擎教育及提升大学生就业率等方面,百度也一直走在行业领先的地位。2011 年年初,百度还特别成立了百度基金会,围绕知识教育、环境保护、灾难救助等领域,更加系统规范地管理和践行公益事业。

2010 年 1 月,百度获评 2009 年最具责任感企业奖、2009 年北京百佳用人单位以及"2009 年度影响力事件"大奖。2010 年 10 月,百度跻身《财富》"最受赞赏的中国公司";2010 年 12 月,百度连续三年蝉联民政部"中国优秀企业公民"称号。而如今,百度已经成为中国最具价值的品牌之一,英国《金融时报》将百度列为"中国十大世界级品牌",成为这个榜单中最年轻的一家公司,也是唯一一家互联网公司。而"亚洲最受尊敬企业"、"全球最具创新力企业"、"中国互联网力量之星"等一系列荣誉称号的获得,也无一不向外界展示着百度成立数年来的成就。

多年来,百度董事长李彦宏率领百度员工所形成的"简单可依赖"的核心文化,深深地植根于百度。这是一个充满朝气、求实坦诚的公司,以搜索改变生活,推动人类的文明与进步,促进中国经济的发展为己任,正朝着更为远大的目标而迈进。

1. 百度成长史

自计算机诞生以来,计算机软硬件不断加速升级,网络应用模式也越来越得到人们的重视,其中巨大的发展潜力与利润价值吸引着网络公司不断推陈出新,于 1998 年成立的 Google 搜索引擎让人看到了其中隐含的巨大价值,联想到日益成长的中国互联网环境,搜索引擎在中国这个巨大市场必将发光发亮。1999 年年底,身在美国硅谷的李彦宏看到了中国互联网及中文搜索引擎服务的巨大发展潜力,他辞掉硅谷的高薪工作,回到自己的祖国,着手建立属于中国本土的网络搜索引擎。如今,在全球互联网飞速发展的时代,搜索引擎给社会生活带来的影响有目共睹,几乎每个网民的网络行为都或多或少的与搜索引擎有所关联。成立之初,在北京大学旁的一个叫做资源宾馆的地方,仅仅是在两个租用的宾馆房间内,百度成立了。百度最初成立之时只有 8 个人,以及两间宾馆住宿房间改造的办公室。最初加盟百度的是一个北京大学计算机系的一位副教授,而后则成为了百度公司的技术副总裁,在当时中国的大环境,能加入这样一个小小的网络公司,不但显现出了足够的高瞻远瞩,更有一股胆识与魄力在其中。随后百度陆续招聘的员工大多都是北大、清华、中科院的研究生，做产品计划，专注于中文的搜索引擎技术。2002 年，百度从萌芽阶段的北大资源宾馆搬到了北四环边上的海泰大厦，2004 年 4 月 19 日，百度再次回归素有"中国硅谷"美誉的中关村高新产业开发区，进驻众多知名外企盘踞的中关村理想国际大厦。从最初的 20 多人到现在的 200 多人，这支战斗力旺盛的搜索军队，在中关村缔造了高成长的企业传奇。2007 年 1 月份百度签得北京市海淀区上地科技园区最后一块空地使用权，宣布将修建"百度大厦"作为百度总部。2009 年 11 月 17 日，随着百度大厦的落成，百度员工正式入驻百度大厦，气势磅礴地矗立在科技园标志着百度的辉煌。任谁都不会相信一个两人成立的小公司，八人在两个小小的宾馆房间研发的搜索引擎，会在当今互联网公司群雄逐鹿的市场上存活，更别提以后的发展壮大了，然而就是这样的百度，就在一个小小的房间里，怀抱着技术改变世界的梦想，一群有着技术有着梦想的人，创造了属于中国自己的网络神话，从资源宾馆到海泰国际，再从海泰国际到理想国际大厦，再到如今的百度大厦，每一次的"搬家"都记录着百度的成长历程，同时也记录着中国网络搜索引擎的发展历程，百度就这样一步一个脚印地谱写着中文搜索引擎的发展之路。

2. 丰富的内涵

输入百度地址，它不像其他门户网站主页面一样充满了各式各样的广告内容，也没有给予客户令人眼花缭乱的页面导航，只是在百度页面的中心位置，在一个百度 LOGO 下提供给用户简洁的页面分类标签以及一个搜索框，从整体布局上看来，搜索框占据了页面中心最主要的地方，也表明了百度这样的一个技术公司主要目标以及战略重点就是坚持给客户提供最便捷的中文搜索引擎，整个页面变化最多的就属搜索框上的百度 LOGO 了，它会根据每一个节日或者值得纪念的日子而发生改变，不论是中秋节，还是国庆日，甚至是大学生运动会，百度 LOGO 也会顺应近日的生活主题而改变，这让用户看到了一个注重用户、关心人文内涵的百度，一个有情感有思想的搜索引擎，而不仅仅是一个提供搜索的冰冷冷的页面。更为难能可贵的是，直到现在百度也依然保持着这种简洁干净的页面风格，绝对不会在主页面上添加多余的广告，只提供最为便捷有效的中文搜索引擎，在其背后，百度把自身的更新换代深深地植入在更多的下拉菜单中，在简洁的主页面后，其实也隐藏着一批不断充实、不断发展着的网络应用。

2002 年 11 月，百度搜索一统中文门户巨头发布 mp3 搜索（mp3. baidu. com）。百度 MP3 是一个搜索引擎，主要提供用户搜索歌曲，是全球最大的中文 MP3 搜索引擎。在百度 MP3，用户可以便捷地找到最新、最热的歌曲，更有丰富、权威的音乐排行榜，指引华语音乐的流行方向。而音乐掌门人则是一个强大的音乐分享平台，用户可以发布个性专辑,分享自己喜爱的歌曲等。2003 年 7 月,发布图片搜索(image. baidu. com)、新闻搜索(news. baidu. com),巩固了中文第一搜索引擎的行业地位。2003 年 10 月,推出"百度贴吧"(tieba. baidu. com),搜索引擎步入社区化时代。2005 年 6 月,推出"百度知道"(zhidao. baidu. com)。"百度知道",是用户具有针对性地提出问题,通过积分奖励机制发动其他用户,来解决该问题的搜索模式。同时,这些问题的答案又会进一步作为搜索结果,提供给其他有类似疑问的用户,达到分享知识的效果。在视频网站日益火暴的时代,未来视频网站必将占据网络世界的一席之地。2010 年 1 月 6 日,百度宣布,正式组建独立网络视频公司。2010 年 2 月 24 日,百度宣布,奇艺网获得美国私募股权投资公司普罗维登斯资本 5000 万美元投资,公司由百度控股。投资人力邀多次互联网创业成功的龚宇博士担纲领衔。奇艺网今年 3 月 29 日宣布测试版上线。2010 年 4 月 22 日,上午 11 点"奇艺网"正式上线奇艺严格执行国家政策规定,在坚持正确舆论导向的前提下,通过开辟电视剧、电影、纪录片、卡通、音乐、综艺等频道,提供丰富多彩的正版视频节目来满足用户日益增长的需求,不断丰富用户的精神文化生活。时至今日,百度围绕着中文搜索引擎,建立起一个庞大而实用的应用体系,包括百度新闻、百度贴吧、百度知道、百度地图等不同的板块,满足用户不断发展的网络应用需求。

二、完善中的创新型经营模式

作为一家综合性搜索引擎企业,竞价排名模式是百度最为经典的经营模式。百度竞价排名是把企业的产品、服务等以关键词的形式在百度搜索引擎平台上进行推广,它是一种按效果付费的新型而成熟的搜索引擎服务。用少量的投入就可以给企业带来大量潜在客户,有效提升企业销售额。竞价排名是一种按效果付费的网络推广方式,由百度在国内率先推出。企业在购买该项服务后,通过注册一定数量的关键词,其推广信息就会率先出现在网民相应的搜索结果中。如企业在百度注册"电气设备"这个关键词,当消费者寻找"电气设备"的信息时,企业就会优先被找到,并且百度按照给企业带去的潜在客户访问数收费。从这里我们看出,百度的盈利目标是企业而非用户,所以百度能为用户提供良好的搜索环境,一个整洁到几乎没有广告的主页面以及不断推陈出新的应用板块,这一切表明百度在不断改善用户的上网环境,吸引更多的用户群体,才能在企业客户中产生更大的商业价值。因为越多的用户表明越多人关注,越多人关注的企业自然商业价值也就越大。由于百度这样的一个最大的中文搜索引擎提供商,网络用户在百度搜索的同时,百度自身也在进行用户数据统计,而统计的数据又是以每一个 IP 地址为单位的每一次成功搜索,这样每一个企业在百度中得到的用户点击率也很明显的呈现出来,这不仅有利于掌握企业的市场效益,同时也是该企业商业利益的一个评价标准,为竞价排行的提供一个收费的基础。

百度竞价排名的最大特点首先为百度是全球最大的中文网络营销平台,覆盖面广,经济效益巨大;其次则是按效果付费,获得新客户平均成本低,企业可以灵活控制推广力度以及资金的投入,还有就是企业的推广信息只出现在真正感兴趣的潜在客户面前,针对性强,更容易实现销售;再次企业可以同时免费注册多个关键词,数量没有限制,使得企业的每一种产品都有机会被潜在客户找到,支持企业全线产品推广;最后百度提供全程的贴心服务,百度拥有业界最大的网络营销服务中心,覆盖全国,为企业全程提供增值服务,全面保证网络营销的使用效果。当然,竞价排名这种盈利模式所带来的并非都是益处,竞价排名也产生了一些负面的效应。比如说竞价排名似乎无视了企业间公平竞争原则,还有由于竞价排名而产生的网络虚假信息所带来的影响。当然百度公司董事长兼首席执行官李彦宏曾经表示,百度竞价排名也绝对不会是谁给的钱多就会排在第一,百度的竞价排名会遵照搜索行业内的相关原则进行排名。同时竞价排名由于信息上的完全流通,资金投入上的灵活运用与搜索机制的针对性,不仅不会损害中小企业的利益,还有利于中小企业的发展,缓解了中小企业的经营压力。对于竞价排名所带来的负面影响,百度也一直在努力弥补这种盈利模式所带来的缺陷。

当然百度不仅仅包括了中文搜索引擎,其推广的产品也不仅限于信息搜索,作为全球最大的中文搜索引擎,百度凭借强大的网民搜索数据库,能清晰洞察网民消费意愿和消费形态,成为中国"最懂消费者"的 ROI 媒体平台。百度品牌营销,依托百度营销平台的这一独特优势,在服务客户过程中,始终以消费者为中心,为客户制定最佳的网络营销解决方案,力求使广告营销诉求直达消费者心智,从而实现营销 ROI 的最大化。多样的营销产品:品牌专区、关联广告、精准广告、社区营销、搜索推广……高效、专业的百度品牌客户营销团队,正在帮助商业伙伴做"更简单,但有效"的广告。

2005 年,百度在美国纳斯达克上市,打破首日涨幅最高等多项纪录,并成为首家进入纳斯达克成分股的中国公司,同时也代表着百度竞价排名商业模式的成功。企业通过上市融资,将获得更大的发展空间。通过数年来的市场表现,百度优异的业绩与值得依赖的回报,使之成为中国互联网企业的代表,傲然屹立于全球资本市场。

三、技术创新引领服务升级——框计算

框计算是由百度董事长兼首席执行官李彦宏在 2009 年 8 月 18 日"百度技术创

新大会"上提出的全新技术概念。用户只要在"框"中输入服务需求,系统就能明确识别这种需求,并将该需求分配给最优的内容资源或应用提供商处理,最终精准高效地返回给用户相匹配的结果。这种高度智能的互联网需求交互模式,以及"最简单、可依赖"的信息交互实现机制与过程,称之为"框计算"。

"框计算"理念的提出,革命性地完善了中国互联网科学的理论体系。"框计算"所包含的各种创新技术与模式理念,使得中国信息产业在自主创新的道路上取得突破性进展,并将带动整个 IT 产业的技术进步。"框计算"和"云计算"代表两种不同的学派。云计算强调后台资源的整合,为客户提供低成本的 IT 基础设施的配置;而框计算则强调前端用户需求的研究和响应,为用户提供一站式的互联网服务。

在"框计算"应用提出之前,用户只能搜索网页信息,且只能获得"标题、摘要和结果链接"等自然搜索结果。而"框计算"应用提出之后,除了传统网页信息搜索,像词典、计算器、日历、地图、列车时刻查询、天气查询、下载、登录等通过百度框查询也都能直接获得结果。另外,游戏、视频、视听、阅读、购物、理财、杀毒等各种应用也能通过百度框在线直接体验和使用。可以说,框计算对于互联网用户的体验与应用具有革命性的提升和改善,它主要表现在:第一,对用户的"需求识别"更智能、更精准;第二,搜索结果呈现位置更佳、呈现样式更优。所以搜索体验更便捷、更高效,完美实现"即搜即得,即搜即用";第三,海量集结官方数据资源,所以搜索结果质量更高、更稳定、更可信。

与框计算平台对接后,能共享框计算平台的海量需求资源,以最简单的方式全方位满足用户的多种需求,以最快速度获得用户,实现服务和应用的最大价值。同时,与框计算对接合作,直接体现内容和应用的官方身份,防止被"山寨"、被盗版和非法下载,由此不仅可以有效地保护自身内容与应用的版权,而且还大幅度提升自身网站和应用的可信度及品牌价值。

同时,框计算也推进互联网行业良性循环的互联网生态圈与产业链。引领中国互联网用户服务模式的创新与变革真正实现"以用户需求为核心,简单可依赖"的互联网服务价值理念与模式。挖掘并整合优质互联网资源,并提升资源利用率框计算,直接挖掘并整合了分散或隐形的优质互联网内容及各种应用,实现了优质网络资源应用价值的充分最大化。推动互联网产业创新,建设良性循环的互联网产业链与生态圈由于"框"总是会把一个需求"分配"给最好的服务提供商,因此每个服务商总在绞尽脑汁,不断创新,希望比过去做得更好,比别的竞争对手做得更好。"框"实际上在源源不断推动和鼓励中国互联网优质内容建设与应用创新,加速互联网服务商的优胜劣汰,促进形成良性循环的互联网生态圈。同时也引起中国互联网经济的新一轮增长。由于框计算所提供的不断丰富的互联网内容与应用,将直接促进中国网民的数量增长及互联网使用频次的增长,从而引起中国互联网经济的下一轮增长。

框计算促使人们更多地将现实世界中的需求通过互联网来获得满足,如信息搜索、日常出行、生活娱乐、商务求职、电子商务、投资理财等,如此将大大加速传统行业向互联网转化的数字化进程;从而推动中国经济重心向互联网转移,优化产业结构,提升中国经济的科技含量与新增长。而面向服务提供方的百度开放平台旨在吸引互联网最优秀的资源与用户需求对接,是框计算理念实现的重要支撑。百度开放平台包括数据开放平台和应用开放平台。数据开放平台和应用开放平台的入口都是open.baidu.com。广大开发者、站长、数据——应用提供商,可以通过开放平台,直接提交优质的、原创的数据、应用,推动最优的应用和内容与用户需求一站式对接。总体来说,百度开放平台是百度框计算理念实践的重要基础设施;百度开放平台包含数据开放平台和应用开放平台。更多优秀的第三方开发者利用互联网平台自主创新、自主创业,这不仅大幅提升网民互联网使用体验,而且带动起围绕用户需求进行研发的产业创新热潮,对中国互联网产业的升级和发展产生巨大的拉动效应。

四、企业文化氛围决定企业活力

对于一个普普通通的求职人员来说,最渴望得到的一份工作无非就是良好的工作环境,有潜力的行业发展以及良好的待遇水平,而百度就是这样一个公司。百度公司内部的企业文化以及对人本身的重视都是百度有别于其他网络公司的一个最大特点。百度的核心价值观为"简单可依赖"。这句话深深地印在了每个员工的心中,形成了百度内部独特的核心文化。可能是受到总裁李彦宏的影响,百度的企业文化也一直是以创造较为轻松的工作环境为主,为员工提供了一个较为弹性的工作环境,员工不必朝九晚五地严格按照时间上下班,只要工作做完,员工可以自由地安排自己的时间,这并没有造成百度员工的消极怠工,反而看到了更多人自愿加班,保持着高度的工作激情。员工不必对老总恭敬有加,李彦宏在员工口中的名字也可以是"Robin",李建国副总裁也被人称为"建国",对人的尊重未必要通过称呼来表现,相反更加亲近的称呼有助于营造一个良好的工作环境,每个员工都是百度大家庭的一分子,轻松自如的工作环境更能够激发员工的工作热情与创造能力。

以为用户提供最便捷的信息获取方式为己任,这是百度存在的根基。百度勤俭的创业作风倡导每个百度人能够最大效用地利用资源,任何事情都专注于目标和结果,而非奢华的形式。百度力求保持这种简洁的企业文化,无论今后百度如何发展和壮大,都会以恒久的激情保持创业时期的那种没有繁文缛节的条文约定、扁平的组织结构、以结果为导向的高效决策方式。每一天都在进步,这是百度的品质文化基础,也是倡导"简单可依赖"的文化氛围的必然结果。

百度公司及员工具有不断追求进步与发展的优秀品质,不断地总结过去,永无止境地提升的追求。过去不等于未来,无论过去多么辉煌,每个人仍需百倍努力地为明天更高的目标为奋斗。学习是提升自我价值的根本途径,百度人都以对自我负责的学习态度面对瞬息万变的竞争挑战。

容忍失败、鼓励创新,这是百度的创新文化基础。百度人具有积极的创新心态,乐于创新,敢于创新。诚然,尝试中的失败是有责任的,是有责任不断地完善的。但对于创新过程中的挫折和风险,百度人能够从失败中归纳总结经验,从中吸取教训,百折不挠地不断尝试和探索——这也正是基于百度公司能够以包容的态度给予尝试者改进的机会。

充分信任、平等交流,这是百度的沟通文化基础。百度的沟通方式永远都是开放的、直接的和有效的,从而才会有务实的和坦诚的一致行动。百度是个充分授权的公司,在百度管理的各个层面上,都以信任、责任和良好的沟通为正确决策的前提的,都以务实的精神而落实每一项决策工作的。

五、未来发展主旋律:国际化合作与服务提升

对于百度的未来发展,搜索引擎虽然仍能给百度带来持续增长的经济效益,但是搜索引擎未来的发展模式清晰可见,发展到一定程度之后必然会达到一个瓶颈,难以获得长足有效的进步,而未来 B2C(电子商务模式)很可能是一个突破搜索引擎发展瓶颈的动力之一。产品模式的改变也必然会给百度带来更广阔的发展空间。李彦宏曾表示:"电子商务的未来应该是 B2C,包括一些零售的公司未来都会上网。现在线下的渠道是主流的,但是网络渠道的成本更低、效率也更高。零售业最终是要靠品牌支撑的,要想网上做好品牌的话,可以通过百度的推广。所以百度制订了详细的计划,来帮助各种各样的零售企业做好网上产品的推广和服务,百度主要是帮助别人做好网络销售。我们从来没有说要追赶什么人,百度的发展战略,是为了把自己的搜索做得更好。"

而未来百度国际化合作与发展也是发展战略重点之一。中国加入 WTO 之后,中国互联网公司国际化的道路选择十分谨慎,但是世界市场的开放,中国企业不得不走出国门,去尝试世界市场这块坚硬的试金石,国际化是未来企业的发展方向,也是在世界市场得以生存的必要模式。百度在中国获得了一定的成功,但是什么时候百度才能成为一个真正有全球影响力的互联网公司,什么时候百度才能真正在全球范围内取得自己的丰硕经营成果呢? 当然要走国际化路线,要先占领国内市场,有一个

庞大的国内市场支撑,然后去参与国际化的竞争。未来百度营收的推动力之一是国际业务。百度认识到,国际扩张是一项长期投资,对于国际互联网强国,如美国,早已经有了非常强大的搜索引擎,比如谷歌和微软,因此百度在进军美国市场时会慎重行事,甚至国际扩张的脚步可能会暂时避开美国。百度会持开放心态面对市场,不仅坚持走出去战略,引进来也同样是国际化道路之一。对于国外的互联网企业,由于环境与市场的不同,形成了千差万别的风格,百度与其合作引进国内市场也会是未来百度的发展方向。

新浪网的数字新媒体发展模式分析

司　洋

一、新浪网打造特色新型门户服务

　　新浪是一家服务于中国及全球华人社群的在线媒体及移动增值服务提供商。新浪拥有多家地区性网站,如北京新浪、香港新浪、台北新浪、北美新浪。新浪以服务大中华地区与海外华人为己任,旗下业务主线为:提供网络新闻及内容服务的新浪网(SINA.com)、提供微博客服务的微博(Weibo.com)、提供移动增值服务的新浪无线(SINA Mobile)以及其他业务。新浪向广大用户提供包括地区性门户网站、移动增值服务、微博、博客、影音流媒体、相册分享、网络游戏、电子邮件、搜索、分类信息、收费服务、电子商务和企业电子解决方案等在内的一系列服务。新浪公司收入的大部分来自网络广告和移动增值服务,少部分来自收费服务。

　　新浪所有的地方网站都提供富有特色且指向明确的内容,并通过一系列完备的辅助产品来拓展用户基础提升用户流量。其目标是成为互联网用户搜索和找寻信息、分享观点和构建社交网络,以及企业销售和推广产品及服务的首选媒体平台。新浪提供一系列围绕网络媒体业务的完备产品,以提高门户和微博业务的吸引力和增强公司在中国网络社群的影响力。

　　新浪作为中国四大门户网站之一,在全球范围内注册用户超过2.3亿,日浏览量超过7亿次,其2011年第二季度净营收达1.19亿美元,较上年同期增长20%。是中国大陆及全球华人社群中比较受推崇的互联网品牌。在1999年7月14日上午,中国互联网络信息中心(CNNIC)在中国科学院软件园区多功能厅举行了"中国Internet发展状况统计报告"新闻发布会。会议上中国互联网络信息中心主任毛伟向来宾们公布了统计数字,统计报告公布新浪网荣登优秀互联网站第一名。在2003年到2006年期间,新浪连续荣获由北京大学管理案例研究中心、《经济观察报》评出的"中国最受尊敬企业"。2006年世界企业品牌竞争力试验室《中国100家最佳雇主排行榜》第61名。中国互联网协会2007年发布的《2007中国互联网调查报告》中,新浪在门户和博客两大领域的用户年到达率指标中高居榜首。2007年,新浪还被北京大学新闻与传播学院、信息产业部分别评为"十大创新媒体"及"中国互联网年度成功企业"。

二、新浪网的发展历程

1. 积淀——门户时代

纵观新浪13年发展历程,就要从当年以软件开发为主的四通利方说起。1993年12月18日,四通利方信息技术有限公司在中国北京正式注册成立,经过多年的发展,直至1998年12月1日,四通利方宣布并购海外最大的华人网站公司"华渊资讯",成立全球最大的华人网站"新浪网"。新浪网推出了可提供全面旅游服务的栏目"新旅人",被《互联网周刊》评为"98年十大IT新闻"之首。

自此之后,新浪网的发展进入到了第一个阶段,也可以称之为"门户时代"。

门户网站,是指一种综合性的网络服务平台,是一种提供综合的信息服务的网络系统,其中包括了信息类目,搜索引擎,新闻服务,网络聊天室,电子商务,网络游戏等多种服务项目。目前国内有四大门户网站,新浪,搜狐,网易,腾讯。门户时代,顾名思义,就是其发展重点集中于门户网站的时代,时间从1998年新浪成立开始至2004年,新浪博客的推出。1999年1月14日,新浪网推出全球第一套支持Winframe的中文平台——RichWin for Winframe在163. net"十大中文网站"的权威评测中,新浪网以Pageview及访问人数的优势雄居榜首。1999年2月2日,新浪网推出新一代中文搜索引擎"新浪搜索"(SinaSearch)测试版。2002年4月23日,全球领先的中文跨媒体及互联网服务公司新浪、世界最大的化妆品集团欧莱雅,及《中国妇女》杂志社共同在巴黎宣布,合作建设"伊人风采"女性频道。经过多年建设改版,如今新浪网的门户网站已经形成如下几大频道:新闻中心、财经频道、体育频道、娱乐频道、科技频道、汽车频道、房产频道、游戏频道、女性频道、新浪宽带、新浪视频、博客频道以及其他如教育、读书等频道。值得一提的是,新浪网是中国唯一一个只靠门户网站上广告的收入就可以实现盈利的网络公司。2003年第四季度新浪网的财务报表显示,该季度新浪网净营收达3830万美元,其中广告收入就达1290万美元,占营收总额的34%。

可以预见的是,如果只做门户网站,其发展空间必然是十分有限的,因为门户网站的发展模式已经趋于成熟,市场空间也已近于饱和,每个门户网站的操作模式、操作手段、操作方法以及操作空间,都可以清楚的预测,而利益的增长空间、增长周期,以及增长规模也是可预见的,因为一个门户网站,其主题仍必须是以用户需求为主,广告空间必然有限,不可能无限地增大广告来占据门户网站的空间,也不可能在每个季度比上一个季度无限制地增加广告价格。因此门户网站的未来发展是有限且可以预测的,新浪早已看到了这一趋势,因此新浪第二个发展阶段,"博客阶段"便在2005年悄然拉开序幕。

2. 资讯战争升级——博客时代

2005年9月8日,新浪在北京宣布推出Blog公测版,成为国内首家正式推出Blog频道的门户网站。据了解,新浪此次推出的Blog公测版不仅可以提供个人Blog空间,还特别添加了多彩图片册,打破传统的固定个人首页模块,完全由用户自行定义页面栏目内容,充分满足用户的不同需求。同时全新的文字编辑器模式使得用户可以根据自己的兴趣爱好,通过UBB和所见即所得两种编辑器模式,自由编辑,并通过新浪独有的文章专辑功能,将自己的原创文章与其他网址的相关内容文章完全结合起来,极大满足了网友的个性需求,为广大用户提供专业级的服务。在国外Facebook大行其道之后,人人都看到了这块蛋糕的甜美,中国互联网也推出了自己的社交网络平台,新浪作为第一个推出博客的网络公司,占据了大量的用户市场,抢得先机,并且已经发展成为中国具影响力的博客品牌,成长为中国原创社区之一。

汇聚了各领域的行业精英,集中展现深刻的人文思想和丰富的各类资讯。中国互联网公司的战争,其实就是争夺网络用户的战争,每个公司都在争取扩大自己的网络用户端口。获得的用户越多,公司的内在价值也越大,就越能在众多互联网络公司的战争中获得优势地位,博客在创世之初,有超过400名国内知名写手受邀在新浪网建立自己的Blog官方站点,不论是韩寒、徐小明还是淘金客、wu2198都在博客上发表自己的思想、文章,吸引着不同用户群体,在体现网络时代自由、开放的性格之外,也赢得了网民的青睐。时至今日,新浪博客已被越来越多的人使用,最初博客是为了让朋友了解自己最新动态、生活等情况的途径,也是一种社交手段。值得注意的是,新浪博客仍然处于门户网站范围内,非但没有取代门户网站的位置,而且是门户网站发展的延续,应对变幻莫测的网络发展模式,应对不断增长的网民需求,博客于门户网站之中应运而生,其后的微博也是如此,虽然两者十分相像,但微博也不能代替博客并延续其发展,门户网站、博客、微博,网络平台并不是一个代替一个,而是一个对另一个的补充,一起构成了满足用户不同需求的完善网络平台。

新浪认为,要做好做大一个企业,不能只凭着技术的推陈出新和抢占用户,也不能只依赖着一腔热血去追求理想中的网络公司未来的发展之路。一个良好的网络公司,首先应该是一个运作良好的企业,除了主要技术环节,还应具备完善的市场运作能力,以及合理的融资手段,这是一个网络公司实力的集中体现,此外能否依靠良好的市场运作,借助外来资金,增加企业的整体实力,把企业推上一个新的阶梯,是一个企业成功与否的重要标志之一。

1999 年,新浪网成功融资 6000 万美元。中新社北京 1999 年 3 月 27 日发布消息,以经营中文网站为主的互联网公司新浪网(SINA.com)今天在此间宣布,该公司已经向美国证管会提交上市申请书,申请首度公开发行普通股,新浪网至此正式在美国纳斯达克上市,成为一个上市的网络公司。新浪网发行四百万股普通股,并给予承销商六十万股普通股的超额配售。新浪网申请在美国那斯达克市场挂牌上市,筹集的资金将被用作营运资本用于其他经营用途。摩根士丹利公司和中国国际金融有限公司将作为联合主承销商负责此次股票发售。大通证券公司和罗伯逊—斯蒂芬公司两家公司为包销商。新浪上市,恰逢美国股市低迷,纳斯达克在新浪上市之前已经猛跌 500 多点。美国时间 1999 年 4 月 13 日,新浪在纳斯达克股票市场正式挂牌交易,代码是 SINA。中午 1230 新浪网开始挂牌交易,开盘价为 17.75 美元,最高价为 29.125 美元,最低价为 17.75 美元。上市之前,时任新浪网首席执行官王志东表示,新浪网正全速向全球中文互联网市场冲刺,为各地华人用户提供最高质量的互联网内容与服务,很高兴能够吸引一些战略性领域中的领先企业参与投资,新的投资与策略伙伴的加入是对新浪发展方向的确认与支持。

2009 年 11 月 27 日,新浪又做出调整,在股份制度上进行管理层的收购,即 1.8 亿美元的私募融资,自此管理层成为了新浪最大的股东,而现任总裁兼首席执行官曹国伟成为新浪投资控股的唯一董事,这是整个股份上做出最大的调整。这种方式有助于管理层做出长远的战略的考虑和投入。新浪以往模式没有大股东,这对企业长远的发展是不利的,股份模式的改革必然也会影响到企业决策的执行,资本有效的运行。

3. 行业引领——微博时代

2009 年,为了适应更快速的生活节奏,更复杂的网络应用,更多变的用户需求,新浪推出了微博,微博针对多种设备的设计使全球华人可以在 PC 和移动设备上参与公开谈论,更容易和更频繁地进行互动,加速信息传播,使社交媒体和网络体验提升至一个完全不同的境界。自此,新浪迎来了发展史上的第三个阶段——"微博时代"。

新浪微博使用户可以紧跟最热门的网络话题并与熟人讨论。微博用户包括名人、企业、政府机构和草根,他们可将包含文本(最多 140 个中文字符)和多媒体内容(照片、视频和音乐)的帖子推送给自己可选的追随者。微博用户既可浏览所追随账户发布的帖子,也可以浏览搜索结果或话题页内容。微博能成为一种强大的个人发布媒体,因为它允许追随者将帖子向各自追随者转发并加上评论。一个有趣的被多次转发的帖子将使原作者的影响力远远超过自己的第一层级追随者,触动多个层次追随者链条所组成的网络。用户可以在 Weibo.com 或合作网站浏览微博帖子,也可借助移动网络和 iPhone、iPad、Android 等设备内置的移动应用。

新浪总裁兼首席执行官曹国伟曾表示:"尽管 2010 年同期的收入基数很高,第一季度新浪线上广告业绩依然增长强劲。微博在全国的普及率增速迅猛,推出正式的 Weibo.com 域名后,新浪微博的注册用户数突破了 1.4 亿。我们希望乘势而上,在未来几个季度显著增加投资,进一步拓展微博的用户基数和提高用户黏性。"2010 年 8 月底新浪微博的测试版才刚刚发布,到 2011 年 10 月,短短的 14 个月里新浪微博的用户数已经超过 5000 万,而美国的 twitter 达到这样的规模一共用了 3 年时间,目前新浪微博平台上产生的微博数已经达到 25 亿,更重要的是新浪微博目前的用户数和微博数都在呈加速度的发展和增长趋势。面对这样一个巨大的市场发展潜力以及丰厚的经济利益,新浪会把微博作为一个契机,来促进新浪网络未来发展模式转变,微博成为新浪未来发展的大方向,从微博开始新浪已经从门户网站转型为网络平台,一个网络平台的搭建者。

虽然目前新浪对于微博发展极其重视,在新浪公司中,有关微博的工作人员有 1000 多人左右,包括技术人员、研发人员、服务人员等,资本投资也有将近一亿美元,可见新浪对于微博发展的重视程度,未来发展的重点落在了微博身上。但是,就目前来看,微博仍然处于起步阶段,无论是从微博整体的构建体系,还是技术服务标准,还是盈利模式上,微博仍然还在成长期,一切都在发展变化之中,并未形成稳定的微博发展模式,因此目前新浪并没有在微博进行经济运作,甚至不曾投放广告在微博之中,对于微博在未来的一两年之内也没有做出盈利的要求,因为目前微博还处于起步阶段,所以微博发展的重点在于扩大平台应用来满足不断增长的网民需求,不断完善微博服务标准以及硬件设施,不断吸引网络用户群体,来扩大微博的用户人群以及影响力。

2010 年 11 月 16 日,由新浪微博主办的中国首届微博开发者大会在北京举行,新浪首席执行官曹国伟在演讲说到:"众所周知社交网络和移动平台是为了互联网的发展的两大趋势,社交网络和移动平台的结合将根本改变人与人之间的交流方式,也正在改变企业接触消费者的方式。这两者的结合将真正实现互联网所谓的每时、每地、每刻。目前互联网通过移动终端已经达到 40%,而中国移动互联网的用户数还不到 PC 互联网的用户数不到一半。有人预测到 2015 年的时候,中国移动互联网的用户数将超过 PC 互联网的用户数。但我相信,这一天的到来可能比我们想象的会更早。微博也必将成为移动互联网上的一个杀手锏的应用。这对新浪以及成千上万的开发者都是一个绝好的机会,很少有这样的平台会有这么多想象力,很少有这一个平台具有这样的发展潜力。未来的微博平台将由我们共同来定义，未来的微博平台将由我们一起来分享。开发和分享是互联网的共同精神，中国互联网的生态是封闭与开放并存，竞争与协作并存，我们深深知道面临的挑战，但是我们坚信这是互联网的大势所趋。"微博首先是一个信息的传递与发布平台，是一个社交网络服务平台，同时微博信息的传递与发布也多来自移动平台，这正好链接了未来网络发展的两个大的方向：社交网络与移动平台。信息的实时发布与传播不仅仅符合当代人快速的生活节奏，同时更符合当代网络发展的特性，即一种追求自由与开放，民主与平等的力量。这正是未来互联网发展必然的走向，是网络得以存在于未来的基石。

三、数字新媒体时代下的安全隐患

诚然，互联网发展之初，在各种管理水平，规则规范还不太完善的初期，与自由与开放相伴产生的则是互联网络安全的危机，网络安全成为互联网发展的一大隐患。对于互联网安全，网络的监管，新浪所采取的整体政策是按照国家相关的法律法规的规定，按照国家给互联网发展所设下的标准，作为新浪网络安全的处理原则。无论是在微博、博客还是论坛注册的时候，新浪网都提供给网民一个用户协议，在这个用户协议中，网民必须承诺遵守国家对于互联网的相关法律规定，不符合规定或者不遵守规定的网民，不能够注册成为新浪网的会员。当然注册之后，新浪网还有一个审核团队，对于不符合要求的进行进一步的处理。

网络实名制的提出，也对于加强互联网安全意识，提高互联网管理水平，有着一定的影响。新浪微博也有这样一个实名制的体系，即如果一个注册用户实名化了，其微博 ID 后会有一个"V"的标志，表明该用户已实名。每一个实名认证的用户都是自己提交认证申请，没有强制规定，新浪在对用户的相关信息核实之后，会给予用户实名认证的标准。如果该用户的身份已经改变，也需用户本人提交修改申请，待信息核实之后修改其实名认证信息。这有利于规范微博上的言行，完善微博管理环境。但网络实名的彻底完善并不是靠网络媒体，靠行业一家去实现的，因为网络公司只能起到一定的推动作用，要完全落实很难。新浪虽然要求用户在注册的时候要填写手机号，身份证号，但是却没法去核实，虽然可以简单的核实是否是一个真实的手机号码，但是没有办法去核实是否是该用户所拥有的手机号码。因为相关端口隶属于公安系统，没有这个系统是无法进行有效的实名认证的。微博目前只能是一个推动力，想要做到实名认证是要多个系统相互配合才有可能实现的。不过，从另一角度来说，由于微博既是一个社交网络平台，又是一个即时互动的聊天工具，这样的一个平台本身就会有助于规范自己的网络言行。因为如果用户要在微博这个平台中生活，要在微博中搭建自己的人际关系网络,就会不可避免的涉及到真实生活,就算没有实名认证,用户的人际关系网络内也会有人知道你是谁,假如3个人互相关注,彼此也都互相认识,那么在言语上必然会有所规范,从这个意义来讲,微博在基于人的关系搭建起的人际网络,其实从最基础的机制上,有助于大家去规范自己的言行,这样的一个虚拟的"实名认证"反而比起制度上的硬性规定来的有效的多。

四、巩固现有优势,提高自我创新能力,提升自身竞争力

对于微博未来的发展趋势而言,其发展方向十分宽泛。面对目前不断更新换代的网络体系,面对不断加快的人民的生活节奏,微博在未来的发展很有可能有能力去实现用户的大部分网络的需求,虽然从目前来讲,微博只是一个刚刚起步的社交网络平台,只能提供基础性的服务,但当微博用户发展到一定程度之后,新浪便可以根据微博用户的一些网络行为进行具体的分析分类,例如一个用户的微博在1个月之内换了3次IP地址,则该用户很可能是个经常出差的人,微博会针对这类人群,做出精准的推测和营销,将未来网络用户市场细分。其推送内容很可能包括用户群的推送、广告的推送、实用信息的推送、娱乐消息的推送、游戏的推送、视频电影的推送等,而其后依靠不同内容的推送,也能附加不同的应用,建立起属于不同群体的不同微博体系。而微博未来的发展市场区域是二三线城市。

在微博创立之初,依靠着名人效应,依托微博名人的吸引力吸引用户市场,发展壮大微博群体,这是名人效应带给微薄的最大好处,但是微博作为一个社交网络平台,只有名人效应是不能够长久良性发展的,更不可能产生更多的商业价值。让更多的普通网民来用微博,推崇草根微博,让微博走向每一个平凡的人,这才符合当今互联网自由平等发展的原则,这样的用户群体才是微博中最有价值的。

就当前纷繁复杂的互联网络公司之间的竞争而言,新浪网不断超越自己。首先新浪微博是国内微博的一个开端,有着将近半年的时间领先优势,作为领先者,更多的压力来自如何加快自己的脚步拉大与后来者的距离。新浪认为像微博这种社交网络平台,更多还是要靠技术创新,靠更多应用来吸引不同需求的用户群体在未来发展中,新的技术策略、新的网络应用能否符合时代发展的需要,为平台上活跃的用户数(相比注册用户数比较实际)去搭建一个良好的网络生态环境,提供更加生活化的服务,提供更为便利的方式来交友、聊天、文件传输、影视以及更多个性化、商业化的平台服务是新浪的战略重点。未来互联网络的发展,微博最有可能替代以往的传统模式来实现网络用户入网端口的统一,未来的网络用户可能把微博作为上网的起始点,也可能是最终点。因为微博能满足上网的所有需要,在微博上了解资讯、交友、在线

聊天、文件传输、电子商务、搜索、游戏都变成了社交网络平台上的一个内在组成部分。

品牌效应是未来网络公司竞争的一大利器,在市场和规模还未定型的基础上,品牌优势影响着公司的形象,吸引更多的用户群体,产生巨大的市场价值。新浪微博本身就是微博这一品牌的代表。这从主页的 LOGO 中也可见一斑,即由原来的"T"后来变成"微博"。从此新浪微博就代表了微博,这不仅仅带来品牌效应的优势,同时也是对其他网络公司的遏制策略,其他网站在做微博的时候会受到严格的限制,比如以后的简称就不能用微博。对于网络用户在使用上也体现出方便快捷的特点,假设不知道微博是哪个网站,直接搜索微博就会显示出新浪微博,再比如说网络域名也是直接输入 weibo.com 就能进入新浪微博。这对于新浪来说是一个未来长远的战略考虑,自主知识产权也得到了有效的保证。

为了适应未来互联网络的发展,社交网络平台即微博与移动终端平台的发展是新浪的重中之重。微博作为新浪网未来发展的转型枢纽以及发展重点,更加体现出未来互联网发展特点。新浪微博将向社交、本地、移动三个趋势发展,这也是未来互联网发展的趋势,根本上改变了未来使用网络的方式。新浪微博可以提供一个实时的信息更新以及实时的搜索服务,从而能够更好地把用户所需要的信息通过 What、Who、Where、When 这四个纬度回答,这也是移动互联网时代所有的从业人员所期待的,随时随地、个性化、智能化地获取信息和推送服务的一种新的移动互联网模式。其实微博之所以流行,某种意义上来说是符合这样一种趋势,它能够去满足这四个纬度的服务和海量信息的提供,这也是微博发展的方向。

新浪认为要构建真正优秀的开放平台,除了在软硬件方面给第三方开发者支持以外,更重要的是必须始终坚持开放与共享精神,把用户合作伙伴的利益放在首要的地位,秉承平台开放、共享、共赢的理念,新浪微博平台被赋予无限的想象力。未来新浪将在技术交流商业机密和应用推广方面给予开发者全面的支持,不遗余力地为微博开放平台添砖加瓦,让开发者创新的种子在新浪微博的平台上生根发芽,长成参天大树。世界因为多元和个性而精彩,未来新浪微博将更加开放,新浪愿意与更多的开发者携手,让每一位用户都能够更加便捷的沟通和分享,新浪愿意与每位开发者、合作伙伴共享微博未来得市场机会,享受微博带来的快乐和改变。一起打造一个属于大家的一个共享、共赢的微博生态圈。

从和讯网看财经类网站的发展和服务模式

司　思　高茜茜　兰　晓

一、创新服务模式,打造一流财经类互联网公司

1. 和讯网发展历程

和讯网创立于 1996 年,至今已有 15 年的历史。它从中国早期金融证券资讯服务中脱颖而出,建立了国内第一个财经资讯垂直网站。经过十几年的发展,和讯网逐步确立了自己在业内的领先地位和品牌影响力,在各类调查与评选中屡屡获奖。目前,和讯网是国内唯一一家同时拥有互联网新闻信息服务许可证、信息网络传播视听节目许可证及证券投资咨询资质的网站,日均独立访问用户达 800 万,日均页面浏览量超过 1 亿,在第三方研究机构的排名中始终名列前茅。和讯网已成为中国深受投资者和金融机构信赖、具有广泛市场影响力的中国财经网络领袖和中产阶级网络家园。

和讯是联办集团的下属公司。联办是中国证券市场的发起者,旗下拥有香港上市杂志媒体"财讯传媒",使得和讯在人脉、资源上都保有巨大的优势。

2008 年,全球最大的金融信息数据和分析产品提供商汤森路透集团宣布,以现金注资和讯公司。和讯与汤森路透集团将在公众投资理财产品方面展开重点合作,期冀开发出符合中国环境、具有中国特色、适合中国投资者口味的投资理财产品,从而超越其他竞争对手。

2008 年 8 月 12 日,和讯与百度宣布结盟,共同打造"百度-和讯"财经网,以期为用户提供更加完善的"搜索+门户"综合财经资讯服务能力。

经过多年积累和历练,和讯网建立起一支优秀的采编队伍和技术开发与支持团队,同时广泛招揽了一批具有创新思想的产品与服务设计人才。历史渊源、专业背景及与联办传媒集团在业务上的密切联系,使和讯网获得强大的资源支持和众多领域中专业人士的鼎力帮助,凭借这些得天独厚的条件及专业服务的创新,和讯网已迅速

成为中国第二代互联网的典型代表。

　　2. 和讯网创新服务模式

　　和讯网将眼光瞄准正在崛起的新一代中产阶级,经过数次资源、技术、人才和运营模式的整合,发展重心从传统的大众财经服务转向代表时代特征的理性投资和消费群体。和讯网创造性地提出了"财经世界、品质人生"的口号,倡导一种全新的财经服务理念,即"以财经服务为核心,建设中国新兴中产阶级网络家园",在和讯网上打造出中国第一个兼具财经资讯、投资理财、休闲消费功能,突显个性化服务特性的互动平台。为此,和讯网在国内率先推出 Web 2.0 个人门户服务,以个人门户为基本单元,集交流、理财、休闲、培训于一体,融专业化、个性化、交互性、娱乐性为一身,在不断丰富完善股票、基金、银行、外汇、期货、黄金、保险等财经资讯和理财服务的同时,围绕中高端客户日益增长的多层次品质人生的需求,陆续推出房产、汽车、IT、商旅、商学院、读书、高尔夫等频道,为用户提供多元化的服务选择。

　　和讯网的主要盈利模式包括下面几个方面:第一,基于无线六大技术平台,提供资讯、社区、服务三重服务;第二,利用多媒体、互动方式,提供大型财经网络社区服务;第三,提供全方位财经生活网站资讯服务;第四,基于窄带、宽带、无线技术平台,提供各类个性化会员理财服务;第五,机构数据库和网上支付服务。

二、透过和讯看北京市互联网上市公司发展状况

　　和讯积极开展行业市场调查和分析工作,特别重视互联网上市公司的发展情况,如企业的资本市场。经营业绩、人员规模及发展状况和趋势等。和讯对北京市上市公司从多方面进行了数据对比,并选择了北京市具有代表性的互联网企业进行国际对比。比较研究发现,目前国内各互联网公司发展状况参差不齐,之间的差距也在逐渐上升。而对比国际上的大公司,则差距更为明显。

　　不过单从市值估值上讲,国内的互联网企业与国外企业的差距不大。美国的投资者是比较看好中国的概念股的。目前来看,中概股的泡沫会逐渐消退,其原来人口红利的概念也在逐渐淡化。当前,中国部分企业到纽交所或纳斯达克上市被一再推迟。这其实是在要求中国互联网企业在上市之前,其财务报表需要更加漂亮,盈利能力和前景更加具备现实性,光靠一些泡沫、概念、神话远远不够。中国互联网公司的上市要求也一再被提高。这是中国互联网企业国外上市的非常重大的转折。包括迅雷公司在内,上市脚步一再放缓。

　　从和讯的分析来看,北京市互联网企业覆盖的门类是比较齐全的。和讯的数据分析涉及近 30 家互联网公司,基本涵盖了所有在北京注册的以及公司总部设在北京

的公司。有上市十年的、五年的,也有新近上市的。从这三十家公司来看,发展较好、增长较稳健的还是较早上市的企业,如新浪、搜狐、百度。以新浪为例,它专注于媒体属性,在所有的门户里营收规模较小。微博的兴起使得新浪整体估值大幅提升。最近上市的一些企业,比如去年刚上市的优酷,其实没有盈利,但在美国获得比较高的估值,主要是因为投资者往往把其比拟为美国的某个视频互联网公司,预期其会有较好的前景。再比如,2000年,搜狐、网易刚刚上市的时候,情况很糟,没有盈利。但随着时间的发展,状况得以扭转。因而,要用发展的眼光审视上市互联网公司的发展。

国外的投资者是看好中国互联网市场的。多年来,中国经济呈两位数以上的速度增长。中国的很多企业是新经济企业,到国外上市,给予了境外投资者很好的机会。当大量的资金都集中在中国时,股价自然就会抬高。因为投资市场股票的价格,跟公司的价值有关系,也跟流动性有不可分割的关系。国外的投资者是信奉中国互联网市场的用户数,像360、优酷这些企业能够得到很好的投资追捧就是因为他们拥有庞大的用户量。包括新浪估值的大幅上升,也是得益于其新型的互联网盈利模式而不是内容团队。新浪此前的最大优势及营收是广告,就当前对互联网的衡量标准来看,这是一种比较传统的盈利模式。而微博不同,它能带来用户数的爆发性增长,而用户数就代表着关注度,也就意味着营收。这也是中国互联网企业在海外最为被看重的一点。

谈到近期中概股下跌的现象,和讯公司认为这是正常现象。因为国外市场不同于中国市场,它有一个做空机制,即先定一个目标价卖出去,然后以更低的价格买回来。而在中国,没有股票的时候是不可以卖的,而在国外却可以。在国外有一种交易叫"做市商交易",在纳斯达克市场,有20%可以进行做市商交易。

在上市之路上,迅雷暂停了融资,和讯认为像迅雷这样的企业不上市也有能力很好的生存。和讯本身也是如此。在互联网行业里,和讯的净利润增长可能是低的,但是跟传统行业相比其增长仍然很快,保持在50%以上。所以要用发展的眼光看待互联网的发展。这点从国外投资者用钱投票这一现象就可以得到印证。比如搜狐当初获得投资的时候并不盈利,这也说明了为什么中国的互联网企业通常不在国内上市而要到纳斯达克。因为纳斯达克是一个支持中小企业创业、发展的资本市场,可以接受那些不亏损但有盈利前景的企业,给其提供融资。而在中国,好企业很多,门槛也就相对较高,并且一旦走上这道门槛,就不再是受自己控制而是要受政府审批程序的控制,且竞争很激烈。有这样一种不成文的说法,新概念股的上市,第一是美国,第二是伦敦,第三是香港。如果这三个地方都上市不了,就干脆放弃。

海外投资者看重的是企业的未来,因为这样拿钱来赌才能有高倍的盈利,类似于风险投资。中石油这样的企业,虽然上市了,本身盈利也很好,但却没有投资者盈利的空间。因而对互联网企业的估值是绝对不能用传统企业的估值方法来看待的。互联网本身就有着不确定性。

和讯目前虽没有爆发性的增长,但是还是会有很多投资人想买它,因为它拥有了一大批专业投资者和读者作为基础。一旦有一天这一基础得以嫁接,比如尝试将来在和讯网销售基金,形成商务模式,很有可能形成爆发性的增长。如新浪微博的爆发性增长、网络实名制的盛行都表明网络已经成为了人们生活的一部分。因而,当网络环境与现实生活越来越紧密的时候,就一定会发生人们消费行为的转变,这便是网络经济盈利的基础。

互联网实际上是搭建了一个平台,一个资讯营销、物流的大平台。例如阿里巴巴,中央领导、浙江政府都对其给予了很高的重视,并非由于其盈利能力有多大,而是它对整个经济的推动。再就谷歌来说,即使市值高,盈利也不一定能超过美国一些传统的大企业,但是人们看中的是谷歌对一个地区、国家、及世界经济的推动以及话语权的主导作用,这是最为关键的部分。因而需要把互联网的发展放到一个更为宽广的视野上进行分析。

三、北京作为"网都"的集聚优势和政策需求

和讯认为,北京具备着互联网行业发展的几个得天独厚的优势。第一,政府审批的资源都在北京。如国务院新闻办、国家广电总局、通讯部等部委都掌握着互联网的一些资质、牌照。这些牌照是网站的核心竞争资本。第二,人才聚集。这种人才除了互联网专门人才,还有信息、营销等人才,而这种高端的人才都集聚在北京。就"人"这个因素,很难做到迅速向外扩张。并且网站的竞争是最残酷的,越是竞争激烈的地方,越能出现大的公司。第三,北京还是各种信息发布的中心。如央视、新华社、人民日报等这些资讯单位,还有一些经济资讯离不开的央行、证监会、银监会、保监会等。另外,跟中石油、中移动这些有国家垄断资源支撑的大企业不同,诸如和讯网这样的互联网公司大都是民营的,都是靠自己打拼出来的,一旦得到政策的支持,地位得以稳固,都不会选择离开。而且对于互联网来讲,只要信息放在网上,哪里都能够看到。所以扩散的可能性不大,反之,北京还很有可能会继续像磁铁一样吸引互联网公司集聚。

和讯的研究认为,2010年互联网行业发展最快的是电子商务。电子商务企业有约60%总部集中在北京。所以,从网络经济的发展来看,北京还是一个制高点。就网络音乐方面来说,虽然不会有爆发性的增长,很难形成产业。北京占全国网络出版的60%,其中就包括电子出版物。现在新闻出版局专门有一个网络电子出版处,每

年的数值显示,北京在在这个市场上是全国第一,网络音乐也是第一。随着手机媒体的发展,增值服务如3G、无线的增长肯定是最强劲的,而且这也是北京最具发展潜力的,因为北京已和中国移动签订了战略合作协议。这样一来,中国移动的目标客户就是全国手机用户,而不止北京1800万手机用户。同时,中国移动正在加强数据内容的建设,将来其数据内容库可能会超过其语音服务原有的话费收入。还有微博,它是打通PC和手机的服务,而最终要实现盈利模式,除了其自身可以做广告以外,还要提供一系列的增值服务,比如定位服务。另外,还有移动互联网的终端产品,这也可能是将来的一个发展趋势。

在我国,软件企业政策最优惠,接着依次是高科技和文化创意产业。目前,北京市并没有把互联网企业作为一个单独的门类进行统计,都拆分在很多其他的行业部门。因而面临着边立化,没有一个专门的政策。比如,企业的发展涉及到用地问题,企业需要考虑园区问题。和讯认为,政府应当在用地、人才引进等方面对互联网企业适当实行一些弹性政策。

重点关注产业园区,互联网企业由于其本身高效、迅捷的特点,不可能入驻偏远地方。所以互联网园区将来会有一个"有形聚集"和"无形聚集"的问题:"有形"是指在相对便利且有空间的地方划出区域入驻;"无形聚集"指政府应出台支持北京互联网新媒体发展的政策,只要是符合政策标准的,不管搬不搬进园区都可以享受政策。

四、企业文化创新赢发展

和讯网目前不是上市公司,但早在1999年就有境外的资金投入,后来2008年,汤森路透进入,买断了老股东的股权,并又投入了一部分现金。就和讯目前的经营来看,无论其是否上市都能够稳健地发展。若能上市,进一步获得融资,则能够促进其大发展。

互联网网站要发展,一靠稀缺内容,一靠用户积累。和讯虽一直发展的都很稳健,但弱点就是用户数少。一方面,和讯是专业的财经网站,阅读有门槛,如果没有投资的需求,人们一般没有兴趣去看,它天然就是一个小群体网站;另一方面,和讯在新用户的拓展上投入也不够。最大的遗憾是在2007年,当时中国股市呈现很强的牛市,但和讯没有抓住机会,拓展新用户。

如今,想要兴建一个新网站品牌是很难的,因为用户已经形成了阅读习惯。和讯目前就是靠固定的用户支持着。目前,和讯所需要改善的就是怎样从媒体的经营模式过渡到互联网的盈利模式。目前和讯的营收主要分两部分:一部分是靠资讯的广告收入;另一部分靠炒股软件的销售收入,两者三七分。这两年净利润呈 50% 的速度增长。由于和讯目前还是一个媒体,所以还在继续扩大媒体的盈利模式和发展,正在各地建立办事处。但办事处主要目标是广告业务而不是内容。

与此同时,和讯也在互联网上探寻进一步发展之路。现在已经有手机客户端可以免费下载,并有自己的微博和新闻。但这些新媒体目前不盈利,在这方面的投资也不多。此外,还研发了一个名为"和讯通"的产品,其实是一个上市公司的舆情监控系统,现已被深圳证监局认可收购。由于现在市场监管很严,一旦有一些信息异动,证监局就可以通过和讯通进行监管。同时,和讯网还在投资者教育方面展开小额收费业务,即远程课程培训,并希望此业务在未来能占到整体收入的 10%。截至目前,和讯盈利了三年,但三年前和讯是一度亏损的。

和讯今后的盈利增长点,广告还是要继续加强,主要是上市公司资讯的相关业务。今后,和讯将继续保持创新的脚步,特别是加强文化创新,以占领未来互联网行业发展的制高点。